"十四五"职业教育国家规划教材

机器视觉及其应用技术
第 3 版

主　编　刘　韬　徐　胜
副主编　荆瑞红　陆崇义　李　炜
参　编　汪宝峰　古真杰　黄小刚　唐彩蓉

机械工业出版社

机器视觉是当代智能制造、自动控制等领域中重要的研究内容之一。本书涵盖了机器视觉的基本原理与概念、机器视觉系统的构成等内容，并以视觉检测软件GIVS为例介绍了机器视觉技术在测量、识别、引导等实际工业生产中的应用。

全书共14个项目，各项目进一步分解为若干个任务并配有相应习题，由易及难地逐步介绍机器视觉及其应用技术。本书重在理论联系实际，主要内容都具有实际工程应用背景，各个项目中配套的案例、习题均来源于实际工业应用。

本书可作为高等职业院校（本科、专科）自动化类和电子信息类等相关专业的教学参考书，也可作为应用型本科、中职、成人教育、自学考试用书，还可作为工程技术人员加深理解机器视觉及其应用技术的参考用书。

为方便教学，本书配有电子课件、习题答案、模拟试卷及其答案等教学资源，凡选用本书作为授课教材的教师，均可通过QQ（2314073523）咨询。

图书在版编目（CIP）数据

机器视觉及其应用技术／刘韬，徐胜主编．——3版.
北京：机械工业出版社，2025.6．——（"十四五"职业教育国家规划教材）．—— ISBN 978-7-111-78708-2

Ⅰ．TP302.7

中国国家版本馆CIP数据核字第2025QJ5190号

机械工业出版社（北京市百万庄大街22号　邮政编码100037）
策划编辑：曲世海　　　　　责任编辑：曲世海　王　宁
责任校对：韩佳欣　李　杉　　封面设计：马若濛
责任印制：张　博
北京建宏印刷有限公司印刷
2025年9月第3版第1次印刷
184mm×260mm・11印张・271千字
标准书号：ISBN 978-7-111-78708-2
定价：49.80元

电话服务　　　　　　　　　网络服务
客服电话：010-88361066　　机　工　官　网：www.cmpbook.com
　　　　　010-88379833　　机　工　官　博：weibo.com/cmp1952
　　　　　010-68326294　　金　书　网：www.golden-book.com
封底无防伪标均为盗版　　　机工教育服务网：www.cmpedu.com

关于"十四五"职业教育
国家规划教材的出版说明

为贯彻落实《中共中央关于认真学习宣传贯彻党的二十大精神的决定》《习近平新时代中国特色社会主义思想进课程教材指南》《职业院校教材管理办法》等文件精神，机械工业出版社与教材编写团队一道，认真执行思政内容进教材、进课堂、进头脑要求，尊重教育规律，遵循学科特点，对教材内容进行了更新，着力落实以下要求：

1. 提升教材铸魂育人功能，培育、践行社会主义核心价值观，教育引导学生树立共产主义远大理想和中国特色社会主义共同理想，坚定"四个自信"，厚植爱国主义情怀，把爱国情、强国志、报国行自觉融入建设社会主义现代化强国、实现中华民族伟大复兴的奋斗之中。同时，弘扬中华优秀传统文化，深入开展宪法法治教育。

2. 注重科学思维方法训练和科学伦理教育，培养学生探索未知、追求真理、勇攀科学高峰的责任感和使命感；强化学生工程伦理教育，培养学生精益求精的大国工匠精神，激发学生科技报国的家国情怀和使命担当。加快构建中国特色哲学社会科学学科体系、学术体系、话语体系。帮助学生了解相关专业和行业领域的国家战略、法律法规和相关政策，引导学生深入社会实践、关注现实问题，培育学生经世济民、诚信服务、德法兼修的职业素养。

3. 教育引导学生深刻理解并自觉实践各行业的职业精神、职业规范，增强职业责任感，培养遵纪守法、爱岗敬业、无私奉献、诚实守信、公道办事、开拓创新的职业品格和行为习惯。

在此基础上，及时更新教材知识内容，体现产业发展的新技术、新工艺、新规范、新标准。加强教材数字化建设，丰富配套资源，形成可听、可视、可练、可互动的融媒体教材。

教材建设需要各方的共同努力，也欢迎相关教材使用院校的师生及时反馈意见和建议，我们将认真组织力量进行研究，在后续重印及再版时吸纳改进，不断推动高质量教材出版。

机械工业出版社

前　言

随着工业4.0时代的到来，机器视觉及其应用技术在智能制造领域中的作用越来越重要，已经成为工业生产中不可或缺的一部分。本书在讲述机器视觉基本原理和基本概念的基础上，重点介绍了机器视觉系统的构成以及机器视觉技术在实际生产中的应用案例，突出职教特色和立德树人内涵。本书包括以下内容：

1）介绍了机器视觉的基本概念、机器视觉系统的构成、常用机器视觉开发软件以及机器视觉典型应用案例。

2）对机器视觉系统中获取图像的硬件部分，如光源、镜头、相机及接口等进行了详细介绍。

3）介绍了数字图像处理中的基本概念和典型的数字处理操作，该操作主要用于机器视觉预处理。

4）介绍了工业视觉检测软件GIVS，包括其基本操作和高级应用。

5）重点介绍手机中板螺钉有无的检测、手机电池正反面识别与结果显示、手机电池尺寸测量、手机电池二维码和生产日期识别，以及手机外壳引导、抓取与组装等实际工业生产中的机器视觉应用案例。

本书在编写过程中得到了中科苏州机器视觉技术研究院的大力支持。通过将大量真实的机器视觉应用案例引入相关项目和配套实训项目中，使得本书内容的实用性得到有力加强，有利于培养学生理论联系实际的创新意识与创新思维能力。

本书是编者在多年从事人工智能、自动控制、机器视觉、测控技术等教学和工作的基础上编写而成的，得到江苏高校品牌专业建设工程一期项目（PPZY2015A089）、安徽省自然科学基金青年基金资助项目（1608085QF144）和冀南技师学院职业教育科学研究专项课题（JNJSZX2202）的资助。本书由刘韬策划统筹，刘韬和徐胜担任主编，荆瑞红、陆崇义和李炜担任副主编，汪宝峰、古真杰、黄小刚和唐彩蓉参编。

由于编者水平有限，书中难免存在不足之处，殷切希望广大读者批评指正。

编　者

二维码索引

序号	二维码	页码	序号	二维码	页码
1		3	7		89
2		14	8		99
3		23	9		121
4		24	10		123
5		45	11		133
6		87	12		154

目 录

前言
二维码索引
项目 1　初识机器视觉 1
　任务 1　了解机器视觉技术 1
　任务 2　了解机器视觉技术的相关应用 3
　习题 6
项目 2　光源系统的认知与选择 7
　任务 1　光源的认知 7
　任务 2　手机电池尺寸测量中光源的选择 14
　习题 17
项目 3　工业镜头的认知与选择 18
　任务 1　工业镜头的认知 18
　任务 2　手机电池尺寸测量中镜头的选择 24
　习题 25
项目 4　工业相机的认知与选择 26
　任务 1　工业相机的认知 26
　任务 2　手机电池尺寸测量中相机的选择 32
　习题 33
项目 5　学习数字图像处理基础知识 34
　任务 1　数字图像的认知 34
　任务 2　学习数字图像处理的预备知识 39
　任务 3　数字图像处理与识别 40
　任务 4　典型图像处理操作 45
　习题 58
项目 6　软件的安装与基本操作 59
　任务 1　GIVS 软件的安装 59
　任务 2　GIVS 软件的基本操作 61
　习题 65
项目 7　软件高级应用 66
　任务 1　方案编辑界面应用 66
　任务 2　方案操作及运行 71
　习题 76
项目 8　工具的概述与使用 77
　任务 1　工具流程概述 77
　任务 2　搭建完整项目流程 80
　习题 87
项目 9　手机中板螺钉有无的检测 88
　任务 1　搭建图像采集系统获取合适图像 88
　任务 2　手机中板螺钉有无的检测案例分析 90
　习题 97
项目 10　手机电池正反面识别与结果显示 99
　任务 1　手机电池正反面识别 99
　任务 2　手机电池正反面识别结果显示 107
　习题 111
项目 11　手机电池尺寸测量 112
　任务 1　手机电池像素尺寸测量 112
　任务 2　手机电池实际尺寸测量 116
　习题 121
项目 12　手机电池二维码和生产日期识别 123
　任务 1　手机电池二维码识别 123
　任务 2　手机电池生产日期识别 126
　习题 129
项目 13　手机外壳引导、抓取与组装 130
　任务 1　手机外壳引导、抓取与组装设备视觉硬件安装与调试 130
　任务 2　手机外壳引导、抓取与组装设备标定 131
　任务 3　手机外壳引导、抓取与组装设备视觉功能程序设计 133
　习题 145
项目 14　GIVS 3D 基础功能应用 146
　任务 1　获取 3D 点云数据 146
　任务 2　手机模组平面度与断差检测 154
　习题 169
参考文献 170

项目 1

初识机器视觉

任务 1　了解机器视觉技术

一、机器视觉的定义

机器视觉是指用计算机来实现人的视觉功能，也就是用计算机来实现对客观世界的识别。机器视觉系统是指通过机器视觉产品（即图像摄取装置，分 CMOS 和 CCD 两种）将被摄取目标转换成图像信号传输给专用的图像处理系统，根据像素分布和亮度、颜色等信息，转变成数字化信号；图像处理系统对这些信号进行各种运算来抽取目标的特征，进而根据判别结果来控制现场的设备动作。机器视觉是一门学科技术，广泛应用于生产、制造、检测等工业领域，用来保证产品质量、控制生产流程、感知环境等。在工业生产过程中，相对于传统测量检验方法，机器视觉技术的优点是测量快速、准确、可靠，产品生产的安全性高，工人的劳动强度低，可实现高效、安全生产和自动化管理，对提高产品检验的一致性具有不可替代的作用。

二、机器视觉系统的构成

机器视觉技术涉及目标对象的图像获取技术，对图像信息的处理技术以及对目标对象的测量、检测与识别技术。**机器视觉系统主要由图像采集单元、图像信息处理与识别单元、结果显示单元和视觉系统控制单元组成**。图像采集单元获取被测目标对象的图像信息，并传送给图像信息处理与识别单元。由于机器视觉系统强调精度和速度，因此需要图像采集单元及时、准确地提供清晰的图像，只有这样，图像信息处理与识别单元才能在比较短的时间内得出正确的结果。

图像采集单元一般由光源、镜头、数字摄像机和图像采集卡等构成。采集过程可简单描述为在光源提供照明的条件下，数字摄像机拍摄目标物体并将其转化为图像信号，最后通过图像采集卡传输给图像信息处理与识别单元。图像信息处理与识别单元对图像的灰度分布、亮度和颜色等信息进行各种运算处理，从中提取出目标对象的相关特征，完成对目标对象的测量、识别和 NG 判定，并将其判定结论提供给视觉系统控制单元。视觉系统控制单元根据判定结论控制现场设备，实现对目标对象的相应控制操作。机器视觉应用示意图如图 1-1 所示。

三、常用机器视觉开发软件介绍

1. GIVS

GIVS 是苏州中科行智智能科技有限公司推出的工业视觉检测通用软件，采用模块化开发模式，包括 GIVS 2D 模块、GIVS 3D 模块和 GIVS AI 模块等，支持定制化。工具箱中含有

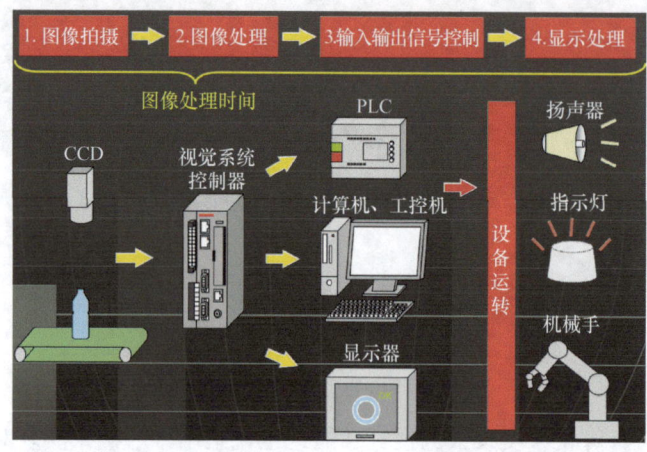

图 1-1　机器视觉应用示意图

上百种工具流程，如图像采集类、图像处理类、几何工具创建类等，对开发人员的要求较低，可快速地完成检测需求的验证及开发工作。同时底层算法库对标 HALCON 函数库的速度和精度，按功能主要分为定位、测量、引导抓取、符号识别、缺陷检测等几个方向，友好的用户交互界面可方便快捷地搭建机器视觉应用方案。在新能源、锂电、3C、物流等多个领域有大量的成功应用案例。

2. NI Vision Assistant

NI 公司的视觉开发模块是专为从事开发机器视觉和科学成像应用的科学家、工程师和技术人员设计的。该模块包括 NI Vision Builder 和 IMAQ Vision 两部分。NI Vision Builder 是一个交互式的开发环境，开发人员无须编程，即能快速完成视觉应用系统模型的建立；IMAQ Vision 是一个包含各种图像处理函数的功能库，它将 400 多种函数集成到 LabVIEW 和 Measurement Studio、Lab Windows/CVI、Visual C++ 及 Visual Basic 开发环境中，为图像处理提供了完整的开发功能。

NI 视觉开发模块包含 NI Vision Assistant 和 IMAQ Vision，其中 NI Vision Assistant 不需要通过编程就可以直接调用 LabVIEW 快速成形的直观环境，IMAQ Vision 则拥有强大的视觉处理函数库。NI Vision Assistant 和 IMAQ Vision 的紧密协同工作简化了视觉软件的开发流程。NI Vision Assistant 可自动生成 LabVIEW 程序框图，该程序框图中包含 NI Vision Assistant 建模时一系列操作的相同功能，可以将程序框图集成到自动化应用或生产测试应用中，用于运动控制、仪器控制和数据采集等，其主要功能如下：

1）高级机器视觉、图像处理功能及显示工具。

2）高速模式匹配功能，用来定位大小、方向各异的多种对象，甚至在光线不佳时也可实现。

3）用于计算 82 个参数（包括对象的面积、周长和位置等）的颗粒分析（Blob Analysis）功能。

4）一维、二维条码和 OCR 读取工具。

5）用于纠正透镜变形和相机视角的图像校准功能。

6）灰度、彩色和二值图像处理及分析功能。

3. HALCON

HALCON 是德国 MVTec 公司的图像处理软件,是世界公认具有最佳效能的机器视觉软件。HALCON 是一个图像处理库,由 1000 多个各自独立的函数以及底层的数据管理核心构成。其中包含了各类滤波、色彩分析以及几何、数学转换、形态学操作、校正、分类、匹配等功能。

HALCON 支持 Windows、Linux 和 Mac OS 等操作环境。整个函数库可以用 C、C++、C#、Visual Basic(VB)和 Delphi 等多种普通编程语言访问。HALCON 为大量的图像获取设备提供接口,缺点是价格较贵,开发者需要一定的图像处理知识,HALCON 软件没有提供相应的编程界面,需要利用 VS 或 Qt 等构造界面,构成一套完整软件。包括 GenlCam、GigE 和 IIDC 1394。

任务 2　了解机器视觉技术的相关应用

一、机器视觉的应用领域

视觉技术的最大优点是与被观测对象无接触,因此,对观测者与被观测者都不会产生任何损伤,十分安全可靠,这是其他感觉方式无法比拟的。理论上,机器视觉可以观察到人眼观察不到的范围,如红外线、微波、超声波等,并且机器视觉可以利用传感器件形成红外线、微波、超声波等图像。另外,人无法长时间地观察对象,机器视觉则无时间限制,而且具有很高的分辨精度和速度,显示出其无可比拟的优越性。所以,机器视觉应用领域十分广泛,可用于工业、民用、军事和科学研究等领域,下面以工业领域和民用领域为例进行介绍。

1. 工业领域

工业领域是机器视觉应用中比重最大的领域,按照功能又可以分为产品质量 AOI(Automated Optical Inspection)、产品分类、产品包装、机器人定位等,其应用行业包括印刷包装、汽车工业、半导体材料/元器件/连接器生产、药品/食品生产、烟草行业、纺织行业等。

下面以纺织行业为例具体阐述机器视觉在工业领域的应用。在纺织企业中,视觉检测是工业应用中质量控制的主要组成部分,用机器视觉代替人的视觉可以克服人工检测所造成的各种误差,大大提高检测精度和效率。正是由于视觉系统的高效率和非接触性,机器视觉在纺织产品检测中的应用越来越广泛,在许多方面已取得了成效。目前,主要的检测对象可分为三大类:纤维、纱线和织物。由于织物疵点检测(在线检测)需要很高的计算速度,因此,设备费用比较昂贵。目前国内在线检测的应用比较少,主要应用是离线检测,检测项目有纺织布料识别与质量评定、织物表面绒毛鉴定、织物反射特性分析、合成纱线横截面分析、纱线结构分析等。此外,随着我国机器视觉技术水平的提升,该技术还广泛地应用于智能制造各个领域。

2. 民用领域

机器视觉技术可用在智能交通、安全防范、文字识别、身份验证、医疗成像等方面。在医学领域，机器视觉可辅助医生进行医学影像分析，主要利用数字图像处理技术、信息融合技术对 X 射线透视图、核磁共振图像、CT 图像进行适当叠加，然后进行综合分析，以及对其他医学影像数据进行统计和分析。B 型超声（简称 B 超）、X‐CT、放射性同位素扫描、核磁共振成像是现代医学的四大成像技术。B 超检测系统通过有规律地发射超声波，并接收从人体反射回来的声音信号，形成灰度图像线密度值。X‐CT 根据 X 射线对人体组织各部分具有不同的透过和吸收作用的性质，利用 CT 图像重建技术对穿过人体截面的 X 射线进行测量和运算，重建人体内部的立体图像。X 光机的图像处理系统可进行导管定标、血管造影及血管动态分析等。通过对 X 光图像的处理，可以分辨关节等部位的细节，甚至人体内的结石。利用机器视觉技术，可对心血管医学图像进行建模和分析，结合心脏动态特征和临床知识对医学动态图像进行定量的运动分析，为医生诊断和分析心血管疾病提供了一个有效的工具和途径。

我国已经将机器视觉技术应用于农作物种子质量检验评价，至今已经取得了较大进展。例如，通过机器视觉技术来评价蚕豆的品质，用两种不同的离散方法来区分合格、破损、过小和异类蚕豆。利用从彩色图像中提取的 35 个特征参数进行分类，分类结果与判别分析统计分类结果相比有较高的一致度。另外，在农业机械自动化方面，机器视觉系统为蘑菇采摘机器提供分类所需的尺寸、面积信息，并引导机械手准确抵达待采摘蘑菇的中心位置，实现抓取。

机器视觉在智能交通中可以完成自动导航和交通状况监测等任务。在自动导航中，机器视觉可以通过双目立体视觉等检测方法获得场景中的路况信息，然后利用这些信息进行自主交互，这种技术已用于无人汽车、无人飞机和无人战车等。另一方面，机器视觉技术可以用于交通状况监测，如交通事故现场勘察、车场监视、车牌识别、车辆识别与"可疑"目标跟踪等。在我国已经广泛投入使用的交通管理系统中，机器视觉系统担任了"电子警察"的角色，其"电子眼"功能在识别车辆违章、监测车流量、检测车速等方面都发挥着越来越重要的作用。

在科学研究领域，可以利用机器视觉进行材料分析、生物分析、化学分析和生命科学研究，如血液细胞自动分类计数、染色体分析、癌症细胞识别等。同样，机器视觉技术可用于航天、航空及测绘等方面。例如，该技术在中国探月工程和中国载人航天工程中有很多的应用。在卫星遥感系统中，机器视觉技术被用于分析各种遥感图像，进行环境监测，根据地形、地貌的图像和图形特征，对地面目标进行自动识别、理解和分类等。

机器视觉作为人工智能技术的一个重要方面，已经被深度应用于社会的各个领域，推动了社会生产效率的整体提升，但也存在潜在的、不可忽视的技术伦理风险，如由于视觉技术的使用引起的个人隐私问题、企业核心数据安全问题等。随着数字化的飞速发展，机器视觉技术对现有社会结构及价值观的冲击也会逐渐显现。

二、机器视觉应用典型案例

近年来，机器视觉的应用越来越广泛，其中机器视觉检测和机器人视觉成为目前主要的两大技术。机器视觉检测又可分为高精度定量检测（如显微照片的细胞分类、机械零部件的尺寸和位置测量）和不用量器的定性或半定量检测（如产品的外观检查、装配线上零部件的识别定位、缺陷性检测与装配完全性检测）。图1-2所示为我国汽车产业领域使用的基于机器视觉系统的汽车面板按钮检测。

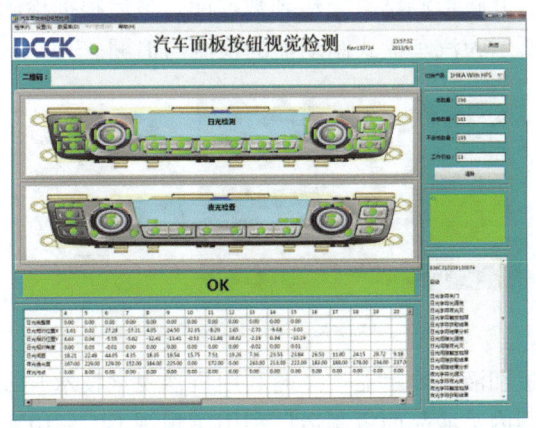

图1-2　基于机器视觉系统的汽车面板按钮检测

机器人视觉用于指引机器人在大范围内的操作和行动，如从料斗送出的杂乱工件堆中拣取工件，并按一定的方位将工件放在传送带或其他设备上（即料斗拣取问题）。图1-3所示为基于机器视觉技术的机器人定位。至于小范围内的操作和行动，还需要借助触觉传感技术。

汽车安全气囊传感器中即使只有一条线接错，也可能造成人员伤亡。确定连接器安装是否正确的一项重要工作就是检查各种颜色的线是否正确地接到了各连接器上。有了简单而有效的色彩机器视觉工具，连接器制造人员便能以色彩视觉检查的方式进行这种关键检查，其准确率为100%。图1-4所示为汽车安全气囊线序检测。现在，从一开始就可以利用这种机器视觉工具进行关键的安全检查，降低出错的风险。

图1-3　基于机器视觉技术的机器人定位

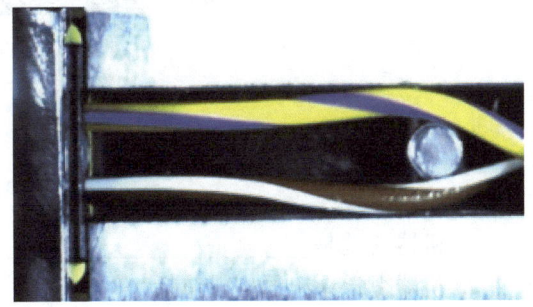

图1-4　汽车安全气囊线序检测

汽车盘式制动器的制造是一个需要先进追踪技术且强度和挑战性巨大的过程。汽车盘式制动器重12～20kg，采用机器视觉技术之前，制造人员必须重复地从不锈钢盒中提出沉重的盘并将其放在各种不同的检测台上。执行如此繁重的工作会给生产线上的员工带来健康问题。

借助机器视觉系统中的智能相机实现自动化调焦、快速图像采集和内置照明，可识别传送带上传送的盘式制动器的位置，然后在几分之一秒内将图像数据传送给机器人进行控制，从而让高性能磁铁迅速夹住盘式制动器，将盘式制动器放在旋转盘上。另一个智能相机系统借助其集成式红色LED灯将字符放在焦点处，读取字母、数字字符后，进行表面平整检验、平衡和声音测试等步骤，并将检测结果上传到数据库。最后根据检测结果，将制动器分别放置到指定位置。图1-5所示为汽车盘式制动器的检测与追溯。

图1-5　汽车盘式制动器的检测与追溯

现在，许多液晶面板和液晶显示器生产商利用机器视觉技术升级其生产线，提高自动化程度以改善产品质量。国内某液晶面板制造厂利用康耐视CIC–10MR相机和VisionPro软件打造了一条液晶屏打包生产线，如图1-6所示。该生产线可实现液晶屏的尺寸测量、对正、抓取和打包整个工作过程，而且一次拍照即可实现准确抓取，大大提高了生产效率。

图1-6　液晶屏打包生产线

习　　题

1. 机器视觉是＿＿＿＿＿＿＿＿＿＿＿＿＿＿＿＿＿＿＿＿＿＿＿＿＿＿＿＿＿＿＿＿＿＿。
2. 机器视觉系统的构成包括＿＿＿＿＿＿、＿＿＿＿＿＿、＿＿＿＿＿＿和＿＿＿＿＿＿。
3. 机器视觉的四大类应用分别是＿＿＿＿＿＿、＿＿＿＿＿＿、＿＿＿＿＿＿、＿＿＿＿＿＿。
4. 写出你知道的机器视觉开发软件。
5. 列举1~2个机器视觉应用案例，并解释其工作原理。
6. 概述我国机器视觉技术发展应用成就。

项目 2

光源系统的认知与选择

任务 1　光源的认知

光源是机器视觉系统中的关键组成部分，在机器视觉系统中十分重要。适当的光源照明设计，可使图像中的目标信息与背景信息得到最佳分离，可以大大降低图像处理算法分割、识别的难度，同时提高系统的定位、测量精度，使系统的可靠性和综合性能得到提高。反之，如果光源设计不当，会导致在图像处理算法设计和成像系统设计中事倍功半。因此，光源及光学系统设计的成败是决定机器视觉系统成败的首要因素。在机器视觉系统中，光源的作用至少有以下几种：

1) 照亮目标，提高目标亮度。
2) 形成最有利于图像处理的成像效果。
3) 克服环境光干扰，保证图像的稳定性。
4) 用作测量的工具或参照。

由于没有通用的机器视觉照明设备，因此针对每个特定的应用实例，要设计相应的照明装置，以达到最佳效果。机器视觉系统中光源的价值也正在于此。

一、光源基础知识

光源是能够产生光辐射的辐射源，一般分为自然光源和人造光源。自然光源是自然界中存在的辐射源，如太阳等。人造光源是人为地将各种形式的能量（热能、电能、化学能）转化成光辐射能的器件，其中利用电能产生光辐射的器件称为电光源。光源的基本参数如下。

1. 辐射效率和发光效率

在给定波长 $\lambda_1 \sim \lambda_2$ 范围内，某一光源发出的辐射能通量与产生这些辐射能通量所需的电功率之比，称为该光源在规定光谱范围内的辐射效率。

机器视觉系统设计中，在光源的光谱分布满足要求的前提下，应尽可能选用辐射效率较高的光源。某一光源所发射的光通量与产生这些光通量所需的电功率之比，称为该光源的发光效率。在照明领域或者光度测量系统中，一般应选用发光效率较高的光源。

2. 光谱功率分布

自然光源和人造光源大都是由单色光组成的复色光。不同光源在不同光谱上将辐射出不同的光谱功率，常用光谱功率分布来描述。若令其最大值为 1，将光谱功率分布进行归一化，那么，经过归一化后的光谱功率分布称为相对光谱功率分布。

3. 空间光强分布

对于各向异性光源，其发光强度在空间各方向上是不同的。若在空间某一截面上，自原点向各径向取矢量，则矢量的长度与该方向的发光强度成正比。将各矢量的断点连起来，就得到光源在该截面上的发光强度曲线，即配光曲线。

4. 光源的色温

黑体的温度决定了它的光辐射特性。对于非黑体辐射，常用黑体辐射的特性近似地表示其某些特性。对于一般光源，经常用分布温度、色温或相关色温表示。

若辐射源在某一波长范围内辐射的相对光谱功率分布，与黑体在某一温度下辐射的相对光谱功率分布一致，那么，黑体的这一温度就称为该辐射源的分布温度。若辐射源辐射光的颜色与黑体在某一温度下辐射光的颜色相同，则黑体的这一温度称为该辐射源的色温。由于某种颜色可以由多种光谱分布产生，因此色温相同的光源，其相对光谱功率分布不一定相同。对于一般光源，若它的颜色与任何温度下的黑体辐射的颜色都不相同，则用相关色温表示该光源。在均匀色度图中，如果光源的色坐标点与某一温度下的黑体辐射的色坐标点最接近，则黑体的这一温度称为该光源的相关色温。

5. 光源的颜色

光源的颜色包含了两方面的含义，即色表和显色性。用眼睛直接观察光源时所看到的颜色称为光源的色表。例如，高压钠灯的色表呈黄色，荧光灯的色表呈白色。当用一种光源照射物体时，物体呈现的颜色（也就是物体反射光在人眼内产生的颜色感觉）与该物体在完全辐射体照射下所呈现的颜色的一致性，称为该光源的显色性。国际照明委员会（CIE）规定了14种特殊物体作为检验光源显色性的"试验色"。

6. 光源的寿命

机器视觉系统多用于工业现场，系统与器件的维护是用户关心的重要问题。采用长寿命光源降低后期维护费用是用户的广泛需求。常用的几种可见光源有白炽灯、荧光灯、汞灯和钠灯等，这些光源的一个最大缺点是光能不能保持长期稳定，衰减较快。以荧光灯为例，在使用的第一个100h内，光能将下降15%，随着使用时间的增加，光能还将不断下降。因此，如何使光能在一定程度上保持稳定，是实用化过程中亟须解决的问题。

发光二极管（LED）作为一种新型的半导体发光材料，在寿命方面具有非常明显的优势。

根据纽约特洛伊照明研究中心进行的独立研究测试所获得的结果可知，普通5mm LED 在20mA 驱动电流下工作时，光衰情况为：2000～2500h，光衰到70%；6000h，光衰到50%。

另有资料显示，如果驱动电流降低到10mA，普通5mm LED 的衰减速度将大大降低，半衰期可达10000～30000h。新型的大功率LED 在寿命上又达到了一个新的高度，20000h 光衰到80%，并且此后的衰减非常缓慢，半衰期可达到100000h 以上。LED 用作工业检测设备光源的优势非常明显，是今后机器视觉系统光源制作的首选器件。

7. 色光混合规律

光的三原色是红、绿、蓝，三原色中任意一色都不能由另外两种原色混合产生，而其他色光可由这三色光按照一定的比例混合出来。

（1）色光连续变化规律　由两种色光组成的混合色中，如果一种色光连续变化，则混合色也连续变化。

（2）补色规律　三原色光等量混合，可以得到白光。如果先将红光与绿光混合得到黄光，黄光再与蓝光混合，也可以得到白光。这两种颜色称为补色。最基本的补色有三对：红—青、绿—品红、蓝—黄。补色的一个重要性质：一种色光照射到其补色的物体上，则这种色光将被吸收。如用蓝光照射黄色物体，则呈现黑色。

（3）中间色规律　任何两种非补色光混合，可产生中间色。其颜色取决于两种色光的相对能量，其鲜艳程度取决于两者在色相顺序上的远近。

（4）代替规律　颜色外貌相同的光，不管它们的光谱成分是否一样，在色光混合中都具有相同的效果。凡是在视觉上相同的颜色都是等效的，即相似色混合后仍相似。

色光混合的代替规律表明，只要在感觉上颜色是相似的便可以相互代替，所得的视觉效果是相同的。以上四种规律是色光混合的基本规律，这些规律可以指导机器视觉光源系统设计。例如，可以根据目标的颜色不同来选择不同光谱的光源照射，利用补色规律和亮度相加原则得到突出目标亮度、削弱背景的目的，以达到最终突出目标的效果。

二、光源的类型

经过大量的研究和实验可以发现，对于不同的检测对象，必须采用不同的照明方式才能突出被测对象的特征，有时可能需要采取几种方式的组合，而最佳的照明方法和光源的选择往往需要大量的实验才能找到。除要求设计人员有很强的理论知识外，还需要很高的创造性，这个看似简单的问题实际上是非常复杂的。下面对几种典型的光源进行简单的介绍与说明。

1. 前光源

前光源是指放置在待测物前方的光源，这种光照方式称为前光式照明，如图 2-1 所示。前光源又可以分为高角度与低角度两种，其区别在于光源与被测物待测表面之间的夹角大小不同。

在选用高角度照明或低角度照明时，主要考虑被测物表面待测部分的机理，图 2-2 所示为对不同打印方式的字符的检测。

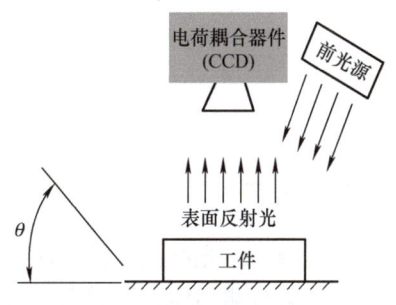

图 2-1　各种光源照明技术效果对比

采用不同打印方式的字符，其待测部分的表面机理不同，印刷式字符采用高角度照明方式效果较好，而刻字式字符采用低角度照明方式效果更佳。

前光式照明主要用于检测反光与不平整表面，如 IC 芯片上的印刷式字符、电路板元器件、焊点、橡胶类制品、封盖标记、包装袋标记、封盖内部及底部的脏污等。

如图 2-3 所示，将机器视觉检测技术应用于汽车制造业，可以检测轮胎和轮盘上的字

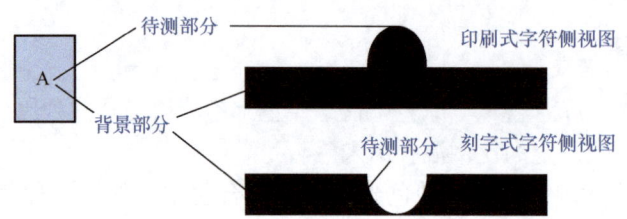

图 2-2　不同打印方式的字符的检测

符。轮胎上的数字编号凸出于轮胎侧表面，且与背景颜色相同，因此很难判别。但是，采用前光源高角度照明法可以在相片上产生微妙的"凸出"效果，数字编号可清晰地浮现出来，大大有利于后期数字编号的图像处理与识别。

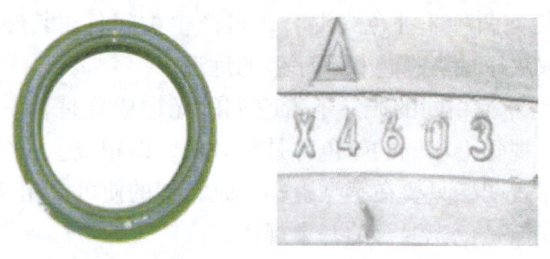

a) 待测轮胎　　　b) 高角度照明法下轮胎数字编号的图片

图 2-3　轮胎字符检测

如图 2-4 所示，在检测轮盘上的字符时，鉴于文字是刻在涂层表面上的，采用低角度照明法，采集的图片中原本凹陷于轮盘里的字符与背景形成了鲜明的对比，十分有利于后续图像处理。

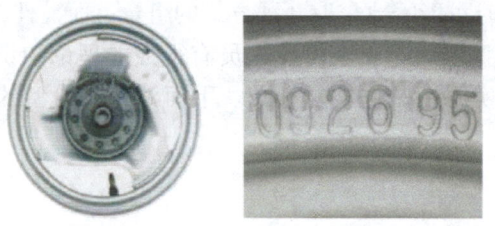

a) 待测轮盘　　　b) 低角度照明法下轮盘字符的图片

图 2-4　轮盘字符检测

2. 背光源

背光源与前光源在放置位置上刚好相反，即放置于待测物体背面，如图 2-5 所示。通过背光源照射待测物体，相对摄像机形成不透明物体的阴影或观察透明物体的内部时，使待测物透光与不透光部分边缘清晰，为图像边缘提取奠定基础。

由于背光源能充分突出待测物体的轮廓信息，因此，它主要用于被测对象的轮廓检测、透明体的污点缺陷检测、液晶文字检查、小型电子元器件尺寸和外形检测、轴承外观和尺寸检查、半导体引线框外观和尺寸检查等。图 2-6 所示为采用背光源照射一个多孔齿轮所拍摄的图片，齿轮上的圆孔与齿牙的轮廓十分清晰，这为齿轮不良品（No Good，NG）判定的后续图像处理打下了良好基础。

项目2 光源系统的认知与选择

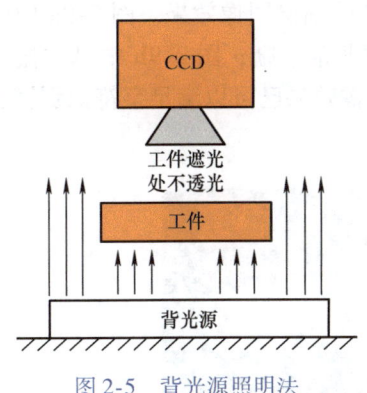

图 2-5 背光源照明法

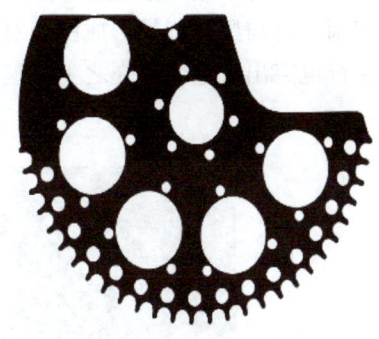

图 2-6 背光源照射下齿轮的图片

3. 环形光源

环形光源的实物图如图 2-7a 所示,它能为待测物体提供大面积均衡的照明。实际应用中,环形光源与 CCD 镜头同轴安放,一般与镜头边缘相对齐。环形光源的优点在于可直接安装在镜头上,如图 2-7b 所示,与待测物体距离合适时,可大大减少阴影,提高对比度,可实现大面积荧光照明。但应用距离不合适时会造成环形反光现象。

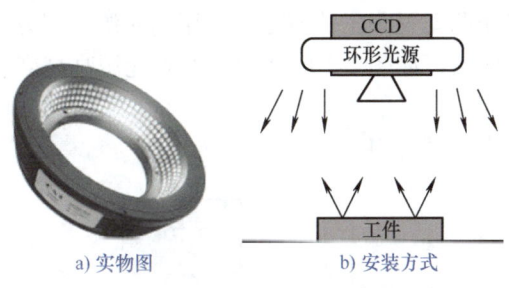

a) 实物图　　　　　　b) 安装方式

图 2-7 环形光源照明法

环形光源在检测高反射率材料表面的缺陷时表现极佳,非常适合电路板和球栅阵列封装(BGA)缺陷的检测。它广泛应用于有纹理表面的物体检测,如检测 IC 芯片上的印刷字符、印制电路板上的零件、塑料盖上的污点和各种产品标签等。

如图 2-8 所示,用蓝色环形光源照射待测 BGA 焊点和金属导线,既去除了金属导线图案,又突出了焊点,图像中仅焊点部分呈白色。从图 2-8b 中还可清晰地看到左上方的瑕疵,为后续识别处理奠定了基础。

a) 待测BGA焊点　　　　b) 蓝色环形光源下BGA焊点的图片

图 2-8 BGA 焊点检测

图2-9所示为采用环形光源照射电容和晶体振荡器的拍摄图像效果。图2-9a中电容上的白色印刷字符与黑色背景形成鲜明对比，字体的轮廓非常清晰；图2-9b中晶体振荡器上的印刷字符也突出于金属外壳之上。这种图片的字符成像效果已可以满足字符识别算法的基本要求。

a) 用环形光源拍摄电容图片　　　　b) 用环形光源拍摄晶体振荡器图片

图2-9　电子元器件字符检测

4. 点光源

点光源的实物图如图2-10a所示，它结构紧凑，能够使光线集中照射在一个特定距离的小视场范围内。一般将点光源安置于工件前方，采用前光源照明方式，以一定的角度从正面直接对准工件上感兴趣的区域，如图2-10b所示。在点光源高亮度、均匀强光的照射下，采集的图像对比度高，对检测物体反射表面上的阴影、微小缺陷和凹痕十分有效，对条形码识别和激光打印字符的检测也特别有用。

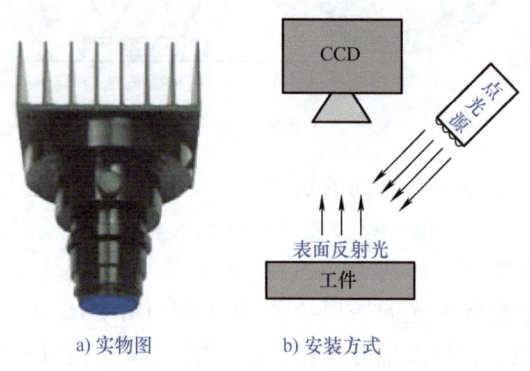

a) 实物图　　　　b) 安装方式

图2-10　点光源

在检测凸轮、齿轮损伤缺陷时，可以采用平行度误差较小的点光源照明，如图2-11所示。点光源能均匀照射金属表面，检测出伤痕所在位置。检测一维条形码时，也可以选用点光源直接照射感兴趣的区域，如图2-12所示，该图像为后续图像处理提供了很好的素材。

5. 可调光源

可调光源是可以通过电流调整器、亮度控制器或频闪控制器来调整光源亮度或频闪速度的一种光源。由于可调光源的调节主要由控制器实现，因此下面对这些控制器做简单介绍。

项目2 光源系统的认知与选择

a) 实物图

b) 表面缺陷

图 2-11 凸轮表面缺陷检测

a)

b)

图 2-12 条形码检测

（1）电流调整器和亮度控制器　电流调整器包括单信道与双信道输出的恒流控制器、四信道带触摸屏的亮度控制器和 RGB 光源彩色分量调节控制器，这些给机器视觉的光源设计提供了较多的选择机会。

（2）频闪控制器　频闪控制器是一种为 LED 光源提供频闪电源和连续控制的直流电源的控制器，主要用于实现对大电流 LED 光源、大面积线组光源以及大面积表面贴片背光源的控制。频闪控制器结合大电流 LED 光源可以替代氙光源。

三、掌握光源照射方式

目前，机器视觉领域主要的照射光种类如下：

（1）平行光　照射角整齐的光称为平行光，如太阳光。发光角度越小的 LED 光源，其直射光越接近平行光。

（2）直射光　LED 光源直接照射对象的光。

（3）漫射光　各种角度的光源混合在一起的光。日常生活用光几乎都是漫射光。

（4）偏光　光源的传递方向在特定的垂直平面上，使波动受到限制的光。通常利用偏光板来防止特定方向的反射。

图 2-13 所示为不同光源照明技术的效果对比，主要包括直射光与漫射光、明视野与暗视野、透射照明、偏光和补色。

四、典型光源

目前，光源和照明是否优良是决定机器视觉应用系统成败的关键，优良的光源系统应当具有以下特征：①尽可能突出目标的特征，在物体需要检测的部分与非检测部分之间尽可能产生明显的区别，增加对比度；②保证足够的亮度和稳定性；③物体位置的变化不应影响成像的质量。

a) 直射光与漫射光　　　　　b) 明视野与暗视野

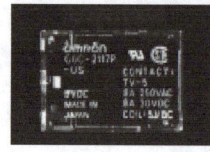   

c) 透射照明　　　　　d) 偏光　　　　　e) 补色

图 2-13　不同光源照明技术的效果对比

常见的光源包括高频荧光灯、光纤卤素灯、LED 灯等，如图 2-14 所示。选择光源时，需要考虑光源的照明亮度、均匀度、发光的光谱特性是否符合实际要求，同时还要考虑光源的发光效率和使用寿命。

 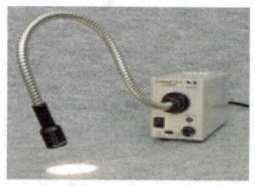 

a) 高频荧光灯　　　　　b) 光纤卤素灯　　　　　c) LED灯

图 2-14　常见的光源

表 2-1 所列为几种主要光源的特性。其中，LED 灯具有显色性好、光谱范围宽（可覆盖整个可见光范围）、发光强度高、稳定时间长等优点，而且随着制造技术的成熟，其价格越来越低，必将在现代机器视觉领域得到越来越广泛的应用。

表 2-1　几种主要光源的特性

光源	颜色	寿命/h	发光亮度	特点
卤素灯	白色，偏黄	5000～7000	很亮	发热多，较便宜
荧光灯	白色，偏绿	5000～7000	亮	较便宜
LED 灯	红色、黄色、绿色、白色、蓝色	6000～100000	较亮	固体，能做成很多形状
氙灯	白色，偏蓝	3000～7000	亮	发热多，持续发光
电致发光管	由发光频率决定	5000～7000	较亮	发热少，较便宜

任务 2　手机电池尺寸测量中光源的选择

【知识要点】

平行面光与普通面光的区别如图 2-15 所示，其中平行面光可以较好地保留物体边缘。

项目2 光源系统的认知与选择

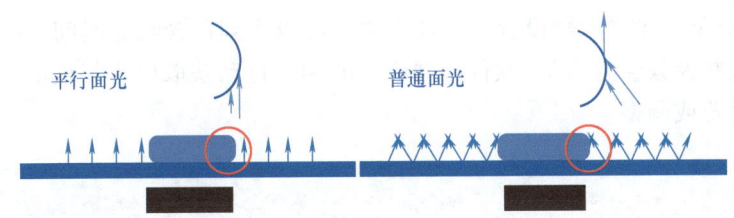

图 2-15 平行面光与普通面光的区别

【任务要求】

为手机电池尺寸的测量选择合适的光源。

【任务实施】

1）对小型电子元器件尺寸进行测量时，一般选取背光源，它可以充分突出待测物体的轮廓和边缘信息，其中平行面光源具有较好的方向性，LED 经结构优化均匀分布于光源底部，常用于外形轮廓和尺寸测量，因此，此处选择比实际拍摄视野略大的平行面光源、相机、镜头等搭建图像采集系统，如图 2-16 所示。其中，WD 表示工作距离，工业相机分辨率为 500 万像素。

2）由于本书使用的是 GIVS 软件进行图像的采集与处理，因此，在这里先介绍了如何在 GIVS 环境中对常用的工业相机进行 GigE 配置。

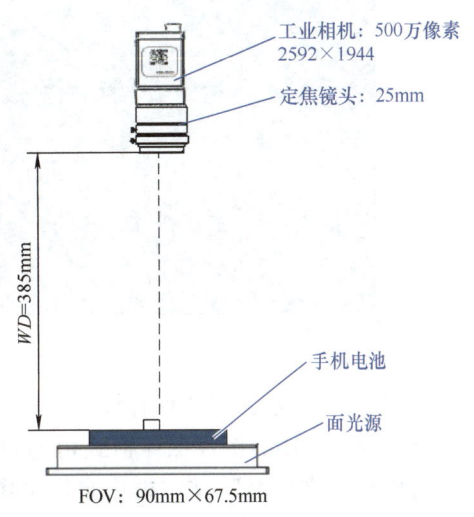

图 2-16 图像采集系统示意图

3）如图 2-17 所示，首先完成相机电源线、网联接口等的物理连接，然后从 GIVS 软件右侧工具箱列表中，将"相机图像"工具拖拽至流程编辑窗口。双击"相机图像"，打开"相机图像"对话框，可在选择相机的下拉列表中，选定自动识别的相机 IP 地址。

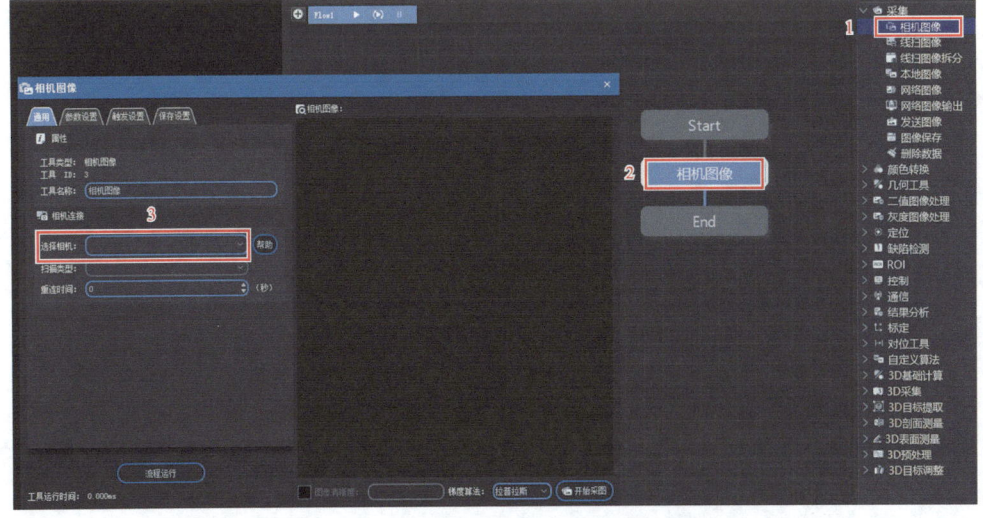

图 2-17 设置相机 IP 地址

如图 2-18 所示，在"参数设置"选项卡中，可以看到包含曝光时间、图像宽度和图像高度等参数。这些参数会由 GIVS 软件根据连接的相机自动获取成为默认值，也可根据实际需求进行重新设置或调整。

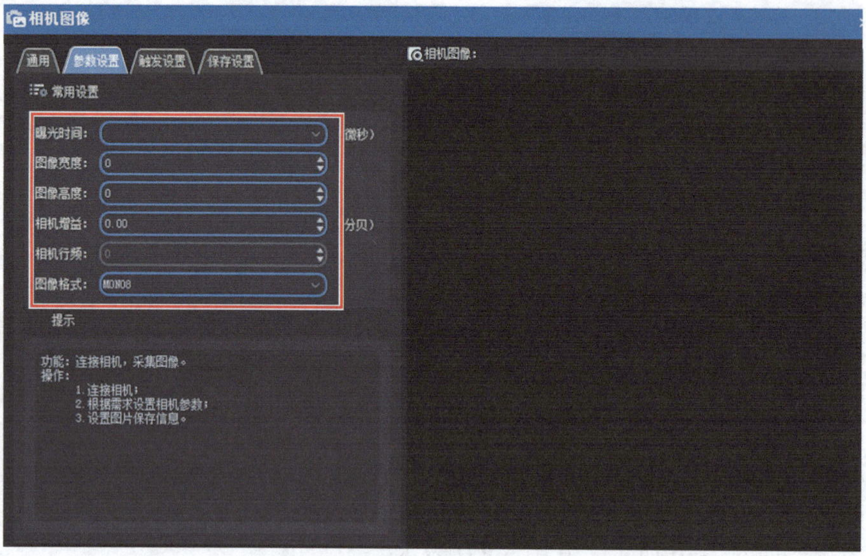

图 2-18　参数设置

如图 2-19 所示，在"保存设置"选项卡中，可根据需要选择保存路径、图片保存格式和文件名等。其中，图片保存格式可通过下拉列表选择 BMP、PNG、JPG 等常用的文件格式，可以在"文件名"文本框中自定义图片名称。在以上设置完成后，单击"保存图片"按钮即可获得采集的图像。

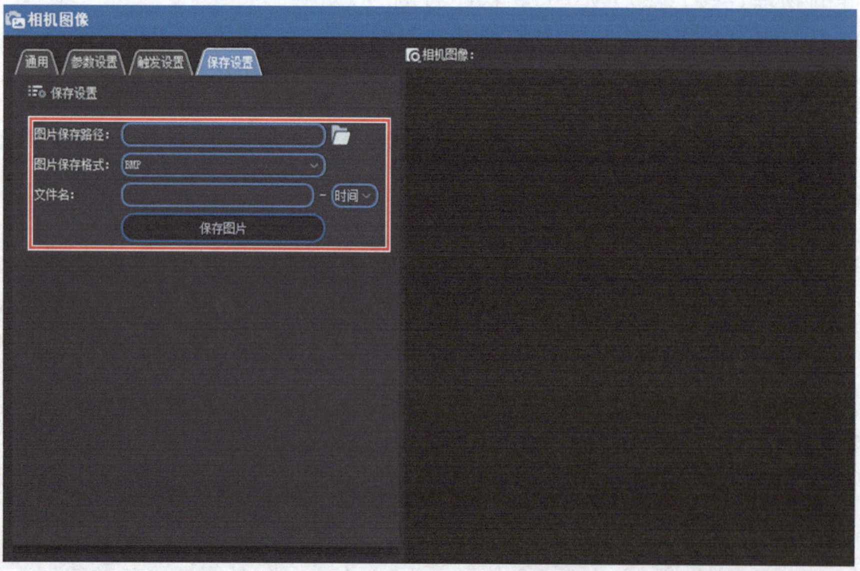

图 2-19　保存图像

习 题

1. 图 2-20 所示的白色产品上印有蓝色和红色字符，仅需检测蓝色字符，使用（　　）光源最好。
   A. 红光　　　　　B. 绿光
   C. 蓝光　　　　　D. 红外光
2. 以下（　　）滤镜可以消除金属产品上的眩光。
   A. 低通　　　　　B. 紫外
   C. 偏振　　　　　D. 中性密度
3. 列举你知道的 LED 光源名称。
4. 画出同轴光的光路图。
5. 画出暗场照明的光路图。

图 2-20　习题 1 图

项目3

工业镜头的认知与选择

任务1 工业镜头的认知

一、透镜成像原理

1. 透镜成像规律

透镜分为凸透镜和凹透镜。凸透镜成像规律：物体放在焦点之外，在凸透镜另一侧成倒立的实像，实像有缩小、等大、放大三种。物距越小，像距越大，实像越大。物体放在焦点之内，在凸透镜同一侧成正立放大的虚像。物距越大，像距越大，虚像越大。凹透镜对光线起发散作用，它的成像规律则要复杂得多。

在光学中，由实际光线汇聚成的像，称为实像，能用光屏承接；反之，则称为虚像，只能由眼睛感觉。一般来说，实像都是倒立的，而虚像都是正立的。所谓正立和倒立，是相对于原物体而言的。

平面镜、凸透镜和凹透镜所成的三种虚像，都是正立的；而凹透镜和凸透镜所成的实像，以及小孔成像中所成的实像，则都是倒立的。当然，凹透镜和凸透镜也可以成虚像，而它们所成的两种虚像，同样是正立的状态。

那么，人眼所成的像是实像还是虚像呢？由于人眼的结构相当于一个凸透镜，因此，外界物体在视网膜上所成的像一定是实像。根据上面的经验规律，视网膜上的物像应该是倒立的，但人眼平常看见的物体却是正立的，这实际上涉及大脑皮层的调整作用以及生活经验的影响。

2. 凸透镜

凸透镜是根据光的折射原理制成的。凸透镜是中央较厚、边缘较薄的透镜，有双凸、平凸和凹凸（或正弯月形）等形式。较厚的凸透镜则有望远、会聚等作用，故又称其为会聚透镜。

凸透镜主要涉及主轴、光心、焦点、焦距、物距和像距等概念。通过凸透镜两个球面球心的直线称为主光轴，简称主轴。凸透镜的中心 O 称为光心。平行于主轴的光线经过凸透镜后会聚于主光轴上一点 F，该点称为凸透镜的焦点。焦点 F 到凸透镜光心 O 的距离称为焦距，用 f 表示，凸透镜的球面半径越小，焦距越短。物体到凸透镜光心的距离称为物距，用 u 表示。物体经凸透镜所成的像到凸透镜光心的距离称为像距，用 v 表示。

将平行光线（如太阳光）平行于主光轴射入凸透镜，光在透镜的两面经过两次折射后，集中在焦点 F 上。凸透镜的两侧各有一个实焦点，如果是薄透镜，则两个焦点到凸透镜中心的距离大致相等。凸透镜成像示意图如图3-1所示。凸透镜可用于放大镜、老花镜、摄影机、电影放映机、幻灯机、显微镜、望远镜的透镜等。

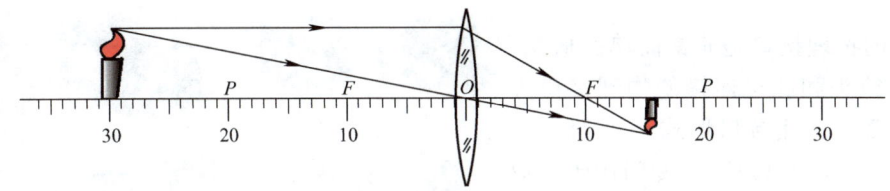

图 3-1 凸透镜成像示意图

注：图中数字代表单位距离。

凸透镜成像规律可以描述为：2 倍焦距以外，成倒立缩小实像；1 倍焦距到 2 倍焦距之间，成倒立放大实像；1 倍焦距以内，成正立放大虚像。成实像时，物和像在凸透镜异侧；成虚像时，物和像在凸透镜同侧，并以 1 倍焦距分虚实（和正倒）、2 倍焦距分大小，物近像远像变大、物远像近像变小。凸透镜成像原理如图 3-2 所示。

凸透镜成像满足 $1/v + 1/u = 1/f$。其中，物距 u 恒取正值；像距 v 的正负由像的实虚来确定，实像时为正，虚像时为负；凸透镜的 f 为正值，凹透镜的 f 为负值。

照相机运用的就是凸透镜的成像规律，镜头成像原理如图 3-3 所示。镜头就是一个凸透镜，要照的景物就是物体，胶片就是屏幕。照射在物体上的光经过漫反射通过凸透镜将物体的像成在最后的胶片上，胶片上涂有一层对光敏感的物质，

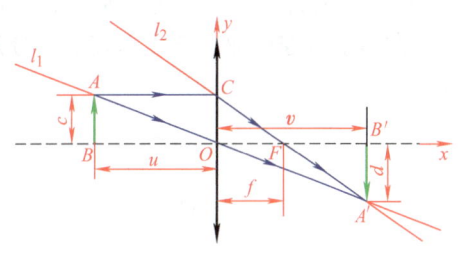

图 3-2 凸透镜成像原理

它在曝光后将发生化学变化，物体的像就被记录在胶卷上。至于物距、像距的关系，与凸透镜成像规律完全一样。当物体靠近时，像越来越远、越来越大，最后再同侧成虚像。

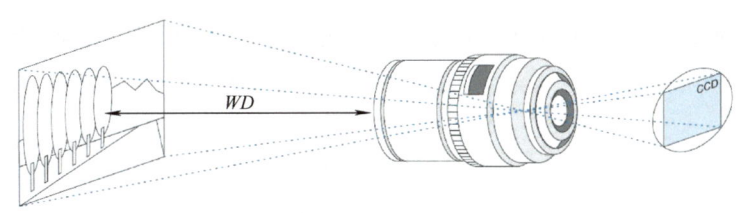

图 3-3 镜头成像原理

另外，当物体在无穷远处时，可以近似地认为像在焦点处。物体远离凸透镜时，像会靠近凸透镜。当物体从无穷远处移动至距离像 $2f$ 处时，物体的移动速度比像要快。

二、工业镜头的基本参数

工业镜头的成像原理和常用的单反相机、数码相机、手机摄像模组等光学成像装置一样，都是凸透镜小孔成像。其不同之处主要在于镜头接口和应用场合。本节将分别针对镜头的物理接口、光学尺寸、视场角、焦距、自动调焦及景深等概念进行详述。

1. 镜头的物理接口

镜头的物理接口是非常简单的概念，其实就是镜头和相机连接的物理接口方式。工业镜头常用接口形式有 C 口、CS 口、F 口等，其中 C/CS 是专门用于工业领域的国际标准接口。镜头选择何种接口，应以相机的物理接口为准。不同物理接口的镜头如图 3-4 所示。

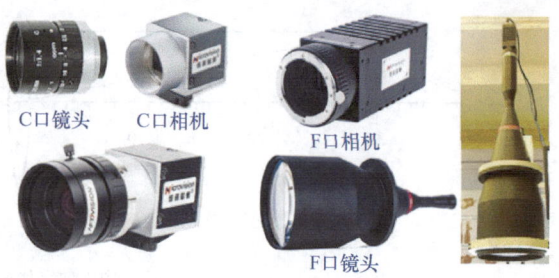

图 3-4　不同物理接口的镜头

2. 光学尺寸

镜头光学尺寸是指镜头最大能兼容的 CCD 芯片尺寸。相机之所以能成像，是因为镜头把物体反射的光线打到了 CCD 芯片上面。因此，镜头的镜片直径（设计相面尺寸）应大于或等于 CCD 芯片尺寸。常见镜头的相面尺寸有 1/3in、1/2in、2/3in、1in 等，其中 1/3in 和 1/2in 常用于监控行业，其成本较低，分辨力也较低。图 3-5 所示为各种相面尺寸对应的实际尺寸。

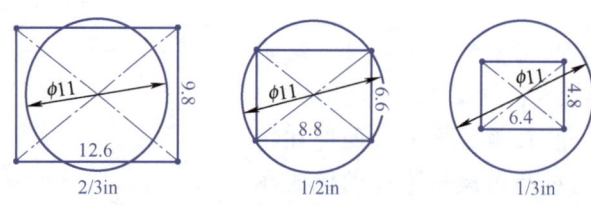

图 3-5　各种相面尺寸对应的实际尺寸

3. 视场角

如图 3-6 所示，视场（Field Of View，FOV）就是整个系统能够观察的物体的尺寸范围，进一步分为水平视场和垂直视场，也就是 CCD 芯片上最大成像对应的实际物体大小，定义为

$$FOV = L/M \tag{3-1}$$

式中，L 是 CCD 芯片的高度或宽度；M 是放大率，定义为

$$M = h/H = v/u \tag{3-2}$$

式中，h 是像高；H 是物高；u 是物距；v 是像距。FOV 也可以表示成镜头对视野的高度和宽度的张角，即视场角 α，定义为

$$\alpha = 2\theta = 2\arctan[L/(2v)] \tag{3-3}$$

通常用视场角来表示视场的大小，且按照视场大小，可以把镜头分为鱼眼镜头、超广角镜头、广角镜头和标准

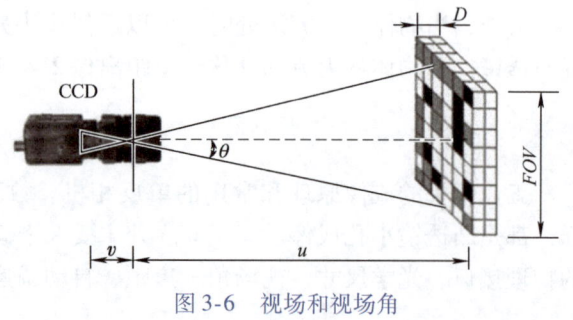

图 3-6　视场和视场角

镜头。

4. 焦距

焦距是光学系统中衡量光的聚集或发散程度的参数，是从透镜中心到光聚集焦点的距离，也是相机中从镜片中心到底片或 CCD 等成像平面的距离。简单地说，焦距是焦点与面镜中心点之间的距离。

镜头焦距的长短决定着视场角的大小，焦距越短，视场角就越大，观察范围也越大，但远处的物体看不清楚；焦距越长，视场角就越小，观察范围也越小，很远的物体也能看清楚。因此，短焦距的光学系统比长焦距的光学系统有更好的集聚光的能力。由此可见，焦距和视场角一一对应，一定的焦距就意味着一定的视场角。因此，选择焦距时应该充分考虑是要观察细节还是要有较大的观测范围。如果需要观测近距离大场面，就选择小焦距的广角镜头；如果需要观察细节，则应选择焦距较大的长焦镜头。以 CCD 为例，焦距的参考公式为

$$\alpha = 2\arctan\frac{SR}{2WD} \tag{3-4}$$

$$f = \frac{d}{2\tan(\alpha/2)} \tag{3-5}$$

式中，SR 为景物范围；WD 为工作距离；d 为 CCD 尺寸。这里应注意，SR 和 d 要保持一致性，即同为高或同为宽。实际选用时还应留有余量，即应选择比计算值略小的焦距。

5. 自动调焦

在机器视觉系统中，调焦直接影响光测设备的测量效果，特别是在光测设备对运动目标进行拍摄的过程中，目标与光测设备之间的距离随时发生变化，因而需要不断地调整光学系统的焦距，从而调整目标像点的位置，使其始终位于焦平面上，以获得清晰的图像。对光学镜头进行手动调焦，其调节过程长，调焦精度受人为影响较大，成像效果往往不能满足需要，而自动调焦技术能很好地解决这一问题。

自动调焦相机利用电子测距器自动调焦，采集图片时，根据被摄目标的距离，电子测距器可以把前后移动的镜头控制在相应的位置上，或将镜头旋转至需要的位置，使被摄目标成像达到最清晰。

自动调焦有几种不同的方式，目前应用最多的是主动式红外系统。这种系统的工作过程是从相机发光元件发射出一束红外线，照射到被摄物主体后反射回相机，由感应器接收回波。相机根据发光光束与反射光束所形成的角度来测知拍摄距离，实现自动调焦。采用这种方式的自动调焦相机，因为是由自身发出照射光，所以其调焦精度与被摄物的亮度和反差无关，即使是在室内等较暗的环境下，也可以顺利地进行拍摄。但是，由于这种方式是以被摄物反射的红外线为检测对象，因此，对于反射率较低或面积太小的被摄物，有时不能发挥其功能。

6. 景深

景深（DOF）是指在摄影机镜头或其他成像器前沿，能够取得清晰图像的成像所测定

的被摄物体前后距离范围。在聚焦完成后，焦点前后范围内所呈现的是清晰的图像，这一前后距离范围便是景深。光圈、镜头及到拍摄物的距离是影响景深的重要因素。

与光轴平行的光线射入凸透镜时，理想的镜头应该是所有的光线聚集在一点后，再以锥状扩散开来，焦点就是聚集所有光线的点。在焦点前后，光线开始聚集和扩散，点的影像变得模糊，形成一个扩大的圆，这个圆称为弥散圆。

在现实中，人们是以某种方式（如投影等）来观察所拍摄影像的，人眼所感受到的影像与放大倍率、投影距离及观看距离等有很大的关系，如果弥散圆的直径大于人眼的鉴别能力，则在一定范围内将无法辨认模糊的影像。这个不能被人眼辨认影像的弥散圆称为容许弥散圆，在焦点的前后各有一个容许弥散圆。

以持照相机拍摄者为基准，从焦点到近点容许弥散圆的距离称为前景深，从焦点到远点容许弥散圆的距离称为后景深，如图3-7所示。

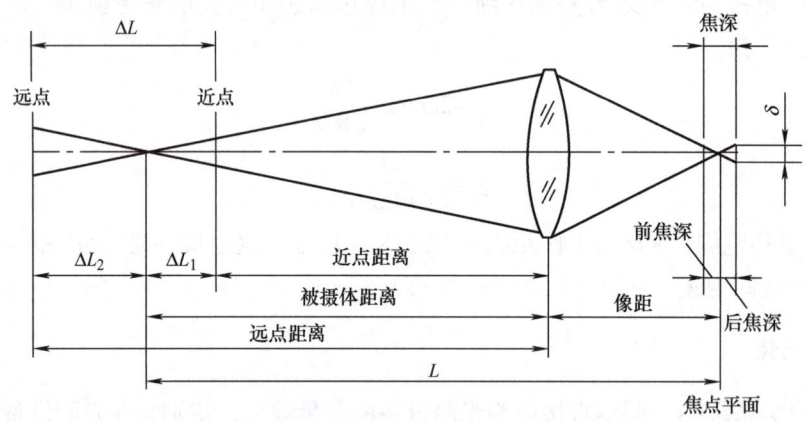

图3-7 景深

δ—弥散圆直径　L—拍摄距离　ΔL_1—前景深　ΔL_2—后景深　ΔL—景深

前景深
$$\Delta L_1 = \frac{F\delta L^2}{f^2 + F\delta L} \tag{3-6}$$

后景深
$$\Delta L_2 = \frac{F\delta L^2}{f^2 - F\delta L} \tag{3-7}$$

景深
$$\Delta L = \Delta L_1 + \Delta L_2 = \frac{2f^2 F\delta L^2}{f^4 - F^2\delta^2 L^2} \tag{3-8}$$

式中，f是镜头焦距；F是镜头的拍摄光圈。

影响景深的重要因素如下：

(1) 镜头光圈　光圈越大，景深越浅；光圈越小，景深越深。

(2) 镜头焦距　镜头焦距越长，景深越浅；焦距越短，景深越深。

(3) 物体与背景之间的距离　距离越远，景深越深；距离越近，景深越浅。

(4) 物体与镜头之间的距离　距离越远，景深越浅；距离越近（不能小于最小拍摄距离），景深越深。

从上述可以看出，后景深大于前景深。在进行拍摄时，调节相机镜头，使与相机成一定距离的景物清晰成像的过程，称为调焦。那个景物所在的点，称为调焦点。因为清晰并不是一种绝对的概念，所以调焦点前（靠近相机）后一定距离内的景物的成像都可以是清晰的，这个前后范围的总和就是景深，即在这一范围之内的景物，都能清楚地拍摄到。

三、工业镜头分类

工业镜头作为机器视觉的"眼睛"，其重要性已不用提及。工业镜头有多种分类方法，各类镜头都具备自己独特的技术优势，因此也有着不同的行业应用。

1. 根据焦距分类

根据焦距能否调节，可分为定焦距镜头和变焦距镜头两大类。根据焦距的长短，定焦距镜头又可分为鱼眼镜头、短焦镜头、标准镜头、长焦镜头四大类。需要注意的是，焦距长短的划分并不是以焦距的绝对值为首要标准，而是以像角的大小为主要区分依据，所以当靶面的大小不等时，其标准镜头的焦距大小也不同。变焦镜头上都有变焦环，调节该环可以使镜头的焦距值在预定范围内灵活改变。变焦距镜头最长焦距值和最短焦距值的比值称为该镜头的变焦倍率。变焦镜头又可分为手动变焦和电动变焦两大类。

变焦距镜头由于具有可连续改变焦距值的特点，在需要经常改变摄影视场的情况下使用非常方便，所以在摄影领域应用非常广泛。但由于变焦距镜头的透镜片数多、结构复杂，因此最大相对孔径不能做得太大，致使图像亮度较低、图像质量变差，同时在设计中也很难针对各种焦距、各种调焦距离做像差校正，所以其成像质量无法和同档次的定焦距镜头相比拟。

实际中常用的镜头焦距在 4～300mm 范围内有很多等级，如何选择焦距合适的镜头是进行机器视觉系统设计时需要考虑的一个主要问题。光学镜头的成像规律可以根据两个基本成像公式——牛顿公式和高斯公式来推导，对于机器视觉系统的常见设计模型，一般是根据成像的放大率和物距这两个条件来选择焦距合适的镜头。

2. 根据镜头接口类型分类

镜头和摄像机之间的接口有许多不同的类型，工业摄像机常用的包括 C 接口、CS 接口、F 接口、V 接口、T2 接口、徕卡接口、M42 接口、M50 接口等。接口类型与镜头性能及质量并无直接关系，只是接口方式不同而已，一般也可以找到各种常用接口之间的转换接口。

C 接口和 CS 接口是工业摄像机上最常见的国际标准接口，两者均为 1in 32UN 寸制螺纹连接口，其区别在于 C 接口的后截距为 17.5mm，而 CS 接口的后截距为 12.5mm，如图 3-8 所示。所以 CS 接口的摄像机可以与 C 接口和 CS 接口的镜头连接使用，只是使用 C 接口镜头时需要加一个 5mm 的接圈；而 C 接口的摄像机则不能用 CS 接口的镜头。

F 接口是尼康镜头的标准接口，所以又称尼康接口，也是工业摄像机中常用的接口类型，一般摄像机靶面大于 1in 时需用 F 接口镜头。

V 接口是施奈德镜头主要使用的标准接口，一般也用于摄像机靶面较大或具有特殊用途的镜头。

图 3-8 镜头后截距

3. 特殊用途的镜头

（1）显微（Micro）镜头　一般用于成像比例大于10∶1的拍摄系统，但由于现在摄像机的像元尺寸已经做到3μm以内，因此一般成像比例大于2∶1时也会选用显微镜头。

（2）微距（Macro）镜头　一般是指成像比例在1∶4~2∶1范围内的特殊设计的镜头。在对图像质量要求不是很高的情况下，一般可采用在镜头和摄像机之间加近摄接圈或在镜头前加近拍镜的方式达到放大成像的效果。

（3）远心（Telecentric）镜头　主要是为纠正传统镜头的视差而特殊设计的镜头，它可以在一定的物距范围内，使得到的图像放大倍率不随物距的变化而变化，这对被测物不在同一物面上的情况是非常有用的。

（4）紫外（Ultraviolet）镜头和红外（Infrared）镜头　一般镜头是针对可见光范围内的应用设计的，由于同一光学系统对不同波长光线的折射率不同，导致同一点发出的不同波长的光成像时不能会聚成一点，从而产生了色差。常用镜头的消色差设计也是针对可见光范围的，紫外镜头和红外镜头则是专门针对紫外线和红外线进行设计的镜头。

任务2　手机电池尺寸测量中镜头的选择

【知识要点】

1）定焦距镜头一般存在视差。所谓视差，即因工作距离不同、透镜放大倍率不同而导致的近大远小的现象。

2）透镜由于制造精度以及组装工艺的偏差会引入畸变，导致原始图像失真。一般情况下，越靠近视野边缘畸变越明显。

3）远心镜头独特的透镜组结构，可以较好地克服透视误差。

4）定焦距镜头工作距离、焦距和视野之间的关系为

$$\text{放大倍率} = \frac{\text{传感器尺寸}(h \text{ 或 } v)}{\text{视野}(H \text{ 或 } V)} = \frac{f}{WD} \tag{3-9}$$

【任务要求】

待测量手机电池如图3-9所示，已知工作距离小于500mm，相机靶面尺寸为1/2.5in［5.70mm（h）×4.28mm（v）］，手机电池尺寸为50mm×60mm，分别给出定焦距镜头和定倍镜头的选择过程。

【任务实施】

1）根据手机电池尺寸，估算视野大小为80mm×60mm。

2）假设工作距离WD为450mm，若选择定焦距镜头，则根据式（3-9）可以得到 $f = WD\dfrac{h}{H} = 450 \times \dfrac{5.7}{80}\text{mm} =$ 32.06mm。所以可以选择焦距为35mm的定焦距镜头，并适

图3-9　待测量手机电池

当增大工作距离；或者选择焦距为 25mm 的镜头，并适当减小工作距离。

3）若选择定倍镜头，则放大倍率为

$$放大倍率 = \frac{传感器尺寸(h 或 v)}{视野(H 或 V)} = \frac{5.7}{80} = 0.071$$

所以可以选择放大倍率在 0.07 附近的定倍远心镜头。在实验室条件下选择 25mm 定焦距镜头，工作距离为 385mm 时，实际视野大小为 90mm×67.5mm。

习　题

1. 影响视野大小的因素有（　　）。
   A. 物距　　　　　B. 像距　　　　　C. 成像面大小　　　　　D. 被拍摄物体大小
2. 白色表示光圈大小，图 3-10 中（　　）能得到最大的景深。

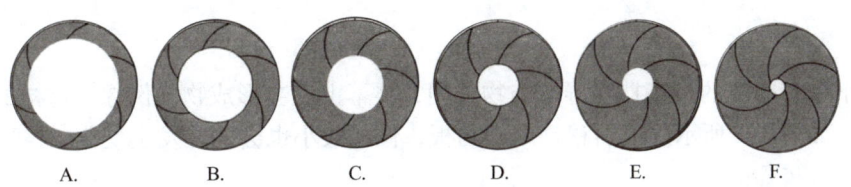

图 3-10　习题 2 图

3. 以下（　　）属于镜头畸变。
   A. 桶形畸变　　　B. 偏移畸变　　　C. 伸展畸变　　　D. 枕形畸变
4. 填写图 3-11 各方框对应的专业术语。

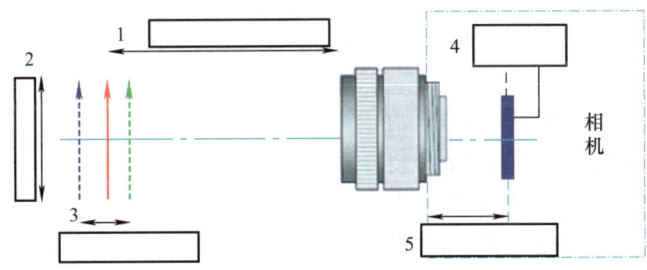

图 3-11　习题 4 图

5. 什么是透视误差？画图说明透视误差的原理。
6. 比较远心镜头与普通工业镜头的差异，并对两者的拍摄效果进行对比。
7. 总结自动调焦镜头的原理及实现方法。
8. 了解我国机器视觉镜头技术的发展现状以及与国际上先进技术的差距。

项目4 工业相机的认知与选择

任务1 工业相机的认知

工业相机是机器视觉系统中的关键组件，其本质的功能就是将光信号转变成有序的电信号。选择合适的相机也是机器视觉系统设计的重要环节，相机的选择不仅直接决定所采集到的图像分辨率、图像质量等，还与整个系统的运行模式直接相关。

一、相机成像原理

用一个带有小孔的板遮挡在屏幕与物之间，屏幕上就会形成物的倒像，这样的现象称为小孔成像，如图4-1所示。前后移动中间的板，像的大小也会随之发生变化。这种现象反映了光是沿直线传播的。

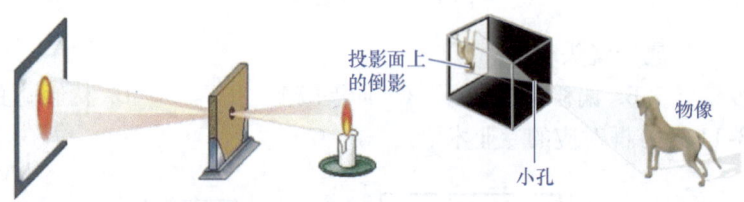

图4-1 小孔成像

在发明相机之前，人们就已经开始利用小孔成像原理制造各类光学成像装置，这种装置被称为暗箱。19世纪上半叶，人们终于找到了固定保存暗箱中投影面上光学图像的方法与介质，照相机工业由此发端，因此暗箱被认为是照相机的祖先。图4-2为相机成像示意图，照相机的成像原理即来源于小孔成像，镜头是智能化的小孔，通过复杂的镜头组件实现不同的成像距离（即俗称的各个焦段）。

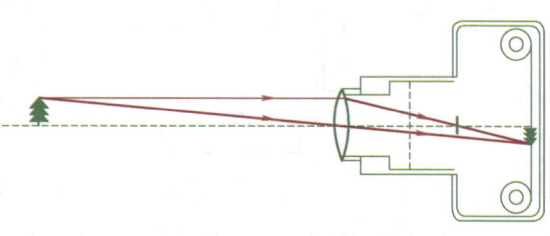

图4-2 相机成像示意图

对于胶片相机而言，景物的反射光线经过镜头的会聚，在胶片上形成潜影，这个潜影是光和胶片上的乳剂发生化学反应的结果，再经过显影和定影处理形成影像。数码相机是通过光学系统将影像聚焦在成像元件CCD/CMOS上，通过A/D转换器将每个像素上的光电信号转化为数码信号，再经过数字信号处理器（DSP）处理成数码图像，存储在存储介质中。下面以CCD为例简单描述相机的成像原理与过程：

1) 当使用数码相机拍摄景物时，景物反射的光线通过数码相机的镜头透射到CCD上。

2）当CCD曝光后，光电二极管受到光线的激发而释放出电荷，生成感光元件的电信号。

3）CCD控制芯片利用感光元件中的控制信号电路对发光二极管产生的电流进行控制，由电流传输电路输出，CCD会将一次成像产生的电信号收集起来，统一输出到放大器。

4）经过放大和滤波后的电信号被传送到模/数转换器（ADC），由ADC将电信号（模拟信号）转换为数字信号，数值的大小和电信号的强度与电压的高低成正比，这些数值其实也是图像的数据。

5）此时，这些图像数据还不能直接生成图像，还要输出到DSP中，DSP对这些图像数据进行色彩校正、白平处理，并编码为数码相机所支持的图像格式、分辨率，然后才会被存储为图像文件。

二、CCD传感器与CMOS传感器成像过程

1. CCD传感器

（1）线阵CCD传感器 以图4-3所示的线阵CCD传感器为例来描述CCD传感器的结构。CCD传感器由一行对光线敏感的光电探测器组成，光电探测器一般为光栅晶体管或光电二极管。这里仅把光电探测器看作能将光子转换为电子并将电子

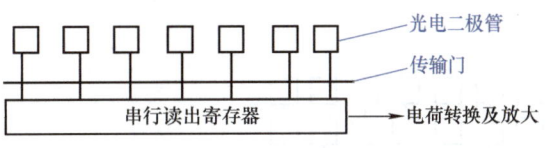

图4-3 线阵CCD传感器

转换为电流的设备，而不讨论其涉及的物理问题。每种光电探测器都有可以存储的电子数量的上限。其值通常取决于光电探测器的大小。曝光时光电探测器累积电荷，通过转移门电路，电荷被移至串行读出寄存器而读出。每个光电探测器对应一个读出寄存器。串行读出寄存器也是光敏的，必须由金属护罩遮挡，以避免读出期间接收到其他光子。读出的过程是将电荷转移到电荷转换单元，转换单元将电荷转换为电压，并将电压放大。每个CCD传感器最多由4个门组成，这些门在一定方向上传输电荷。电荷转换为电压并放大后，就可以转换为模拟或数字视频信号。对于数字视频信号，是由模拟电压通过模/数转换器（ADC）转换为数字电压的。

线阵CCD传感器只能生成高度为1行的图像，在实际中用途有限，因此常通过多行组成二维图像。为得到有效图像，线阵CCD传感器必须相对于被测物做某种运动。一种方法是将传感器安置在运动的被测物（如传送带）上方；第二种方法是被测物不动而传感器相对被测物运动，如印制电路板成像和平板扫描仪的原理。

使用线阵CCD传感器采集图像时，传感器本身必须与被测物平面平行并与运动方向垂直以保证得到矩形像素。同时，根据线阵CCD传感器的分辨率，线采集频率必须与摄像机、被测物间的相对运动速度相匹配以得到矩形像素。如果运动速度是恒定的，则可以保证所有像素采集到的图像具有一致性。如果运动速度是变化的，就需要由编码器来触发传感器采集每行图像。相对运动可以由步进电动机驱动产生。由于很难做到使传感器非常好地与运动方向相匹配，在有些应用中，必须采用摄像机标定方法来确保测量精度达到要求。

线阵CCD传感器的线读出频率为14~140kHz，这显然会限制每行的曝光时间，因此线

扫描应用要求使用非常强的照明。同时镜头的光圈通常要求有较小的 f 值，从而严重地限制了景深，所以线扫描应用系统中参数的设定是很有挑战性的。

（2）面阵 CCD 传感器　图 4-4 所示为线阵 CCD 传感器扩展为全帧转移型面阵 CCD 传感器的结构。光在光电探测器中转换为电荷，电荷按行的顺序转移到串行读出寄存器，然后按与线阵 CCD 传感器相同的方式转换为视频信号。

在读出过程中，光电传感器还在曝光，仍有电荷在积累。由于上面的像素要经过下面的像素移位移出，因此，像素积累的全部场景信息就会发生拖影现象。为了避免出现拖影，必须加上机械快门或利用闪光灯，这是全帧转移型面阵 CCD 传感器的最大缺点。其最大的优点是填充因子（像素光敏感区域与整个靶面之比）可达 100%，这可使像素的光敏度最大化以及图像失真最小化。

为了解决全帧转移型面阵 CCD 传感器的拖影问题，可在全帧转移型传感器的基础上加上用于存储的传感器，在这个传感器上覆盖金属光屏蔽层，构成帧转移型面阵 CCD 传感器，如图 4-5 所示。对于这种类型的传感器，图像产生于光敏感传感器，然后转移至光屏蔽存储阵列，在空闲时从存储阵列中读出。

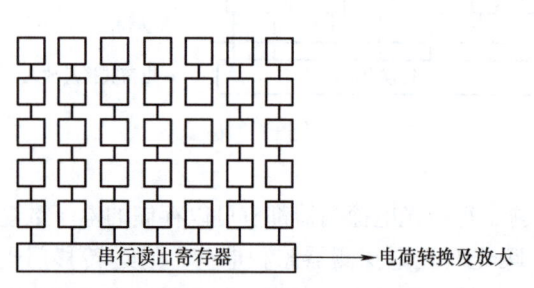

图 4-4　全帧转移型面阵 CCD 传感器的结构

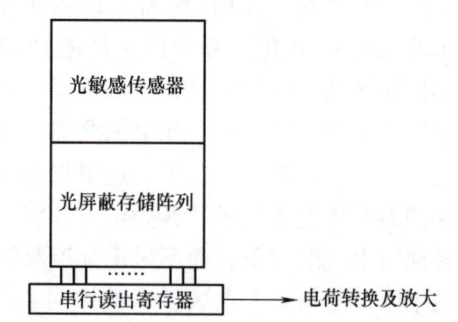

图 4-5　帧转移型 CCD 传感器

由于两个传感器间的转移速度很快，因此拖影现象可以大大减少。帧转移型 CCD 传感器的最大优点是其填充因子可达 100%，而且不需要使用机械快门或闪光灯。但是，在两个传感器间传输数据的短暂时间内图像还是在曝光，因而还是有残留的拖影存在。帧转移型 CCD 传感器的缺点是其通常由两个传感器组成，因此成本高。

由于高灵敏度和拖影等特征，全帧转移型 CCD 传感器和帧转移型 CCD 传感器通常用于曝光时间比读出时间长的科学研究等应用领域。

（3）隔列转移型 CCD 传感器　图 4-6 所示为隔列转移型 CCD 传感器。除光电探测器外（通常情况下为光电二极管），这种传感器还包含一个带有不透明的金属屏蔽层的垂直转移寄存器。图像曝光后，积累到的电荷通过传输门电路（图 4-6 中未画出）转移到垂直转移寄存器，这一过程通常在 1μs 内完成。电荷通过垂直转移寄存器移至串行读出寄存器，然后读出并形成视频信号。

由于电荷从光电二极管传输至屏蔽垂直转移寄存器的速度很快，图像没有拖影，所以不需要机械快门和闪光灯。隔列转移型 CCD 传感器的最大缺点是由于其传输寄存器需要占用空间，因此其填充因子可能低至 20%，图像失真会严重。为了增大填充因子，通常在传感器上加上微镜头来使光聚焦至光电二极管，如图 4-7 所示。但即使这样，也不可能使其填充因子达到 100%。

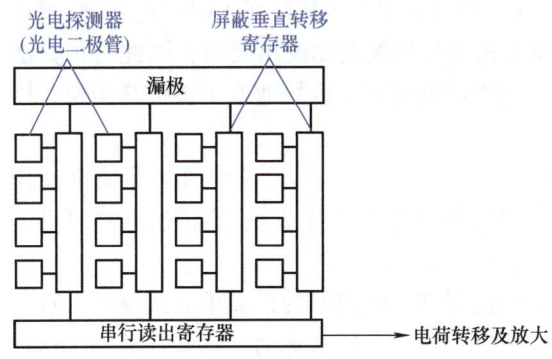

图 4-6 隔列转移型 CCD 传感器

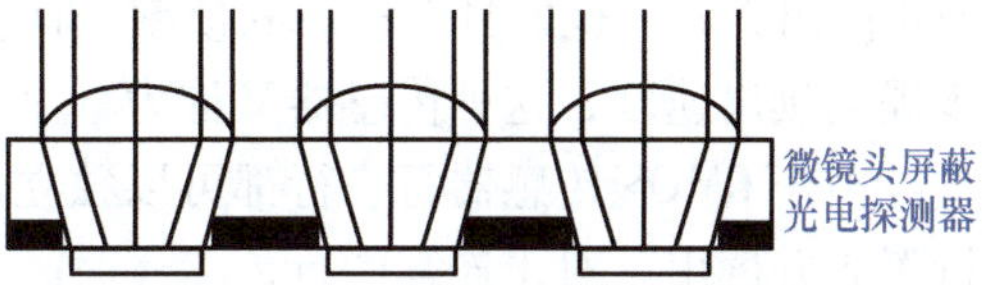

图 4-7 增加微镜头增大填充因子

CCD 传感器的一个问题是其高光溢出效应。也就是当积累的电荷超过光电探测器的容量时，电荷将会溢出到相邻的光电探测器中，因此图像中亮的区域就会显著放大。为了解决这个问题，可在传感器上增加溢流沟道。加在沟道上的电势差使得光电探测器中多余的电荷通过沟道流向衬底。溢流沟道可位于传感器平面中每个像素的侧边（侧溢流沟道），也可埋于设备的底部（垂直溢流沟道）。侧溢流沟道通常位于垂直转移寄存器的相反一侧。图 4-6 中是垂直溢流沟道，该沟道一定在垂直转移寄存器下面。

在传感器上增加的溢流沟道可以用作摄像机的电子快门。将沟道的电位置为 0，光电探测器不再充电，然后将沟道的电位在曝光时间内置为高，即可以积累电荷直至读出。溢流沟道还可使传感器在接收到外触发信号后立刻开始采集图像，也就是接收到外触发信号后整个传感器可以立刻复位，图像开始曝光然后正常读出，这种操作模式称为异步复位。

2. CMOS 传感器

如图 4-8 所示，CMOS 传感器通常采用光电二极管作为光电探测器。与 CCD 传感器不同，光电二极管中的电荷不是顺序地转移到读出寄存器，CMOS 传感器的每一行都可以通过行和列选择电路直接选择并读出。这方面，CMOS 传感器可以当作随机存取存储器。CMOS 传感器的每个像素都有一个自己的独立放大器，这种类型的传感器也称为主动像素传感器（APS）。CMOS 传感器常用数字视频作为输出，因此图像每行中的像素通过模/数转换器阵列并行地转化为数字信号。

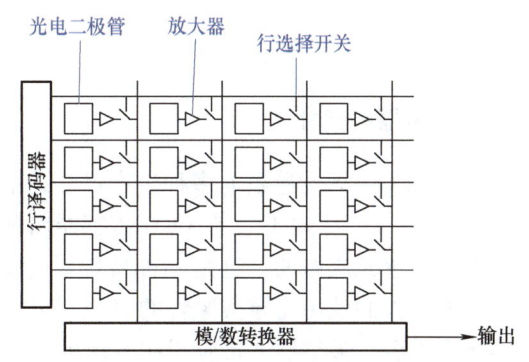

图 4-8 CMOS 传感器

因为放大器及行列选择电路常会用到每个像素的大部分面积，因此与隔列转移型 CCD 传感器一样，CMOS 传感器的填充因子很低。所以通常使用微镜头来增加填充因子和减少图像失真，如图 4-8 所示。

CMOS 传感器的随机读取特性使其很容易实现图像的矩形感兴趣区域（AOI）读出方

式。与 CCD 传感器相比,对于有些应用这点有很大优势,在较小的 AOI 下可以得到更高的帧率。尽管 CCD 传感器也可以实现 AOI 读出方式,但其读出方式决定了 CCD 传感器必须将 AOI 上方和下方所有行的数据转移出再丢掉。由于丢掉行的速度比读出要快,因此这种方法也可以提高帧率。然而,通过减小水平方向尺寸而生成的被处理区域通常不能提高帧率,因为电荷必须通过电荷转换单元才能转移。

CMOS 传感器的另一个优点是可以在传感器上实现并行模/数转换,因此即使不使用 AOI 读出方式,也能具有较高的帧率,而且还可以在每个像素上集成模/数转换电路以进一步提高读出速度,这种传感器又称为数字像素传感器(DPS)。

由于 CMOS 传感器每一行都可以独立读出,因此得到一幅图像的最简单方式就是一行一行曝光并读出。对于连续的行,曝光时间和读出时间可以重叠,这称为行曝光。显然,这种读出方式使图像的第一行和最后一行有很大的采集时差,如图 4-9a 所示,采集运动物体图像时将产生明显的变形。对于运动的被测物,必须使用全局曝光传感器。全局曝光传感器对应每个像素都需要一个存储区,从而降低了填充因子。图 4-9b 所示为对运动物体使用全局曝光得到的正确图像。

CMOS 传感器的结构使其很容易支持异步复位外触发采集。与 CCD 传感器一样,这里讨论的 CMOS 传感器是线性响应,线性响应是精确边缘探测所必需的。然而,对于在线焊接检测这类应用,被测物亮度有 6 个数量级或更高的变化。为使这种巨大的亮度差能够共存于一幅灰度图像中,必须使用非线性灰度响应。为此,开发了对数响应 CMOS 传感器和线性-对数混合响应 CMOS 传感器。大多数情况下是将光电传感器产生的光电流反馈到具有对数电流-电压特性的电阻上,这种传感器一定是行曝光的。

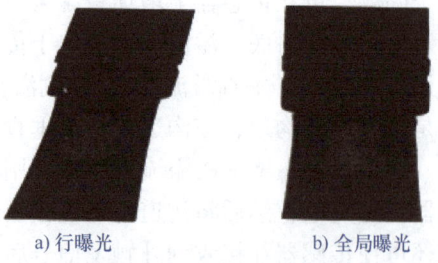

a) 行曝光　　　　b) 全局曝光

图 4-9　对运动物体使用行曝光和全局曝光采集图像的比较

三、工业相机的基本参数

1. 传感器的尺寸

CCD 和 CMOS 传感器有多种生产尺寸,最常见的是传感器的长度、宽度及对角线长度,多以英寸(in⊖)为单位。在 CCD 传感器出现之前,摄像机是利用一种称为"光导摄像管"的成像器件感光成像的,这是一种特殊设计的电子管,其直径的大小决定了成像面积的大小。因此,人们就用光导摄像管的直径尺寸来表示具有不同感光面积的产品型号。CCD 传感器出现之后,最早被大量应用在摄像机上,也就自然而然地沿用了光导摄像管的尺寸表示方法,进而扩展到所有类型的图像传感器的尺寸表示方法上。例如,型号为"1/1.8"的 CCD 或 CMOS 传感器,就表示其成像面积与一根直径为 1.8in 的光导摄像管的成像靶面面积近似。光导摄像管的直径与 CCD、CMOS 传感器成像靶面面积之间没有固定的换算公式,从实际情况来说,CCD、CMOS 传感器成像靶面的对角线长度大约相当于光导摄像管直径的

⊖　1in = 25.4mm,后同。

2/3。因此,表4-1中传感器对角线长度大约是传感器标称尺寸的2/3。有个简单的方法可以记住这些数据,就是传感器的宽度大约是传感器标称尺寸的一半。

表4-1 典型传感器尺寸及分辨率为 640×480 时对应的像素间距

尺寸/in	宽度/mm	高度/mm	对角线长度/mm	像素间距/μm
1	12.8	9.6	16	20
2/3	8.8	6.6	11	13.8
1/2	6.4	4.8	8	10
1/3	4.8	3.6	6	7.5
1/4	3.2	2.4	4	5

为传感器选择镜头时,必须使镜头尺寸大于或等于传感器实际大小。否则,传感器外将没有光线到达,例如,1/2in 镜头不可以用于 2/3in 的传感器。表4-1 中还列出了分辨率为 640×480 时的像素间距。当传感器的分辨率提高时,像素间距将相应减小。例如,当分辨率为 1280×960 时,像素间距减小一半。

CCD 和 CMOS 传感器可产生不同的分辨率,从 640×480 至 4008×2672 甚至更高。分辨率通常符合模拟视频信号标准,如 RS-170（640×480）、CCIR（768×576）；或者符合计算机显卡分辨率,如 VGA（640×480）、XGA（1024×768）、SXGA（1280×1024）、UXGA（1600×1200）、QXGA（2048×1536）等。线阵摄像机的分辨率从 512 像素到 12888 像素,将来还有可能更高。在一般情况下,传感器分辨率越高,则帧率就会越低。

2. 帧速

帧速是指视频画面每秒钟传播的帧数,用于衡量视频信号的传输速度,单位为帧/s。动态画面实际上是由一帧帧静止画面连续播放而成的,机器视觉系统必须快速采集这些画面并将其显示在屏幕上才能获得连续运动的效果。采集处理时间越长,帧速就越低,如果帧速过低,画面就会产生停顿、跳跃的现象。一般对于机器视觉系统来说,30 帧/s 是最低限值,60 帧/s 则较为理想。但也不能一概而论,不同类型的应用所需的帧速各不相同,帧速的选择需要和实际的应用目标相匹配。

3. 分辨率

分辨率可以从显示分辨率与图像分辨率两个方向来分类。显示分辨率（屏幕分辨率）是屏幕图像的精密度,是指显示器所能显示的像素有多少。由于屏幕上的点、线和面都是由像素组成的,显示器可显示的像素越多,画面就越精细,同样的屏幕区域内能显示的信息也越多。可以把整个图像想象成一个大型的棋盘,而分辨率的表示方式就是所有经线和纬线交叉点的数目。显示分辨率一定的情况下,显示屏越小,图像越清晰;当显示屏大小固定时,显示分辨率越高,则图像越清晰。图像分辨率是指每英寸中所包含的像素点数,其定义更趋近于分辨率本身的定义。

相机分辨率是指每次采集图像的像素点数。对于工业数字相机,相机分辨率一般是直接对应于光电传感器的像元数;对于工业数字模拟相机,则取决于视频制式,PAL 制为 768×576,NTSC 制为 640×480。

4. 像素深度

像素深度是指存储每个像素所用的位数，它也可用来度量图像的分辨率。像素深度决定了彩色图像中每个像素可能有的颜色数，或者灰度图像中每个像素可能有的灰度级数。例如，一幅彩色图像的每个像素用 R、G、B 三个分量表示，若每个分量用 8 位表示，那么一个像素共用 24 位表示，即像素深度为 24，每个像素可以是 16777216（2^{24}）种颜色中的一种。在这个意义上，往往把像素深度说成是图像深度。表示一个像素的位数越多，它能表达的颜色数目就越多，而它的像素深度就越深。一般情况下常用的像素深度是 8bit，工业数字相机一般还会用 10bit、12bit 等。

5. 曝光方式和快门速度

工业线阵相机都采用逐行曝光的方式，可以选择固定行频和外触发同步的采集方式，曝光时间可以与行周期一致，也可以设定一个固定的时间；面阵相机有帧曝光、场曝光和滚动行曝光等方式，工业数字相机一般都提供外触发采图的功能。快门速度一般可达到 10μm，高速相机还可以更快。

6. 光谱响应特性

光谱响应特性是指像元传感器对不同光波的敏感性，一般响应范围是 350～1000nm。一些相机在靶面前加一个滤镜，用来滤除红外线，当系统需要对红外线感光时可去掉该滤镜。

任务 2　手机电池尺寸测量中相机的选择

【知识要点】

下面介绍像素精度（分辨率）的计算方法。如图 4-10 所示，产品尺寸为 50mm×30mm，取相视野（FOV）为 64mm×48mm，CCD 传感器分辨率为 1600×1200。

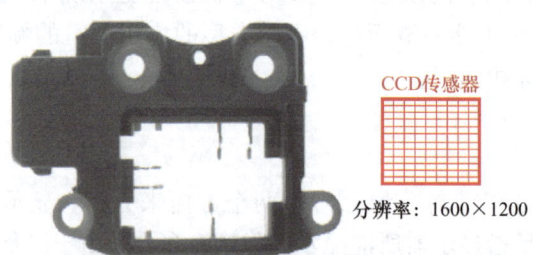

图 4-10　像素精度计算

视野水平方向尺寸为 64mm，相机水平方向分辨率为 1600pixel，则

水平方向像素精度 = 视野水平方向尺寸/相机水平方向分辨率

= 64mm/1600pixel = 0.04mm/pixel

水平方向上每像素对应的实际尺寸为 0.04mm，即最大像素精度为 0.04mm。同理，可以计算垂直方向的像素精度，当水平方向和垂直方向的像素精度不同时，镜头可能会存在较

大畸变，此时需要进行校正。

【任务要求】

测量图3-9所示手机电池的尺寸，要求测量精度为0.1mm，检测速度为10件/s。选择合理的工业相机，并采集一张图像。

【任务实施】

1) 用直尺测量手机电池的实际尺寸，约为50mm×60mm，所以估算视野为80mm×60mm。

2) 根据测量精度为0.1mm，假设采集图像为理想状态，边缘过渡像素为2个，则相机的水平分辨率为80/0.1×2=1600，竖直分辨率为60/0.1×2=1200。

注意：通常情况下，图像采集很难达到理想状态，所以过渡像素往往大于2，通常取3~5，有时为了提高精度，保证稳定性，甚至取10进行估算。

3) 根据检测速度要求10件/s，选择相机帧率大于10帧即可。

4) 打开图像采集系统，拍摄一张照片。

习 题

1. CCD传感器即感光元器件，它由一组矩阵式元素组成，其功能是将光信号转化为_____。

2. 光在感光元件上进行感光的过程称为_____。

3. 感光芯片上有光照射的地方对应图像较_____的地方，没有光照射的地方对应图像较_____的地方。

4. 每个像素所代表的实际尺寸称为_____。

5. 简述CCD传感器的成像过程，并比较CCD与CMOS传感器的优劣。

6. 质量监控中的不良检测是机器视觉的主要应用之一，因为对质量监控有较高的期望，所以了解机器视觉检测系统的性能至关重要。而视觉检测系统可检测的最小瑕疵的大小是视觉检测系统的一个重要参数。如图4-11所示，请根据下列条件选择该系统可检测的最小瑕疵大小（　　）：检测范围为50mm×50mm；CCD传感器分辨率为1000×1000；CCD传感器可检测最小分辨率为2。

A. 0.01mm　　　　B. 0.1mm　　　　C. 1mm　　　　D. 10mm

7. 如图4-12所示，圆形轴承高度为50mm，外径为80mm，测量其内径尺寸，精度要求达到0.02mm，机械手上料，相机架设空间大于500mm，打光方式没有限制。请给出相机、镜头、光源的选型方案。

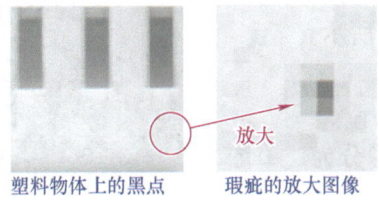

图4-11 习题6图

图4-12 习题7图

项目 5

学习数字图像处理基础知识

任务 1　数字图像的认知

一、数字图像的定义

图像是指能在人的视觉系统中产生视觉印象的客观对象，包括自然景物、拍摄到的图片、用数学方法描述的图形等。图像的要素有几何要素（刻画对象的轮廓、形状等）和非几何要素（刻画对象的颜色、材质等）。

这里主要介绍数字图像的实质和数字图像处理的一般步骤，以及后文中将经常使用的基本概念。

简单地说，数字图像就是能够在计算机上显示和处理的图像，可根据其特性分为两大类——位图和矢量图。位图通常使用数字阵列表示，常见格式有 BMP、JPG、GIF 等；矢量图由矢量数据库表示，接触最多的就是 PNG 图形。本项目只涉及数字图像中位图的处理与识别，如无特别说明，后文提到的 "图像" 和 "数字图像" 都仅仅是指位图图像。一般而言，使用数字摄像机或数字照相机得到的图像都是位图图像。

可以将一幅图像视为一个二维函数 $f(x,y)$，其中 x 和 y 是空间坐标，而在 $x-y$ 平面中的任意一对空间坐标 (x,y) 上的幅值 f 称为该点图像的灰度、亮度或强度。此时，如果 f、x、y 均为非负有限离散，则称该图像为数字图像（位图）。

一个大小为 $M \times N$ 的数字图像是由 M 行、N 列的有限元素组成的，每个元素都有特定的位置和幅值，代表了其所在行列位置上的图像物理信息，如灰度和色彩等。这些元素称为图像元素或像素。

二、数字图像的显示

不论是 CRT 显示器还是 LCD 显示器，都是由许多点构成的，显示图像时，这些点对应着图像的像素，称显示器为位映像设备。所谓位映像，就是一个二维的像素矩阵，而位图也就是采用位映像方法显示和存储的图像。当一幅数字图像被放大后，就可以明显地看出图像是由很多方格形状的像素构成的，如图 5-1 所示。

三、数字图像的分类

根据每个像素所代表信息的不同，可将图像分为二值图像、灰度图像、RGB 图像和索引图像等。

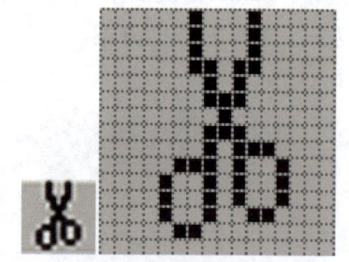

图 5-1　位图图像示例

1. 二值图像

每个像素只有黑、白两种颜色的图像称为二值图像。在二值图像中，像素只有 0 和 1 两种取值，一般用 0 表示黑色，用 1 表示白色。

2. 灰度图像

在二值图像中进一步加入许多介于黑色与白色之间的颜色深度，就构成了灰度图像。这类图像通常显示为从最暗黑色到最亮白色的灰度，每种灰度（颜色深度）称为一个灰度级，通常用 L 表示。在灰度图像中，像素可以取 $0 \sim L-1$ 之间的整数值，根据保存灰度数值所使用的数据类型不同，可能有 256 种取值或者 $2k$ 种取值，当 $k=1$ 时即退化为二值图像。

3. RGB 图像

众所周知，自然界中几乎所有颜色都可以由红（Red，R）、绿（Green，G）、蓝（Blue，B）三种颜色组合而成，通常称它们为 RGB 三原色。计算机显示彩色图像时采用最多的就是 RGB 模型，对于每个像素，通过控制 R、G、B 的合成比例来决定该像素的最终显示颜色。

对于 RGB 三原色中的每一种颜色，可以像灰度图那样使用 L 个等级来表示含有这种颜色成分的多少。例如，对于含有 256 个等级的红色，0 表示不含红色成分，255 表示含有 100% 的红色成分。同样，绿色和蓝色也可以划分为 256 个等级。这样，每种原色可以用 8 位二进制数表示，于是三原色总共需要 24 位二进制数，这样能够表示出的颜色种类数目为 $256 \times 256 \times 256 = 2^{24}$，大约有 1600 万种，已经远远超过普通人所能分辨出的颜色数目。

RGB 颜色代码可以使用十六进制数减少书写长度，按照两位一组的方式依次书写 R、G、B 三种颜色的级别。例如，0xFF0000 代表纯红色，0x00FF00 代表纯绿色，而 0x00FFFF 代表青色（绿色和蓝色的加和）。当 R、G、B 的浓度一致时，所表示的颜色就退化为灰度，如 0x808080 为 50% 的灰色，0x000000 为黑色，而 0xFFFFFF 为白色。常见颜色的 RGB 组合值见表 5-1。

表 5-1 常见颜色的 RGB 组合值

颜色	R	G	B
红（0xFF0000）	255	0	0
绿（0x00FF00）	0	255	0
蓝（0x0000FF）	0	0	255
黄（0xFFFF00）	255	255	0
紫（0xFF00FF）	255	0	255
青（0x00FFFF）	0	255	255
白（0xFFFFFF）	255	255	255
黑（0x000000）	0	0	0
灰（0x808080）	128	128	128

未经压缩的原始 BMP 文件就是使用 RGB 标准给出的 3 个数值来存储图像数据的，称为 RGB 图像。在 RGB 图像中，每个像素都使用 24 位二进制数表示，故也称为 24 位真彩色图像。

4. 索引图像

如果对每个像素都直接使用 24 位二进制数表示，图像文件的体积将变得十分庞大。例如，对一个长、宽各为 200 像素，颜色数为 16 的彩色图像，每个像素都用 R、G、B 3 个分量表示。这样，每个像素由 3 个字节（3B）表示，整个图像就是 200 × 200 × 3B = 120000B。这种完全未经压缩的表示方式，浪费了大量的存储空间。下面简单介绍一种更节省空间的存储方式：索引图像。

同样还是 200 × 200 像素的 16 色图像，由于这张图片中最多只有 16 种颜色，那么可以用一张颜色表（16 × 3 的二维数组）保存这 16 种颜色对应的 RGB 值，在表示图像的矩阵中使用这 16 种颜色在颜色表中的索引（偏移量）作为数据写入相应的行、列位置。例如，颜色表中第 3 个元素为 0xAA1111，那么在图像中，所有颜色为 0xAA1111 的像素均可以由 3 − 1 = 2 表示（颜色表索引下标从 0 开始）。这样，每个像素所需使用的二进制数就仅仅为 4 位（0.5B），从而整个图像只需要 200 × 200 × 0.5B = 20000B 就可以存储，而且不会影响显示质量。

上文中的颜色表就是常说的调色板（Palette），也称颜色查找表（Look Up Table，LUT）。Windows 位图中应用到了调色板技术。其实不仅是 Windows 位图，许多其他的图像文件格式，如 PCX、TIF、GIF 都应用了这种技术。

在实际应用中，调色板中通常只有少于 256 种的颜色。在使用许多图像编辑工具生成或编辑 GIF 文件时，常常会提示用户选择文件包含的颜色数目。当选择较少的颜色数目时，将会有效地减小图像文件的体积，但这也在一定程度上降低了图像的质量。

使用调色板技术可以减小图像文件体积的条件是图像的像素数目相对较多，而颜色种类相对较少。如果一个图像中用到了全部的 24 位真彩色，对其使用颜色查找表技术是完全没有意义的，单纯从颜色角度对其进行压缩是不可能实现的。

四、数字图像的实质与显示

实际上，上文中对数字图像 $f(x,y)$ 的定义仅适用于最为一般的情况，即静态的灰度图像。更严格地说，数字图像可以是 2 个变量（对于静止图像，Static Image）或 3 个变量（对于动态画面，Video Sequence）的离散函数。在静态图像的情况下是 $f(x,y)$；如果是动态画面，则还需要时间参数 t，即 $f(x,y,t)$。函数值可能是一个数值（对于灰度图像），也可能是一个向量（对于彩色图像）。

图像处理是一个涉及诸多研究领域的交叉学科，下面就从不同的角度来审视数字图像：

1）从线性代数和矩阵论的角度，数字图像就是一个由图像信息组成的二维矩阵，矩阵的每个元素代表对应位置上的图像亮度和/或色彩信息。当然，这个二维矩阵在数据表示和存储上可能不是二维的，这是因为每个单位位置的图像信息可能需要不止一个数值来表示，这样可能需要一个三维矩阵对其进行表示。

2）由于随机变化和噪声的原因，图像在本质上是统计性的。因而有时将图像函数作为随机过程的实现来观察其存在的优越性。这时，有关图像信息量和冗余的问题可以用概率分布和相关函数来描述和考虑。例如，如果知道概率分布，可以用熵 H 来度量图像的信息量，这是信息论中一个重要的思想。

3）从线性系统的角度考虑，图像及其处理也可以表示为用狄拉克冲激公式表达的点展开函数的叠加。在使用这种方式对图像进行表示时，可以采用成熟的线性系统理论研究。在大多数情况下，应优先使用与线性系统近似的方式对图像进行近似处理以简化算法。虽然实际的图像并不是线性的，但图像坐标和图像函数的取值都是有限的和非连续的。

为了表述像素之间的相对和绝对位置，通常还需要对像素的位置进行坐标约定。数字图像的坐标约定如图 5-2 所示。

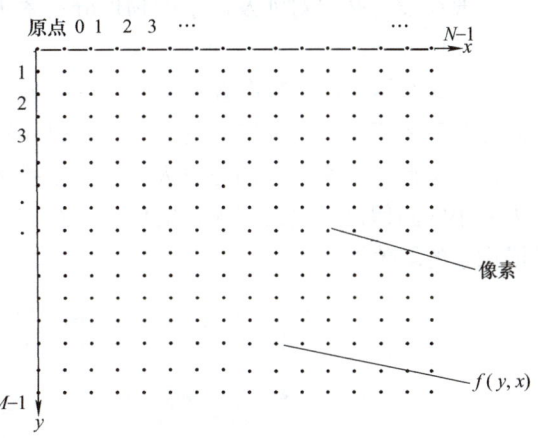

图 5-2　数字图像的坐标约定

在这之后，一幅物理图像就被转化成了数字矩阵，从而成为计算机能够处理的对象。数字图像 f 的矩阵表示如下：

$$f(y,x) = \begin{bmatrix} f(0,0) & \cdots & f(0,N-1) \\ \vdots & \ddots & \vdots \\ f(M-1,0) & \cdots & f(M-1,N-1) \end{bmatrix} \tag{5-1}$$

有时也可以使用传统矩阵表示法来表示数字图像和像素：

$$\Lambda = \begin{bmatrix} \alpha_{0,0} & \cdots & \alpha_{0,N-1} \\ \vdots & \ddots & \vdots \\ \alpha_{M-1,0} & \cdots & \alpha_{M-1,N-1} \end{bmatrix} \tag{5-2}$$

其中行、列（M 行、N 列）数必须为正整数，而离散灰度级数目 L 一般为 2 的 k 次幂，k 为整数（因为使用二进制整数值表示灰度值），图像的动态范围为 $[0, L-1]$，那么图像存储所需的比特数为 $B = MNk$。在矩阵 $f(y,x)$ 中，一般习惯于先行下标、后列下标的表示方法，因此这里先是纵坐标 y（对应行），然后才是横坐标 x（对应列）。

而有些图像矩阵中，很多像素的值都是相同的。例如，一个纯黑背景上使用不同灰度勾勒的图像，大多数像素的值都是 0。这种矩阵称为稀疏矩阵（Sparse Matrix），可以通过简单描述非零元素的值和位置来代替大量地写入 0 元素，这时存储图像需要的比特数可能会大大减少。

五、图像的空间和灰度级分辨率

1. 图像的空间分辨率

图像的空间分辨率（Spatial Resolution）是指图像中单位长度所包含的像素或点的数目，常以像素/in（ppi）为单位，如 72ppi 表示图像中每英寸包含 72 个像素或点。分辨率越高，图像将越清晰，图像文件所需的磁盘空间也越大，编辑和处理所需的时间就越长。

像素越小，单位长度所包含的像素数据就越多，分辨率也就越高，但同样物理大小范围内所对应图像的尺寸也会越大，存储图像所需要的字节数也越多。因而，在图像的放大缩小算法中，放大就是对图像的过采样，缩小则是对图像的欠采样。

一般在没有必要对涉及像素的物理分辨率进行实际度量时，通常会称一幅大小为 $M \times N$ 的数字图像的空间分辨率为 $M \times N$ 像素。

图 5-3 所示为同一幅图像在不同的空间分辨率下呈现出的不同效果。当高分辨率下的图像以低分辨率表示时，在同等的显示或者打印输出条件下，图像的尺寸变小，细节变得不明显；而当将低分辨率下的图像放大时，则会导致图像的细节仍然模糊，只是尺寸变大。这是因为缩小的图像已经丢失了大量的信息，在放大图像时只能通过复制行列的插值方法来确定新增像素的取值。

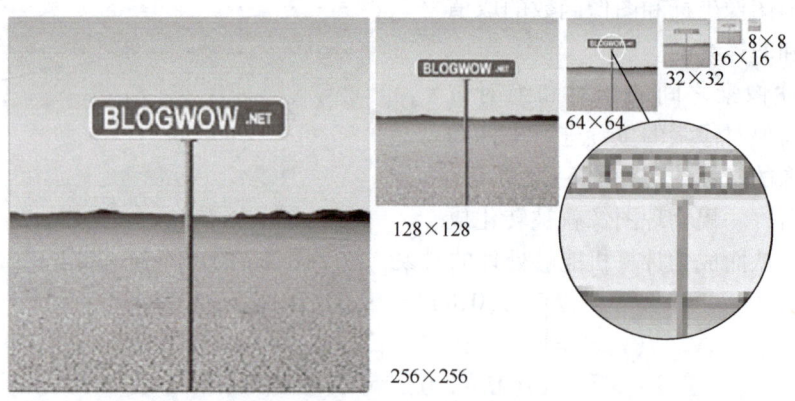

图 5-3　图像的空间分辨率（分辨率从 256×256 逐次减少至 8×8）

2. 图像的灰度级/辐射计量分辨率

在数字图像处理中，灰度级分辨率又称为色阶，是指图像中可分辨的灰度级数目，即前文提到的灰度级数目 L，它与存储灰度级别所使用的数据类型有关。由于灰度级度量的是投射到传感器上光辐射值的强度，因此灰度级分辨率也称为辐射计量分辨率（Radiometric Resolution）。

随着图像的灰度级分辨率逐渐降低，图像中包含的颜色数目变少，从而会在颜色的角度造成图像信息受损，同样也使图像细节表达受到了一定影响，如图 5-4 所示。

图 5-4　灰度级分辨率分别为 256、32、16、8、4 和 2 的图像

任务 2　学习数字图像处理的预备知识

数字图像是由一组具有一定空间位置关系的像素组成的,因而具有一些度量和拓扑性质。理解像素间的关系是学习图像处理的必要准备,这主要包括相邻像素、邻接性、连通性、区域、边界的概念,以及今后要用到的一些常见距离度量方法。

一、邻接性、连通性、区域和边界

为了理解这些概念,首先需要了解相邻像素的概念。依据不同标准,可以关注像素 P 的 4 邻域和 8 邻域,如图 5-5 所示。

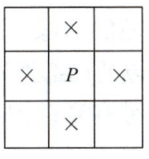 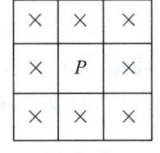 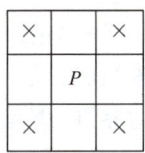

a) P 的 4 邻域 $N_4(P)$　　b) P 的 8 邻域 $N_8(P)$　　c) P 的对角邻域 $N_D(P)$

图 5-5　P 的各种邻域

1. 邻接性（Adjacency）

定义 V 为决定邻接性的灰度值集合,它是一种相似性的度量,用于确定所需判断邻接性的像素之间的相似程度。例如,在二值图像中,如果认为只有灰度值为 1 的像素是相似的,则 $V=\{1\}$。由于相似性的规定具有主观性,因此也可以认为 $V=\{0,1\}$,此时邻接性完全由位置决定;而对于灰度图像,这个集合中则很可能包含更多的元素。

1) 4 邻接（4-Neighbor）：如果 $Q \in N_4(P)$,则称具有 V 中数值的两个像素 P 和 Q 为 4 邻接的。

2) 8 邻接（8-Neighbor）：如果 $Q \in N_8(P)$,则称具有 V 中数值的两个像素 P 和 Q 是 8 邻接的。

例如,图 5-6a、b 分别为像素与 Q、Q_1、Q_2 的 4 邻接和 8 邻接示意图。而对于两个图像子集 S_1 和 S_2,如果 S_1 中的某些像素和 S_2 中的某些像素相邻,则称这两个子集是邻接的。

0	Q	0		0	Q	Q_1
0	P	0		0	P	0
0	0	0		0	0	Q_2

a) 4 邻接示意图　　　　b) 8 邻接示意图

图 5-6　4 邻接和 8 邻接示意图

2. 连通性

为了定义像素的连通性,首先需要定义像素 P 到像素 Q 的通路（Path）,这也是建立在邻接性的基础上的。

像素 P 到像素 Q 的通路指的是一个特定的像素序列 (x_0,y_0),(x_1,y_1),…,(x_n,y_n),其中 $(x_0,y_0)=(x_p,y_p)$,$(x_n,y_n)=(x_q,y_q)$,并且像素 (x_i,y_i) 和 (x_{i-1},y_{i-1}) 在满足 $1 \leq i \leq n$ 时是邻接的。在上面的定义中,n 是通路的长度,若 $(x_0,y_0)=(x_n,y_n)$,则这条通路是闭合通路。对应于邻接的概念,有 4 通路和 8 通路之分。这个定义和图论中的通路定义是基本相同的,只是由于邻接概念的加入而变得更加复杂。

像素的连通性：令 S 代表一幅图像中的像素子集,如果在 S 中全部像素之间存在一个通路,则可以称 2 个像素 P 和 Q 在 S 中是连通的。此外,对于 S 中的任何像素 P,S 中连通到该像素的像素集称为 S 的连通分量。如果 S 中仅有一个连通分量,则集合 S 称为连通集。

3. 区域和边界

区域的定义建立在连通集的基础上。令 R 是图像中的一个像素子集，如果 R 同时是连通集，则称 R 为一个区域（Region）。

边界（Boundary）的概念是相对于区域而言的。一个区域的边界（或边缘、轮廓）是该区域中所有由一个或多个不在区域 R 中的邻接像素的像素所组成的集合。显然，如果区域 R 是整幅图像，那么边界就由图像的首行、首列、末行和末列定义。因而，通常情况下，区域是指一幅图像的子集，并包括区域的边缘。而区域的边缘（Edge）由具有某些导数值的像素组成，是一个像素及其直接邻域的局部性质，是一个有大小和方向属性的矢量。

边界和边缘是不同的。边界是和区域有关的全局概念，而边缘表示图像函数的局部性质。

二、距离度量的几种方法

基于上面提到的相关知识，下面来学习距离度量的概念。假设对于像素 $P(x_p, y_p)$、$Q(x_q, y_q)$、$R(x_r, y_r)$ 而言，有函数 D 满足如下三个条件，则函数 D 称为距离函数或度量：

1) $D(P, Q) \geq 0$，当且仅当 $P = Q$ 时，有 $D(P,Q) = 0$。
2) $D(P, Q) = D(Q, P)$。
3) $D(P, Q) \leq D(P, R) + D(R, Q)$。

常见的几种距离函数有：

（1）欧氏距离

$$D_e(P,Q) = \sqrt{(x_p - x_q)^2 + (y_p - y_q)^2} \tag{5-3}$$

即距离等于 r 的像素形成以 P 为圆心的圆。

（2）D_4 距离（街区距离）

$$D_4(P,Q) = |x_p - x_q| + |y_p - y_q| \tag{5-4}$$

即距离等于 r 的像素形成以 P 为中心的菱形。

（3）D_8 距离（棋盘距离）

$$D_8(P,Q) = \max(|x_p - x_q|, |y_p - y_q|) \tag{5-5}$$

即距离等于 r 的像素形成以 P 为中心的正方形。

距离度量参数可以用于对图像特征进行比较和分类或者进行某些像素级操作。最常用的距离度量是欧氏距离，然而在形态学中，也可能使用街区距离和棋盘距离。

任务 3　数字图像处理与识别

一、从图像处理到图像识别

图像处理、图像分析和图像识别是认知科学与计算机科学中的一个活跃分支。从 20 世纪 70 年代这一领域经历了人们对其兴趣的爆炸性增长以来，到 20 世纪末逐渐步入成熟。其中遥感、技术诊断、智能车自主导航、医学平面和立体成像以及自动监视领域是发展最快的一些方向。事实上，从数字图像处理到数字图像分析，再发展到最前沿的图像识别技术，其核心都是对数字图像中所含有的信息的提取及与其相关的各种辅助过程。

1. 数字图像处理

数字图像处理（Digital Image Processing）是指使用电子计算机对量化的数字图像进行处理，具体地说，就是通过对图像进行各种加工来改善图像的外观，是对图像的修改和增强。

图像处理的输入是从传感器或其他来源获取的原始数字图像，输出是经过处理后的输出图像。处理的目的可能是使输出图像具有更好的效果，以便于人的观察；也可能是为图像分析和识别做准备，此时的图像处理是作为一种预处理步骤，输出图像将进一步供其他图像分析、识别算法使用。

2. 数字图像分析

数字图像分析（Digital Image Analyzing）是指对图像中感兴趣的目标进行检测和测量，以获得客观的信息。数字图像分析通常是指将一幅图像转化为另一种非图像的抽象形式，如图像中某物体与测量者的距离、目标对象的计数或其尺寸等。这一概念的外延包括边缘检测、图像分割、特征提取以及几何测量与计数等。

图像分析的输入是经过处理的数字图像，其输出通常不再是数字图像，而是一系列与目标相关的图像特征（目标的描述），如目标的长度、颜色、曲率和个数等。

3. 数字图像识别

数字图像识别（Digital Image Recognition）主要是研究图像中各目标的性质和相互关系，识别出目标对象的类别，从而理解图像的含义。这往往囊括了使用数字图像处理技术的很多应用项目，如光学字符识别（OCR）、产品质量检验、人脸识别、自动驾驶、医学图像和地貌图像的自动判读理解等。

图像识别是图像分析的延伸，它根据从图像分析中得到的相关描述（特征）对目标进行归类，输出人们感兴趣的目标类别标号信息（符号）。

总而言之，从图像处理到图像分析再到图像识别这个过程，是一个将所含信息抽象化，尝试降低信息熵，提炼有效数据的过程，如图 5-7 所示。

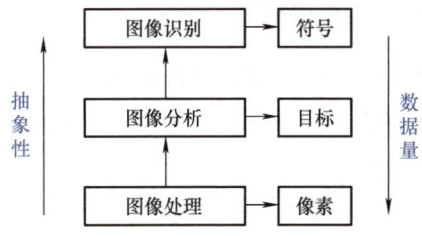

图 5-7　数字图像处理、分析和识别的关系

从信息论的角度来说，图像应当是物体所含信息的一个概括，而数字图像处理侧重于将这些概括的信息进行变换，如升高或降低熵值；数字图像分析则是将这些信息抽取出来以供其他过程调用。当然，在不太严格时，数字图像处理也可以兼指数字图像处理和分析。

二、数字图像处理与识别应用实例

如今,数字图像处理与机器视觉的应用越来越广泛,已经应用到国家安全、航空航天、工业控制、医疗保健等领域,乃至人们的日常生活当中,在国民经济中发挥着举足轻重的作用,数字图像处理与识别的典型应用见表 5-2。

表 5-2 数字图像处理与识别的典型应用

相关领域	典型应用
安全监控	指纹验证、基于人脸识别的门禁系统
工业控制	产品无损检测、商品自动分类
医疗保健	X 光照片增强、CT、核磁共振、病灶自动检测
日常生活	基于表情识别的笑脸自动检测、汽车自动驾驶、手写字符识别

下面结合两个典型的应用来说明。

1. 图像处理的典型应用——X 光照片增强

图 5-8a 是一幅直接拍摄未经处理的 X 光照片,其对比度较低,图像细节难以辨识;图 5-8b 所示为图 5-8a 经过简单的增强处理后的效果,图像较为清晰,可以有效地指导诊断和治疗。从图中可看出图像处理技术在辅助医学成像上的重要作用。

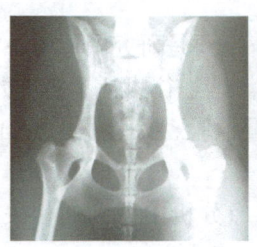
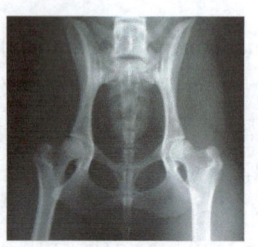

a) 未经处理的X光照片　　　b) 经过图像增强的X光照片

图 5-8 图像处理前后的效果对比

2. 图像识别的典型应用——人脸识别

人脸识别技术就是以计算机为辅助手段,从静态图像或动态图像中识别人脸。问题一般可以描述为:给定一个场景的静态或视频图像,利用已经存储的人脸数据库确认场景中的一个或多个人。一般来说,人脸识别研究一般分为三个部分:从具有复杂背景的场景中检测并分离出人脸所在的区域;抽取人脸识别特征;匹配和识别。

虽然人类从复杂背景中识别出人脸及表情相当容易,但人脸的自动机器识别却是一个极具挑战性的课题。它跨越了模式识别、图像处理、计算机视觉以及神经生理学、心理学等诸多研究领域。

如同人的指纹一样,人脸也具有唯一性,可用来鉴别一个人的身份,人脸识别技术在商业、法律和其他领域有着广泛的应用。目前,人脸识别技术已成为法律部门打击犯罪的有力工具,在毒品跟踪、反恐怖活动等监控中有着很大的应用价值。此外,人脸识别技术的商业应用价值也正在日益增长，主要用于信用卡或者自动取款机的个人身份核对。与利用指纹、手掌、视网膜、虹膜等其他人体生物特征进行个人身份鉴别的方法相比，人脸识别具有直接、友好、方便的特点，特别是对于个人来说没有任何心理障碍。

图 5-9 所示为一个基于主成分分析（Principal Component Analysis，PCA）和支持向量机（Support Vector Machine，SVM）的人脸识别系统的简单界面。

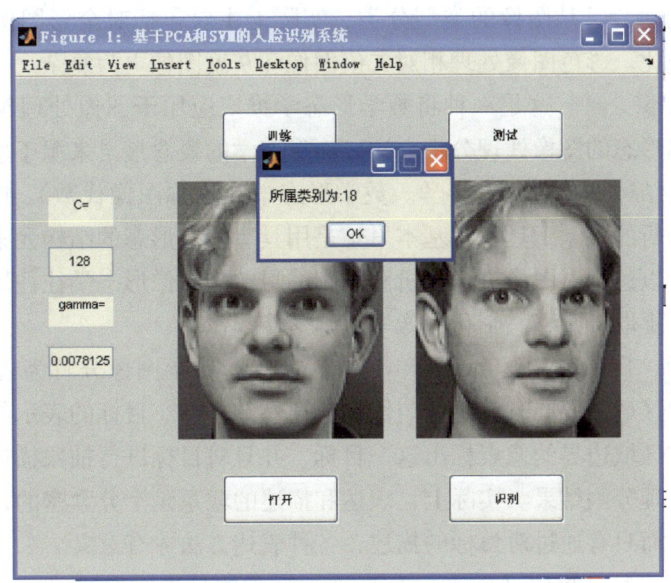

图 5-9　人脸识别系统的简单界面

三、数字图像处理与识别的基本内容

总体来说，数字图像处理与识别包括以下几项内容：

（1）图像的点运算　通过灰度变换可以有效改善图像的外观，并在一定程度上实现图像的灰度归一化。基于图像点运算的处理方法有图像拉伸、对比度增强、直方图均衡、直方图匹配等。

（2）图像的几何变换　主要应用在图像的几何归一化和图像校准中，大多作为图像前期预处理工作的必要组成部分，是图像处理中相对固定和程式化的内容。

（3）图像增强　作为数字图像处理中相对简单却最具艺术性的领域之一，可理解为根据特定的需要突出一幅图像中的某些信息，同时，削弱或去除某些不需要的信息的处理方法。其主要目的是使处理后的图像对某种特定的应用来说，比原始图像更适用。作为图像处理中一个相当主观的领域（增强的目的是让人更好地观察和认知图像），图像增强是以下多种图像处理方法的前提与基础，也是图像获取后的先期步骤。

（4）小波变换　伴随着人们对图像压缩、边缘和特征检测以及纹理分析需求的提高，小波变换功能应运而生。傅里叶变换一直是频率域图像处理的基石，它能用正弦函数之和表示任何分析函数，而小波变换则是基于一些有限宽度的基小波，这些小波不仅在频率上是变化的，而且具有有限的持续时间。例如对于一张乐谱，小波变换不仅能提供要演奏的音符，而且说明了何时演奏等细节信息，但是傅里叶变换只提供了音符，局部信息在变换中丢失。

（5）图像复原　与图像增强相似，图像复原的目的也是改善图像质量。但是，图像复原是试图利用退化过程的先验知识使已被退化的图像恢复本来面目，而图像增强是用某种试探的方式改善图像质量，以适应人眼的视觉与心理。引起图像退化的因素包括由光学系统、运动等造成的图像模糊，以及源自电路和光学因素的噪声等。图像复原是基于图像退化的数学模型，复原的方法也建立在比较严格的数学推导上。

（6）彩色图像处理　从图像的类型分类，实际上主要包括对全彩图像的处理，也包括灰度图像的伪彩色化。彩色图像处理相对二值图像和灰度图像更为复杂。

（7）形态学图像处理　这是一种将数学形态学推广应用于图像处理领域的新方法，是一种基于物体自然形态的图像处理分析方法。而形态学的概念最早来源于生物学，是生物学中研究动物和植物结构的一门分支科学。数学形态学（也称图像代数）则是一种以形态为基础对图像进行分析的数学工具，其基本思想是用具有一定形态的结构元素去度量和提取图像中的对应形状，以达到对图像进行分析和识别的目的。图像形态学往往用于边界提取、区域填充、连通分量提取、凸壳、细化、像素化等图像操作。

（8）图像分割　图像分割（Image Division）是指将一幅图像分解为若干互不交叠区域的过程，分割出的区域需要同时满足均匀性和连通性的条件。目标的表示与描述是指用组成目标区域的像素或区域边界的像素标出这一目标，并且对目标进行抽象描述，使计算机能充分利用所获得的处理分割结果。实际上，表达和描述的联系是十分紧密的，表达的方法限制了描述的精确性，而只有通过对目标的描述，各种表达方法才有意义。

（9）特征提取　特征提取（Feature Extraction）指的是进一步处理之前得到的图像区域和边缘，使其成为一种更适合于计算机处理的形式。为了使计算机能够"理解"图像，从而具有真正意义上的"视觉"，需要研究如何从图像中提取有用的数据或信息，得到图像的"非图像"的表示或描述，如数值、向量和符号等。这一过程就是特征提取，而提取出来的这些"非图像"的表示或描述就是特征。有了这些数值或向量形式的特征，就可以通过训练过程教会计算机懂得这些特征，从而使计算机具有识别图像的本领。常用的图像特征有纹理特征、形状特征、空间关系特征等。

（10）对象识别　对象识别（Object Recognition & Identification）一般是指对前一步从数字图像中提取出的特征向量进行分类和理解的过程，这涉及计算机技术、模式识别、人工智能等多方面的知识。这一步骤是建立在前面诸多步骤的基础上的，用以向上层控制算法提供最终所需的数据或直接报告识别结果。事实上，对象识别已经上升到了机器视觉的层面。在众多实际项目中，对象识别都被作为替代传统图像处理手段的方式，应用在人脸识别、表情识别等应用中。

经过上述处理步骤，一幅最初原始的、可能存在干扰和缺损的图像就变成了其他控制算法需要的信息，从而实现了图像理解的最终目的。以上概括了数字图像处理的基本步骤，但不是每个图像处理系统都一定要进行所有这些步骤。事实上，很多图像处理系统并不需要处理彩色图像，或者不需要进行图像复原。在实际的图像处理系统设计中，应根据实际需要决定采用哪些步骤和模块。

任务 4 典型图像处理操作

一、点运算

点运算也称为对比度增强、对比度拉伸或灰度变换，是一种通过图像中的每一个像素值（即像素点上的灰度值）进行运算的图像处理方式。点运算是像素的逐点运算，它将输入图像映射为输出图像，输出图像中每个像素点的灰度值仅由对应的输入像素点的灰度值决定。点运算不会改变图像内像素点之间的空间关系。点运算分为线性点运算和非线性点运算两种。线性点运算一般包括调节图像的对比度和灰度标准化；非线性点运算一般包括阈值化处理和直方图均衡化。

1. 灰度变换

灰度变换是一种通过对图像中的每一个像素值（即像素点上的灰度值）进行计算，从而改善图像显示效果的操作。灰度变换是图像数字化及图像显示的重要工具。在真正进行像素处理之前，有时可以利用灰度变换来克服图像数字化设备的局限性。

设输入图像为 $A(x,y)$，输出图像为 $B(x,y)$，则灰度变换可表示为

$$B(x,y)=f[A(x,y)] \tag{5-6}$$

灰度变换完全由灰度映射函数 f 决定，f 可以是线性函数或非线性函数。

2. 线性灰度变换

假定原图像 $f(x,y)$ 的灰度变换范围为 $[a,b]$，希望变换后的图像 $g(x,y)$ 的灰度变换扩展为 $[c,d]$，则采用下述线性变换来实现：

$$g(x,y)=\frac{d-c}{b-a}[f(x,y)-a]+c \tag{5-7}$$

式 (5-7) 的关系可以用图 5-10 表示。实际上是使曝光不充分图像中黑的更黑、白的更白，从而提高图像灰度对比度。线性灰度变换处理效果图如图 5-11 所示。

图 5-10 线性变换函数

3. 分段线性灰度变换

为了突出图像中感兴趣的目标或灰度区间，相对抑制那些不感兴趣的灰度区域，而不惜牺牲其他灰度级上的细节，可以采用分段线性法，将需要的图像细节灰度拉伸，增强对比度，同时将不需要的细节灰度级压缩。常采用图 5-12 所示的分段线性灰度变换法，其数学表达式如下：

$$g(x,y)=\begin{cases}(c/a)f(x,y) & 0<f(x,y)<a \\ [(d-c)/(b-a)]f(x,y)+c & a\leqslant f(x,y)\leqslant b \\ [(M-d)/(M-b)][f(x,y)-b]+d & b<f(x,y)\leqslant F_{\max}\end{cases} \tag{5-8}$$

a) 处理前　　　　　　　　　　b) 处理后

图 5-11　线性灰度变换处理效果图

分段线性变换效果图如图 5-13 所示，图像的最大灰度值 F_{max} 取值为 M。

4. 非线性灰度变换

这里只介绍对数变换的一些基本原理，对数变换的一般表达式为

$$g(x,y) = a + \frac{\ln[f(x,y) + 1]}{b\ln c} \quad (5\text{-}9)$$

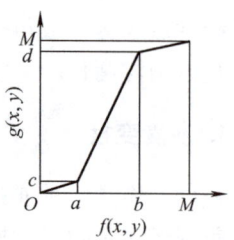

图 5-12　分段线性灰度变换法

式中，a、b、c 是为了调整曲线的位置和形状而引入的参数。

a) 变换前　　　　　　　　　　b) 变换后

图 5-13　分段线性变换效果图

对数变换常用来扩展低值灰度、压缩高值灰度，这样可使低值灰度的图像细节更容易看清。非线性图像变换处理效果图如图 5-14 所示。

a) 处理前　　　　　　　　　　b) 处理后

图 5-14　非线性图像变换处理效果图

5. 直方图均衡化

在统计学中，直方图（Histogram）是对数据分布情况的图形表示，是一种二维统计图

表，它的两个坐标分别是统计样本和该样本对应的某个属性的度量。直方图均衡化是图像处理领域中利用图像直方图对对比度进行调整的方法，这种方法对于背景和前景都太亮或太暗的图像非常有用，尤其是可以带来 X 光图像中更好的骨骼结构显示以及曝光过度或曝光不足照片中更好的细节。直方图均衡化常用来增加图像的全局对比度，尤其是当图像的有用数据的对比度相当接近的时候。通过这种方法，亮度可以更好地在直方图上分布，这样就可以用于增强局部的对比度而不影响整体的对比度。

假设用 n_i 表示图像中灰度 i 出现的次数，则图像中灰度为 i 的像素的出现概率是

$$p_x(i) = \frac{n_i}{n}, i \in 0, \cdots, L-1 \tag{5-10}$$

式中，L 是图像中所有的灰度数；n 是图像中所有的像素数；p 实际上是图像的直方图，归一化到（0,1）。把 c 作为对应于 p 的累计概率函数，定义为

$$c(i) = \sum_{j=0}^{i} p_x(j) \tag{5-11}$$

c 是图像的累计归一化直方图。创建一个形式为 $y = T(x)$ 的变化，对于原始图像中的每个值它都产生一个 y，这样 y 的累计概率函数就可以在所有值范围内进行线性化，转换公式为

$$y_i = T(x_i) = c(i) \tag{5-12}$$

上面描述了在灰度图像上使用直方图均衡化的方法，如果将这种方法分别用于图像 RGB 颜色值的红色、绿色和蓝色分量，则也可以对彩色图像进行处理。直方图均衡化处理效果图如图 5-15 所示。

a) 处理前　　　　　　　　b) 处理后

图 5-15　直方图均衡化处理效果图

二、图像平滑

图像噪声是图像处理中经常会遇到的问题，它的存在会使图像的质量下降，因此解决图像噪声问题在图像处理过程中是不可忽视的。根据噪声的性质不同，消除噪声的方法也有所不同。随机噪声是一种线索最少却最常见的噪声。对于多帧图像，取其帧数的平均值，因此帧数越多，越接近实际值。对于单帧图像，随机噪声隐藏的像素的实际灰度值是不可知的，此时，只能尽量使噪声对图像的影响最小化。噪声的灰度与周围像素的灰度之间有明显的灰度差，正是这些明显的灰度差造成了视觉上的障碍。一般情况下，把利用噪声的性质来消除图像中噪声的方法称为图像平滑。受传感器和大气等因素的影响，遥感图像上会出现某些亮度变化过大的区域，或者出现一些亮点（也称背景噪声），为了抑制噪声，使图像亮度趋于平缓的

处理方法就是图像平滑。图像平滑实际上是低通滤波，平滑过程会导致图像边缘模糊化。

1. 均值滤波

均值滤波是消除噪声最简单的方法，是指使用某像素周围 $m \times n$ 像素范围内的平均值来置换该像素值。通过使图像模糊，达到看不到细小噪声的目的。但是使用这种方法，在噪声被消除的同时，目标图像也变模糊了。例如，就像和面一样，先在中间加点水，然后不断把周围的面和进来，搅拌几次，面就均匀了。用信号处理的理论来解释，这种做法实现上是一种简单的低通滤波。在灰度连续变化的图像中，如果出现了与相邻像素的灰度相差很大的点，如一片暗区中若突然出现一个亮点，人眼能很容易觉察到，这种情况被认为是一种噪声。灰度突变在频域中代表了一种高频分量，低通滤波器的作用就是滤掉高频分量，从而达到减少图像噪声的目的。

均值滤波就是用滤波掩膜所确定的邻域内像素的平均灰度值代替图像中每个像素点的值，这种处理方法减少了图像灰度的"尖锐变化"，起到了减噪的作用，但同样带来了边缘模糊的负面效应。均值滤波的主要应用是去除图像中的不相干细节，"不相干"是指与滤波掩膜尺寸相比较小的像素区域。滤波掩膜也称为模板（Template），其大小通常为 3×3，如图 5-16 所示，其中掩膜也称为加权平均。

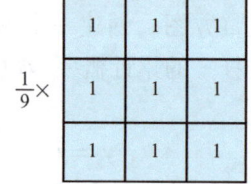
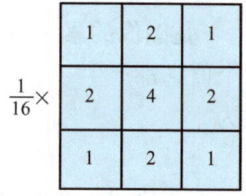

图 5-16　3×3 模板

设一幅图像 $f(x,y)$ 为 $N \times N$ 的阵列，处理后的图像为 $g(x,y)$，它的每个像素的灰度级由包含 (x,y) 邻域的几个像素的灰度级的平均值所决定，即用式(5-13)得到处理后的图像：

$$g(x,y) = \frac{1}{M} \sum_{i,j \in S} f(x,y) \qquad (5\text{-}13)$$

式中，x、$y = 0,1,2,\cdots,N-1$；S 是以 (x,y) 为中心的邻域的集合；M 是 S 内坐标点的总数。

图像邻域平均算法简单、计算速度快，但在降低噪声的同时会使图像变得模糊，特别是在边沿和细节处，这是因为处理效果与所用邻域半径有关，半径越大，图像越模糊。图 5-17 和图 5-18 所示分别为原始椒盐噪声污染的图像以及经均值滤波处理后的图像。

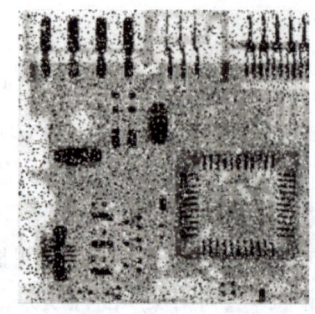
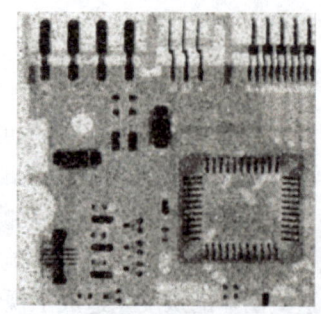

图 5-17　原始椒盐噪声污染的图像　　　　图 5-18　经均值滤波处理后的图像

2. 中值滤波

中值滤波是一种典型的低通滤波，属于非线性滤波技术，它的目的是在保护图像边缘的同时去除噪声。所谓中值滤波，是指把以某点（x,y）为中心的小窗口内的所有像素的灰度按从大到小的顺序排列，若窗口中的像素为奇数，则将中间值作为（x,y）处的灰度值；若窗口中的像素为偶数，则取两个中间值的平均值作为（x,y）处的灰度值。由于它在实际运算过程中并不需要图像的统计特性，因此比较方便。中值滤波首先被应用在一维信号处理技术中，后来被二维图像信号处理技术所应用。在一定条件下，它可以克服线性滤波带来的图像细节模糊的问题，而且对滤除脉冲干扰及图像扫描噪声最为有效。但是，对一些细节多，特别是点、线、尖顶细节多的图像不宜采用中值滤波的方法。

中值滤波的基本原理是把数字图像或数字序列中一点的值用该点的一个邻域中各点值的中值代替。

设有一个一维序列 $f_1, f_2, \cdots, f_n$，取窗口长度为 m（m 为奇数），对此序列进行中值滤波，即从输入序列中相继抽出 m 个数，$f_{i-v}, \cdots, f_{i-1}, \cdots, f_i, \cdots, f_{i+1}, \cdots, f_{i+v}$，其中 i 为窗口的中心位置，$v = \dfrac{m-1}{2}$，再将这 m 个点按其数值大小排列，取其序号为正中间的那个值作为输出，用数学公式表示为

$$Y_i = \text{Med}\{f_{i-v}, \cdots, f_i, \cdots f_{i+v}\} \qquad i \in Z, v = \frac{m-1}{2} \qquad (5\text{-}14)$$

例如，有一个序列为 $\{0,3,4,0,7\}$，则中值滤波输出为重新排序后的序列 $\{0,0,3,4,7\}$ 的中间值 3。此例若用平均滤波，窗口也是取 5，那么平均滤波输出为

$$(0+3+4+0+7)/5 = 2.8$$

因此，平均滤波的一般输出为

$$Z_i = (f_{i-v} + f_{i-v+1} + \cdots + f_i + \cdots + f_{i+v})/m \qquad i \in Z \qquad (5\text{-}15)$$

对二维序列 $\{X_{ij}\}$ 进行中值滤波时，滤波窗口也是二维的，但这种二维窗口可以有各种不同的形状，如线状、方形、圆形、十字形、圆环形等。二维数据的中值滤波可以表示为

$$Y_{ij} = \underset{A}{\text{Med}}\{X_{ij}\} \qquad (5\text{-}16)$$

式中，A 是滤波窗口。

在实际使用时，窗口的尺寸一般先用 3×3，再取 5×5，然后逐渐增大，直到其滤波效果令人满意为止。对于有缓变的较长轮廓线物体的图像，采用方形或圆形窗口较为合适；对于包含尖顶角物体的图像，则适宜用十字形窗口。使用二维中值滤波时，最值得注意的是要保持图像中有效的细线状物体。与均值滤波相比，中值滤波从总体上能够较好地保留原图像中的跃变部分。图 5-19 所示为原始椒盐噪声污染的图像（见图 5-17）经中值滤波处理后的图像。

三、图像几何变换

图像的几何变换是图像处理和图像分析的基础内容之一，它不仅提供了产生某些图像的可能，还可以使图像处理和分析的程

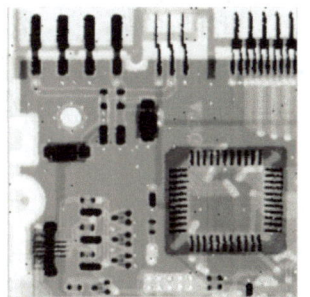

图 5-19 经中值滤波处理后的图像

序简单化,特别是在图像具有一定的规律性时,一个图像可以由另一个图像通过几何变换来获得。所以,为了提高图像处理和分析程序设计的速度和质量,开拓图像程序应用范围的新领域,对图像进行几何变换是十分必要的。

1. 几何变换基础

图像的几何变换,是指使用户获得或设计的原始图像按照需要产生大小、形状和位置的变化。它不改变图像的像素值,而是改变像素所在的几何位置。从图像类型分,图像的几何变换有二维平面图像的几何变换、三维图像的几何变换以及由三维向二维平面投影变换等类型。从变换的性质分,图像的几何变换有位置变换(如平移、镜像、旋转)、形状变换(如放大、缩小、错切)等基本变换,以及复合变换(如透值)和插值运算等。本书只讨论二维图像的几何变换。

变换中心在坐标原点的比例缩放、反射、错切和旋转等各种二维变换,都可以用 2×2 阶矩阵来表示和实现。但是,2×2 阶矩阵 $T = \begin{bmatrix} a & b \\ c & d \end{bmatrix}$ 无法实现图像的平移以及绕任意点的比例缩放、反射、错切和旋转等变换。为了能够用统一的矩阵线性变换形式来表示和实现这些常见的二维图像几何变换,需要引入一种新的坐标,即齐次坐标。利用齐次坐标进行变换处理,才能实现上述各种二维图像的几何变换。下面以图像的平移为例,说明用齐次坐标表示的二维图像几何变换的矩阵,并在此基础上推广至其他情况。

现设点 $P_0(x_0, y_0)$ 经平移后,移到 $P(x, y)$,其中 x 方向的平移量为 Δx,y 方向的平移量为 Δy,那么点 $P(x, y)$ 的坐标为

$$\begin{cases} x = x_0 + \Delta x \\ y = y_0 + \Delta y \end{cases} \tag{5-17}$$

这个变换用矩阵的形式可以表示为

$$\begin{bmatrix} x \\ y \end{bmatrix} = \begin{bmatrix} 1 & 0 \\ 0 & 1 \end{bmatrix} \begin{bmatrix} x_0 \\ y_0 \end{bmatrix} + \begin{bmatrix} \Delta x \\ \Delta y \end{bmatrix} \tag{5-18}$$

然而,平面上点的变换矩阵 $T = \begin{bmatrix} a & b \\ c & d \end{bmatrix}$ 中没有引入平移常量,无论 a、b、c、d 取值如何,都不能实现上述平移变换。因此,需要使用 2×3 阶变换矩阵,其形式为

$$T = \begin{bmatrix} 1 & 0 & \Delta x \\ 0 & 1 & \Delta y \end{bmatrix} \tag{5-19}$$

此矩阵的第一、二列构成单位矩阵,第三列元素为平移常量。由上述可知,对二维图像进行变换时,只需要将图像的点集矩阵乘以变换矩阵即可,二维图像对应的点集矩阵是 $2 \times n$ 阶的,而扩展后的变换矩阵是 2×3 阶的,这不符合矩阵相乘时要求前者的列数与后者的行数相等的规则。所以需要在点的坐标列矩阵 $\begin{bmatrix} x \\ y \end{bmatrix}$ 中引入第三个元素,增加一个附加坐标,扩展为 3×1 的列矩阵 $\begin{bmatrix} x \\ y \\ 1 \end{bmatrix}$,这样用三维空间点 $(x, y, 1)$ 表示二维空间点 (x, y),即采用一种特殊的坐标,便可以实现平移变换,变换结果为

$$P = T \cdot P_0 = \begin{bmatrix} 1 & 0 & \Delta x \\ 0 & 1 & \Delta y \end{bmatrix} \begin{bmatrix} x \\ y \\ 1 \end{bmatrix} = \begin{bmatrix} x_0 + \Delta x \\ y_0 + \Delta y \end{bmatrix} = \begin{bmatrix} x \\ y \end{bmatrix} \tag{5-20}$$

式 $\begin{cases} x = x_0 + \Delta x \\ y = y_0 + \Delta y \end{cases}$ 符合上述平移后的坐标位置。通常将 2×3 阶矩阵扩展为 3×3 阶矩阵，以拓宽功能，由此可得平移变换矩阵为

$$T = \begin{bmatrix} 1 & 0 & \Delta x \\ 0 & 1 & \Delta y \\ 0 & 0 & 1 \end{bmatrix} \tag{5-21}$$

下面再验证一下点 $P(x,y)$ 按照 3×3 阶变换矩阵 T 平移变换的结果。

$$P = T \cdot P_0 = \begin{bmatrix} 1 & 0 & \Delta x \\ 0 & 1 & \Delta y \\ 0 & 0 & 1 \end{bmatrix} \begin{bmatrix} x_0 \\ y_0 \\ 1 \end{bmatrix} = \begin{bmatrix} x_0 + \Delta x \\ y_0 + \Delta y \\ 1 \end{bmatrix} = \begin{bmatrix} x \\ y \\ 1 \end{bmatrix} \tag{5-22}$$

从式(5-22)可以看出，引入附加坐标后，扩充了矩阵的第三行，并没有使变换结果受到影响。这种用 $n+1$ 维向量表示 n 维向量的方法称为齐次坐标表示法。

2. 图像缩放

图像比例缩放（简称图像缩放）是指将给定的图像在 x 方向按比例缩放 f_x 倍，在 y 方向按比例缩放 f_y 倍，从而获得一幅新的图像。如果 $f_x = f_y$，即在 x 方向和 y 方向缩放的比例相同，则称这样的比例缩放为图像的全比例缩放。如果 $f_x \neq f_y$，图像的比例缩放会改变原始图像的像素间的相对位置，而产生几何畸变。

设原图像中的点 $P_0(x_0, y_0)$ 经比例缩放后，在新图像中的对应点为 $P(x,y)$，则比例缩放前后两点 $P_0(x_0, y_0)$、$P(x,y)$ 之间的关系用矩阵形式表示为

$$\begin{bmatrix} x \\ y \\ 1 \end{bmatrix} = \begin{bmatrix} f_x & 0 & 0 \\ 0 & f_y & 0 \\ 0 & 0 & 1 \end{bmatrix} \begin{bmatrix} x_0 \\ y_0 \\ 1 \end{bmatrix} \tag{5-23}$$

其逆运算为

$$\begin{bmatrix} x_0 \\ y_0 \\ 1 \end{bmatrix} = \begin{bmatrix} \dfrac{1}{f_x} & 0 & 0 \\ 0 & \dfrac{1}{f_y} & 0 \\ 0 & 0 & 1 \end{bmatrix} \begin{bmatrix} x \\ y \\ 1 \end{bmatrix} \tag{5-24}$$

即

$$\begin{cases} x_0 = \dfrac{x}{f_x} \\ y_0 = \dfrac{y}{f_y} \end{cases}$$

比例缩放所产生的图像中的像素可能在原图像中找不到相应的像素点，这样就必须进行插值处理。有关插值处理的内容将在后文中讨论。

(1) 图像的比例缩小　最简单的比例缩小是当 $f_x = f_y = \dfrac{1}{2}$ 时，图像被缩小到原图像的一半大小，此时缩小后图像中的（0,0）像素对应于原图像中的（0,0）像素，（0,1）像素对应于原图像中的（0,2）像素，（1,0）像素对应于原图像中的（2,0）像素，依此类推。图像缩小之后，因为承载的数据量小了，所以画布可相应缩小。此时，只需在原图像基础上，每行隔一个像素取一点，每隔一行进行操作，即取原图像的偶（奇）数行和偶（奇）数列构成新的图像。如果图像按任意比例缩小，则需要计算选择的行和列。

如果将 $M \times N$ 大小的原图像 $F(x,y)$ 缩小为 $kM \times kN$（$k < 1$）大小的新图像 $I(x,y)$，则

$$I(x,y) = F(\text{int}(c \times x), \text{int}(c \times y)) \tag{5-25}$$

式中，$c = \dfrac{1}{k}$。由式(5-25)可以构造出新图像。

当 $f_x \neq f_y$（$f_x > 0$, $f_y > 0$）时，图像不按比例缩小，这种操作因为在 x 方向和 y 方向的缩小比例不同，所以会带来图像的几何畸变。图像不按比例缩小的方法是，当 $M \times N$ 大小的原图像 $F(x,y)$ 缩小为 $k_1 M \times k_2 N$（$k_1 < 1, k_2 < 1$）大小的新图像 $I(x,y)$ 时，有

$$I(x,y) = F(\text{int}(c_1 \times x), \text{int}(c_2 \times y)) \tag{5-26}$$

式中，$c_1 = \dfrac{1}{k_1}$，$c_2 = \dfrac{1}{k_2}$。由式(5-26)可以构造出新图像。

(2) 图像的比例放大　图像的缩小操作，是在现有信息中挑选所需要的有用信息。而在图像的放大操作中，则需要对尺寸放大后多出来的空格填入适当的像素值，这是信息的估计问题，所以与图像的缩小相比要难一些。当 $f_x = f_y = 2$ 时，图像将按比例放大 2 倍，放大后图像中的（0,0）像素对应原图像中的（0,0）像素；（0,1）像素对应于原图像中的（0,0.5）像素，该像素不存在，可以近似为（0,0），也可以近似为（0,1）；（0,2）像素对应于原图像中的（0,1）像素；（1,0）像素对应于原图像中的（0.5,0），它的像素值近似于（0,0）或（1,0）像素；（2,0）像素对应于原图像中的（1,0）像素，依此类推。其实这是将原图像每行中的像素重复取值一遍，然后每行重复一次。

按比例将原图像放大 k 倍时，如果按照最近邻域法，则需要将一个像素值添入新图像的 $k \times k$ 的子块中。显然，如果放大倍数太大，按照这种方法处理会出现马赛克效应。当 $f_x \neq f_y$（$f_x > 0$, $f_y > 0$）时，图像在 x 方向和 y 方向不按比例放大，由于 x 方向和 y 方向的放大倍数不同，一定会带来图像的几何畸变。放大的方法是将原图像的一个像素添入新图像的一个 $k_1 \times k_2$ 的子块中。为了提高几何变换后的图像质量，常采用线性插值法。该方法的原理是：当求出的分数地址与像素点不一致时，求出周围四个像素点的距离比，根据该比值，由四个邻域的像素灰度值进行线性插值。

3. 图像旋转

一般图像的旋转是以图像的中心为原点，将图像上的所有像素都旋转一个相同的角度。图像的旋转变换是其位置的变换，图像的大小一般不会改变。在图像旋转变换中，既可以把转出显示区域的图像截去，也可以扩大图像范围以显示所有的图像。

同样，图像的旋转变换也可以用矩阵变换来表示。设点 $P_0(x_0, y_0)$ 沿逆时针方向旋转 α

角后的对应点为 $P(x,y)$。那么，旋转前后点 $P_0(x_0,y_0)$、$P(x,y)$ 的坐标分别是

$$\begin{cases} x_0 = r\cos\alpha \\ y_0 = r\cos\alpha \end{cases} \quad (5\text{-}27)$$

$$\begin{cases} x = r\cos(\alpha+\theta) = r\cos\alpha\cos\theta - r\sin\alpha\sin\theta = x_0\cos\theta - y_0\sin\theta \\ y = r\sin(\alpha+\theta) = r\sin\alpha\cos\theta + r\cos\alpha\sin\theta = x_0\sin\theta + y_0\cos\theta \end{cases} \quad (5\text{-}28)$$

写成矩阵表达式为

$$\begin{bmatrix} x \\ y \\ 1 \end{bmatrix} = \begin{bmatrix} \cos\theta & -\sin\theta & 0 \\ \sin\theta & \cos\theta & 0 \\ 0 & 0 & 1 \end{bmatrix} \begin{bmatrix} x_0 \\ y_0 \\ 1 \end{bmatrix} \quad (5\text{-}29)$$

其逆运算为

$$\begin{bmatrix} x \\ y \\ 1 \end{bmatrix} = \begin{bmatrix} \cos\theta & \sin\theta & 1 \\ -\sin\theta & \cos\theta & 1 \\ 0 & 0 & 1 \end{bmatrix} \begin{bmatrix} x_0 \\ y_0 \\ 1 \end{bmatrix} \quad (5\text{-}30)$$

采用上述方法进行图像旋转时需要注意如下两点：

1）<u>图像旋转之前，为了避免信息丢失，一定要进行坐标平移</u>。
2）图像旋转之后，<u>会出现许多空洞点</u>。对这些空洞点必须进行填充处理，否则画面效果不好，一般也称这种操作为插值处理。

以上所讨论的旋转是绕坐标轴原点（0,0）进行的。如果图像是绕一个指定点（a,b）旋转，则先要将坐标原点平移到该点，然后再进行旋转，接着将旋转后的图像平移回原来的坐标原点，这实际上是图像的复合变换。如将一幅图像绕点（a,b）沿逆时针方向旋转 α 角，首先将原点平移到（a,b），即

$$A = \begin{bmatrix} 1 & 0 & -a \\ 0 & 1 & -b \\ 0 & 0 & 1 \end{bmatrix} \quad (5\text{-}31)$$

然后旋转

$$B = \begin{bmatrix} \cos\theta & -\sin\theta & 0 \\ \sin\theta & \cos\theta & 0 \\ 0 & 0 & 0 \end{bmatrix} \quad (5\text{-}32)$$

最后再平移回来，即

$$C = \begin{bmatrix} 1 & 0 & a \\ 0 & 1 & b \\ 0 & 0 & 1 \end{bmatrix} \quad (5\text{-}33)$$

综上所述，变换矩阵为 $T = C \cdot B \cdot A$。

4. 图像剪取

有时为了减少图像所占存储空间，可舍弃图像的无用部分，只保留感兴趣的部分，这就需要用到图像的<u>剪取</u>功能。这里只讨论对原图像剪取一个形状为矩形部分的操作。对一幅图像进行剪取操作前，首先需要初始化该图像，这样图像上的每个点就都对应了一个二维坐标

(x,y)。首先取二维坐标系上的一点 (x_0,y_0)，将该点作为要截取矩形的左上角的起始坐标；然后定义两个常量 Δx、Δy，其中 Δx 代表矩形的长度，Δy 代表矩形的宽度，再舍弃矩形外的点。这样，在整个坐标系上，由 (x_0,y_0)、$(x_0+\Delta x,y_0)$、$(x_0,y_0+\Delta y)$ 和 $(x_0+\Delta x,y_0+\Delta y)$ 四个点所围成的矩形部分便被保留下来。

四、形态学处理

数学形态学是法国和德国的科学家在研究岩石结构时建立的一门学科。形态学的用途主要是获取物体拓扑和结构信息，它通过物体和结构元素相互作用的某些运算，来得到物体更本质的形态。形态学在图像处理中的应用主要是：

1）利用形态学的基本运算，对图像进行观察和处理，从而达到改善图像质量的目的。

2）描述和定义图像的各种几何参数和特征，如面积、周长、连通度、颗粒度、骨架和方向性等。

1. 基本符号和关系

（1）元素　设有一幅图像 X，若点 a 在 X 的区域以内，则称 a 为 X 的元素，记作 $a \in X$，如图 5-20 所示。

（2）B 包含于 X　设有两幅图像 B、X，如果对于 B 中所有的元素 a_i，都有 $a_i \in X$，则称 B 包含于（Included in）X，记作 $B \subset X$，如图 5-21 所示。

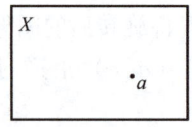
图 5-20　元素

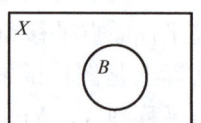
图 5-21　包含

（3）B 击中 X　设有两幅图像 B、X，若存在这样一个点，它既是 B 的元素，又是 X 的元素，则称 B 击中（Hit）X，记作 $B \uparrow X$，如图 5-22 所示。

（4）B 不击中 X　设有两幅图像 B、X，若不存在任何一个点，它既是 B 的元素，又是 X 的元素，即 B 和 X 的交集是空，则称 B 不击中（Miss）X，记作 $B \cap X = \varnothing$。其中 $\cap$ 是集合运算相交的符号，$\varnothing$ 表示空集，如图 5-23 所示。

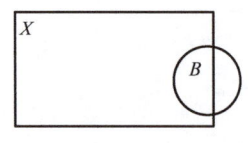
图 5-22　击中

图 5-23　不击中

（5）补集　设有一幅图像 X，所有 X 区域以外的点构成的集合称为 X 的补集，记作 X^c，如图 5-24 所示。显然，如果 $B \cap X = \varnothing$，则 B 在 X 的补集内，即 $B \subset X^c$。

（6）结构元素　设有两幅图像 B、X，若 X 是被处理的对象，而 B 是用来处理 X 的，则称 B 为结构元素（Structure Element），又被形象地称为刷子。结构元素通常都是一些比较小的图像。

(7) 对称集　设有一幅图像 B，将 B 中所有元素的坐标取反，即令 (x,y) 变成 $(-x,-y)$，所有这些点构成的新的集合称为 B 的对称集，记作 B^v，如图 5-25 所示。

(8) 平移　设有一幅图像 B，有一个点 $a(x_0,y_0)$，将 B 平移 a 后的结果是把 B 中所有元素的横坐标加 x_0，纵坐标加 y_0，即令 (x,y) 变成 $(x+x_0,y+y_0)$，所有这些点构成的新的集合称为 B 的平移，记作 B_a，如图 5-26 所示。

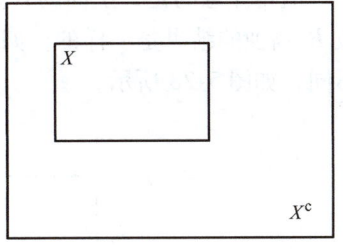

图 5-24　补集

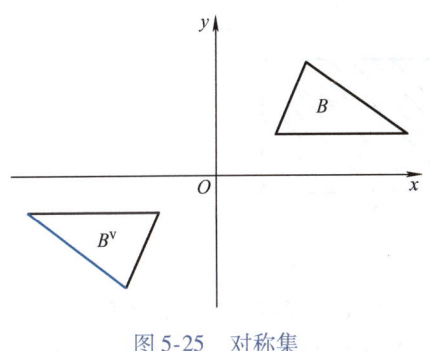

图 5-25　对称集

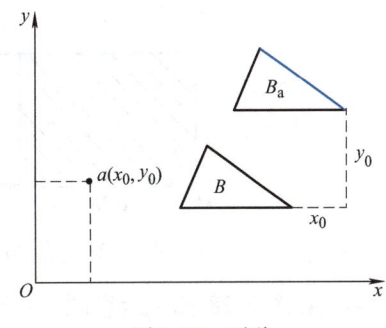

图 5-26　平移

2. 腐蚀

把结构元素 B 平移 a 后得到 B_a，若 B_a 包含于 X，则记下这个 a 点，所有满足上述条件的 a 点组成的集合称为 X 被 B 腐蚀（Erosion）的结果。用公式表示为 $E(X)=\{a\,|\,B_a\subset X\}=X\ominus B$，如图 5-27 所示。

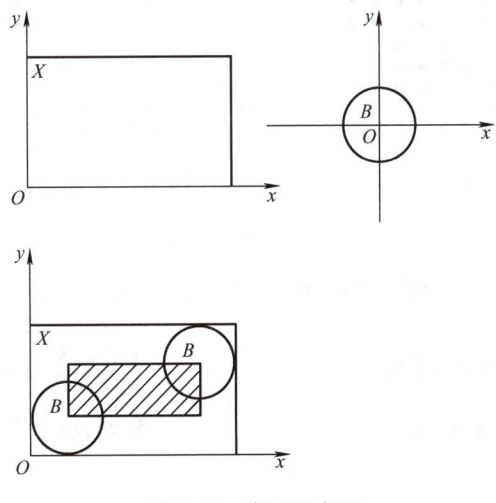

图 5-27　腐蚀示意图

图 5-27 中，X 是被处理的对象，B 是结构元素。不难知道，对于任意一个在阴影部分的点 a，$B_a\subset X$，所以 X 被 B 腐蚀的结果就是那个阴影部分。阴影部分在 X 的范围之内，且比 X 小，就像 X 被剥掉了一层似的，这就是称其为"腐蚀"的原因。

值得注意的是，上面的 B 是对称的，即 B 的对称集 $B^{v}=B$，所以 X 被 B 腐蚀的结果和 X 被 B^{v} 腐蚀的结果是一样的。如果 B 不是对称的，则 X 被 B 腐蚀的结果和 X 被 B^{v} 腐蚀的结果不同，如图 5-28 所示。

y
X
O
x
B^v
B
X⊖B
X⊖B^v

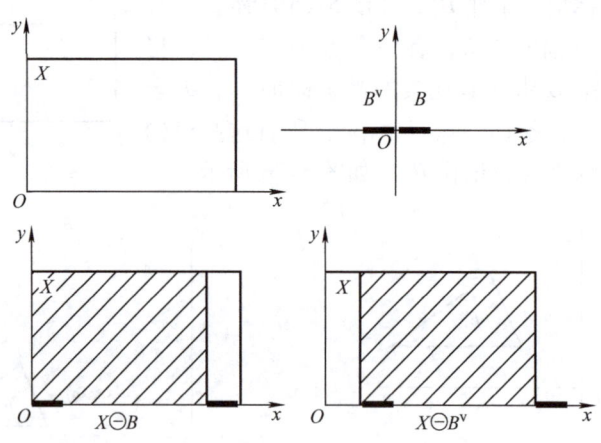

图 5-28　结构元素为非对称时腐蚀的结果不同

图 5-27 和图 5-28 都是示意图，下面举例说明实际上是怎样进行腐蚀运算的。

图 5-29a 所示为被处理的图像 X（二值图像，这里针对的是黑点），图 5-29b 所示为结构元素 B，标有“origin”的点是中心点，即当前处理元素的位置。腐蚀的方法是，用 B 的中心点和 X 上的点逐一对比，如果 B 上的所有点都在 X 范围内，则该点保留，否则将该点去掉。图 5-29c 所示为腐蚀后的结果，可以看出，它仍在原来 X 的范围内，且比 X 包含的点要少，就像 X 被腐蚀掉了一层一样。

origin

a) X　　b) B　　c) $X\ominus B$

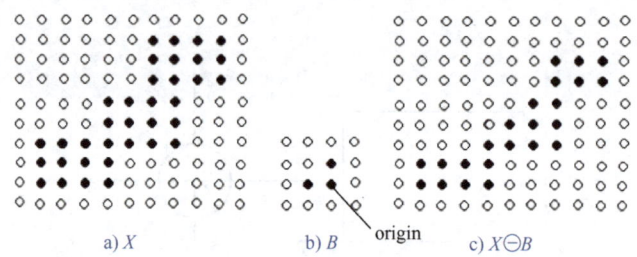

图 5-29　腐蚀运算

图 5-30 为原图，图 5-31 为腐蚀后的结果图，能够明显地看出腐蚀的效果。

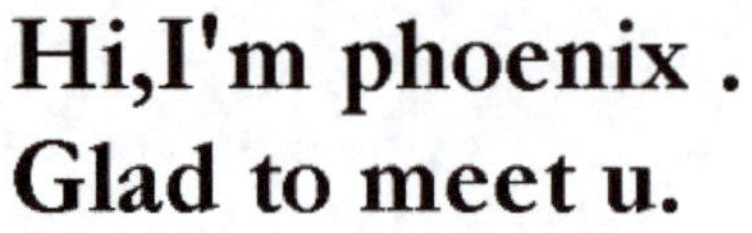

Hi,I'm phoenix .
Glad to meet u.

图 5-30　原图

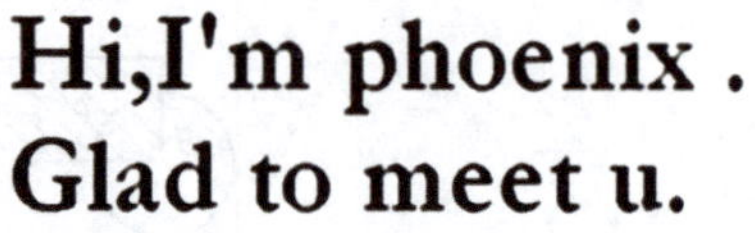

Hi,I'm phoenix .
Glad to meet u.

图 5-31　腐蚀后的结果图

3. 膨胀

膨胀（Dilation）可以看作腐蚀的对偶运算，其定义是：把结构元素 B 平移 a 后得到

B_a，若 B_a 击中 X，则记下这个 a 点，所有满足上述条件的 a 点组成的集合称为 X 被 B 膨胀的结果。用公式表示为 $D(X)=\{a \mid B_a \uparrow X\}=X\oplus B$，如图 5-32 所示。图中 X 是被处理的对象，B 是结构元素，不难知道，对于任意一个在阴影部分的点 a，B_a 击中 X，所以 X 被 B 膨胀的结果就是那个阴影部分。阴影部分包括 X 的所有范围，就像 X 膨胀了一圈似的，这就是称其为“膨胀”的原因。同样，如果 B 不是对称的，则 X 被 B 膨胀的结果和 X 被 B^v 膨胀的结果不同。

y
X
O
x
y
B
O
x
y
B
X
B
O
x

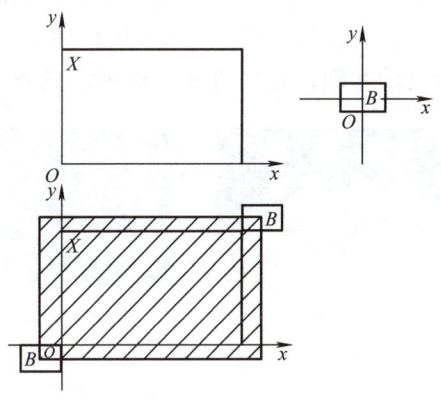

图 5-32　膨胀示意图

下面举例说明实际上是怎样进行膨胀运算的。图 5-33a 所示为被处理的图像 X（二值图像，这里针对的是黑点），图 5-33b 所示为结构元素 B。膨胀的方法是，用 B 的中心点和 X 上的点及 X 周围的点逐一对比，如果 B 上有一个点落在 X 的范围内，则该点就为黑。图 5-33c 所示为膨胀后的结果，可以看出，它包括 X 的所有范围，就像 X 膨胀了一圈似的。

origin

a) X　　b) B　　c) $X\oplus B$

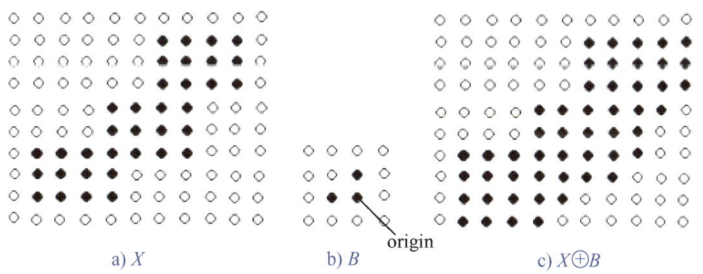

图 5-33　膨胀运算

图 5-34 为图 5-30 膨胀后的结果图，能够很明显地看出膨胀的效果。

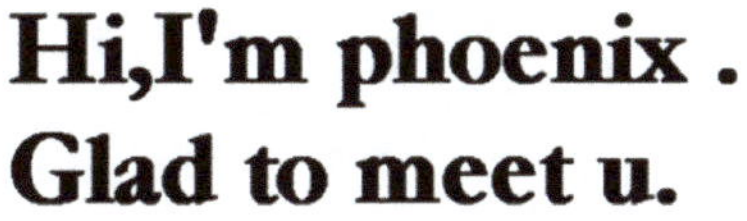

Hi,I'm phoenix .
Glad to meet u.

图 5-34　膨胀后的结果图

腐蚀运算和膨胀运算互为对偶，用公式表示为 $(X\ominus B)^c=(X^c\oplus B)$，即 X 被 B 腐蚀后的补集等于 X 的补集被 B 膨胀。这句话可以形象地理解为：河岸的补集为河面，河岸的腐蚀等价于河面的膨胀。在有些情况下，对偶关系是非常有用的，直接利用对偶就可以实现某些功能。

习 题

1. 8bit 黑白图像的灰度值范围是_____，_____表示黑，_____表示白。
2. 常见的图片存储格式有_____（至少写出 4 个）。
3. 常用的图像平滑方法有_____（至少写出 3 个）。
4. 简述常用形态学操作腐蚀、膨胀、打开、关闭的作用。
5. 图像预处理是图像分析的基础，要达到图 5-35 所示的效果，应采用（　　）。

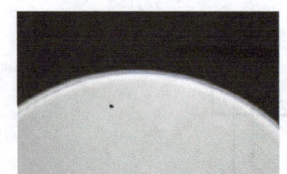

a) 增强黑点　　　　　　　　b) 去除垂直线

图 5-35　习题 5 图

A. 膨胀操作，腐蚀操作　　　　　　B. 腐蚀操作，边缘提取 Y 滤波器
C. 腐蚀操作，边缘提取 X 滤波器　　D. 边缘提取 X 滤波器，边缘提取 Y 滤波器

项目 6

软件的安装与基本操作

任务 1　GIVS 软件的安装

【知识要点】

1）安装软件前，应首先确认硬件系统是 32bit 系统还是 64bit 系统，GIVS 软件要求硬件系统为 64bit 系统。

2）安装软件时先确认杀毒软件已关闭，以防止安装过程中杀毒软件将该软件识别为病毒的情况。

3）该软件需搭配加密狗使用，使用该软件前，请插入有效加密狗并安装相应工业相机等硬件设备的驱动程序。

【任务要求】

完成 GIVS2.4.0 软件的安装。

注意：本书是以 GIVS2.4.0 软件为基础进行各项操作和分析的，因此，界面、工具箱、操作方法均以 GIVS2.4.0 版本为准。

【任务实施】

1. 安装软件

1）在 GIVS 软件安装包存放单元中找到 GIVS_V2.4.0_SETUP 应用程序，双击该应用程序进行安装，如图 6-1 和图 6-2 所示。

图 6-1　GIVS 安装包存放单元

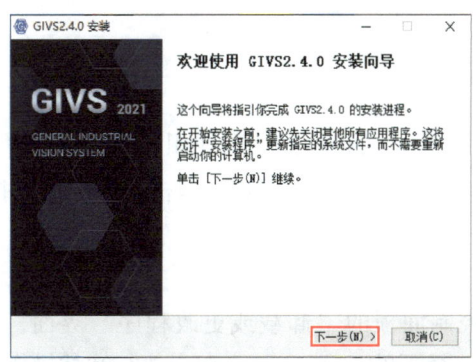

图 6-2　GIVS 安装向导界面

2）在软件安装向导界面中单击"下一步"按钮，弹出许可证协议界面，如图6-3所示，勾选"我接受'许可证协议'中的条款"。

3）单击"下一步"按钮，弹出安装路径界面，如图6-4所示，选择软件安装路径，可以选择默认路径"C:\Program Files(x86)\GIVS"，也可以单击"浏览"按钮，选择其他安装路径。

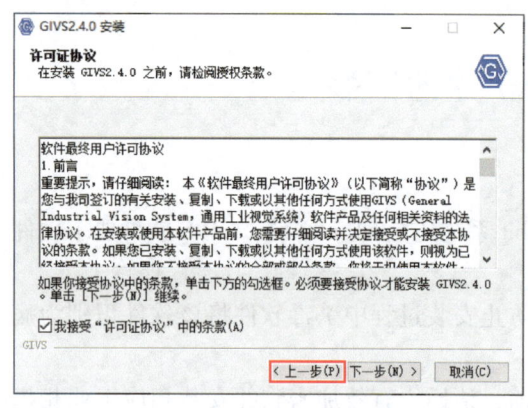

图6-3 许可证协议界面

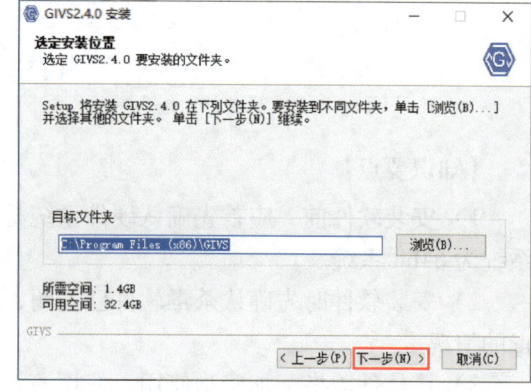

图6-4 选择安装路径界面

4）单击"下一步"按钮，弹出开始安装界面，如图6-5所示。安装过程中，需要安装必要的运行库及相关驱动程序，默认安装即可。如果已安装，可根据提示取消或者重新安装。

5）单击"安装"按钮，进行安装，安装完成后弹出安装完成界面，如图6-6所示。

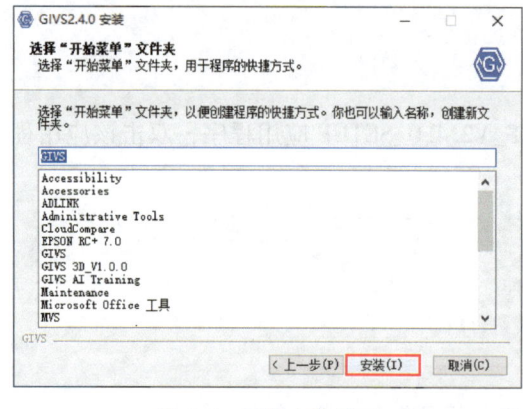

图6-5 开始安装界面

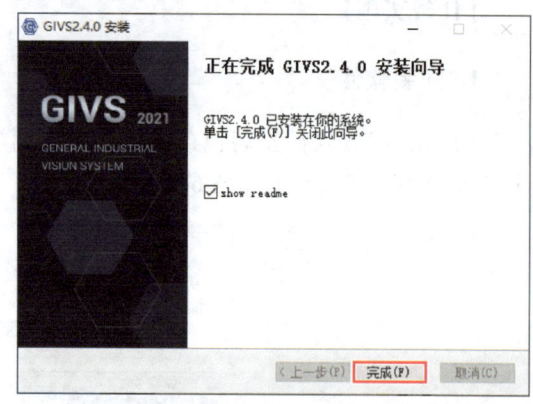

图6-6 安装完成界面

6）单击"完成"按钮，期间若提示安装其他相关插件，可以安装也可以忽略。安装完成后，桌面上将自动生成一个快捷方式图标，双击该图标可以打开GIVS软件。

2. 卸载软件

如图6-7所示，进入控制面板的"卸载或更改程序"界面，右击"GIVS"，选择"卸载"，或者找到GIVS安装路径下的uninst.exe，双击执行卸载操作。

项目6 软件的安装与基本操作

图 6-7 卸载软件

任务 2　GIVS 软件的基本操作

【知识要点】

1）认识 GIVS 软件操作界面。

2）掌握 GIVS 软件中用户登录、切换等基本操作。

【任务实施】

1. 软件登录

1）双击 图标，默认进入 GIVS 软件启动界面，如图 6-8 所示。

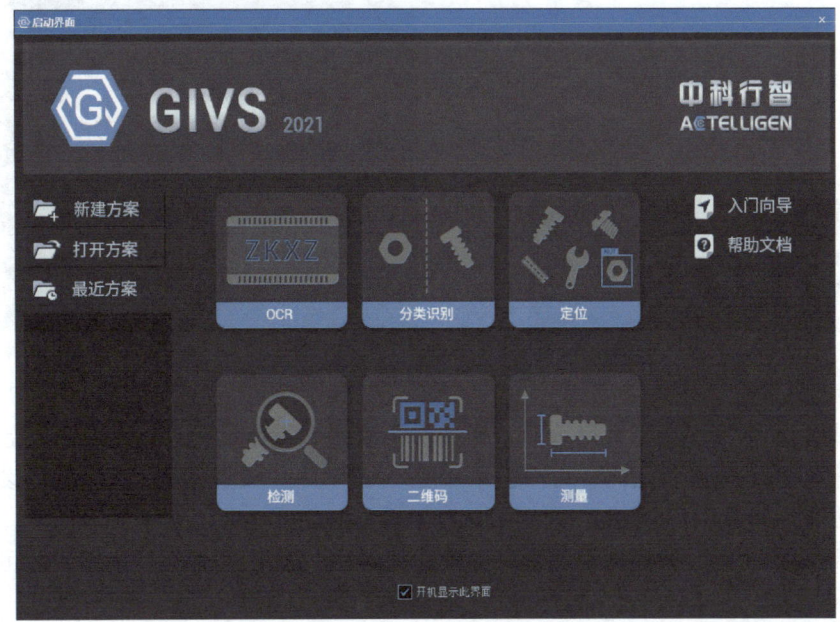

图 6-8　GIVS 软件启动界面

61

2）第一次打开编辑界面时，单击软件窗口任意位置，会弹出权限管理对话框，如图 6-9 所示。单击"登录"按钮，选择"管理员"，输入初始默认密码"123456"，即登录成功。

图 6-9　权限管理对话框

注意：操作员权限下保护检测方案不能被改动，锁定了大部分功能，仅能使用运行功能和切换运行界面。

3）当然也可以通过单击标题栏中"账户"→"用户切换"来选择主动登录，如图 6-10 所示。

4）在"切换用户"对话框中，选中"管理员"，输入出厂默认密码"123456"，再单击"登录"，管理员即登录成功，如图 6-11 所示。

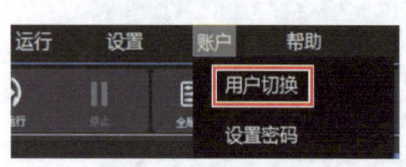

图 6-10　用户切换菜单

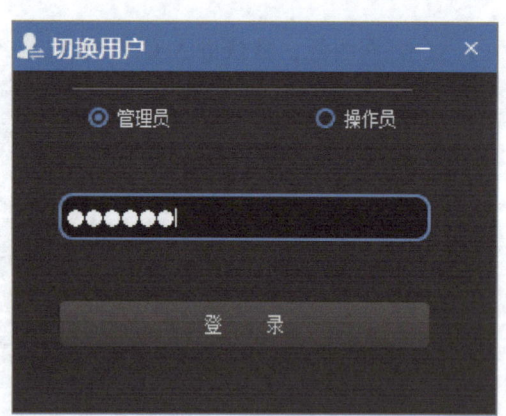

图 6-11　管理员登录界面

5）如果切换为操作员，直接选择"操作员"登录，操作员登录时无须输入密码。

6）若需要修改管理员密码，可单击菜单栏"账户"→"设置密码"，弹出"设置管理员密码"对话框，如图 6-12 所示。

7）输入原始密码，并输入设置密码和确认密码后，单击"确认"按钮，即可完成密码修改。

项目6 软件的安装与基本操作

2. 启动界面说明

1）安装 GIVS 软件后，双击 图标，默认进入启动界面（见图 6-8），主界面分为工具栏、示例方案和向导区。

2）单击 新建方案，进入方案编辑界面，如图 6-13 所示。用管理员账号登录后，可新建方案。

3）单击 打开方案，进入"打开文件"界面，如图 6-14 所示。

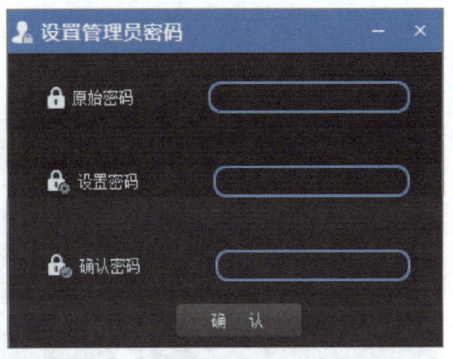

图 6-12 "设置管理员密码"对话框

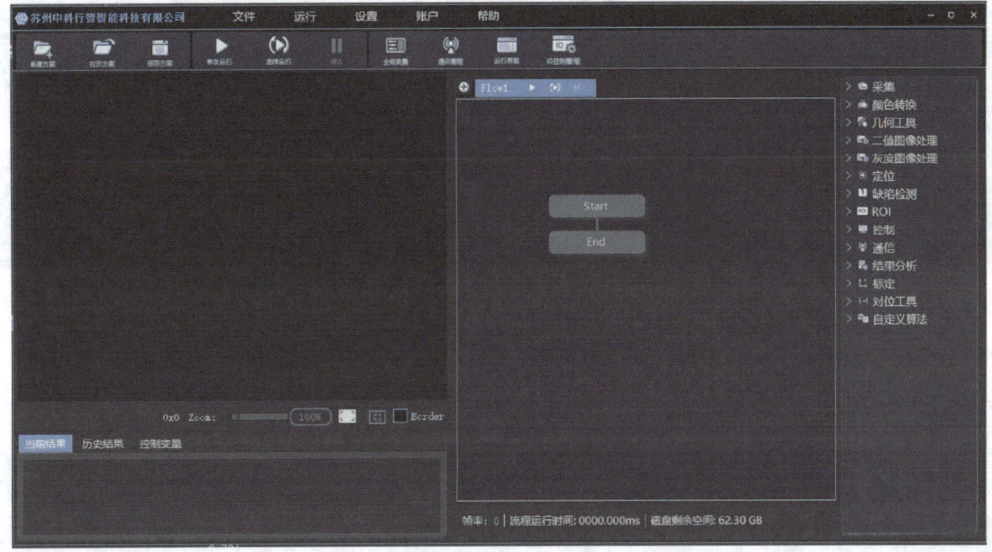

图 6-13 方案编辑界面

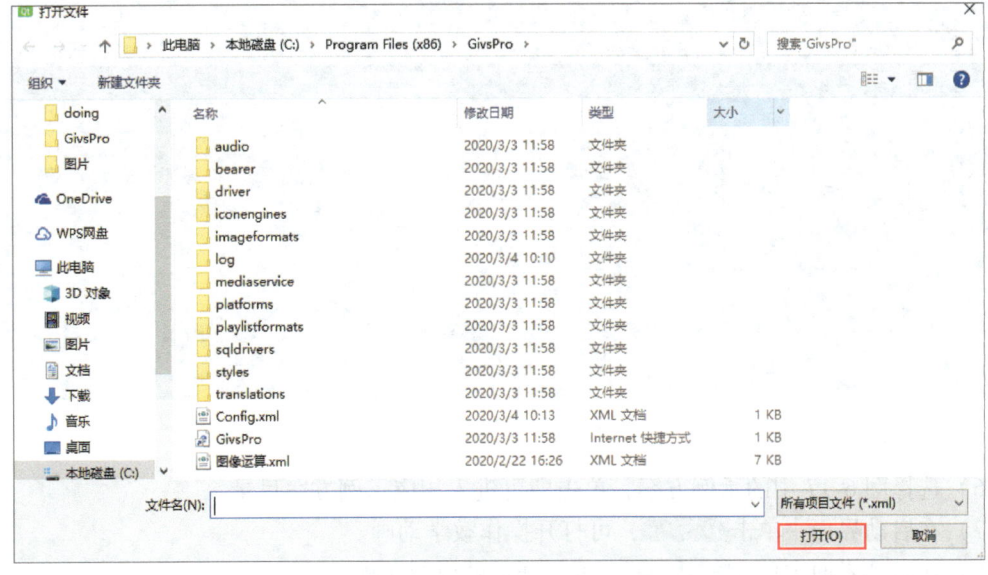

图 6-14 "打开文件"界面

4)选择所需方案并单击"打开"按钮,即可进入方案编辑界面,该方案流程也显示在界面上,如图6-15所示。

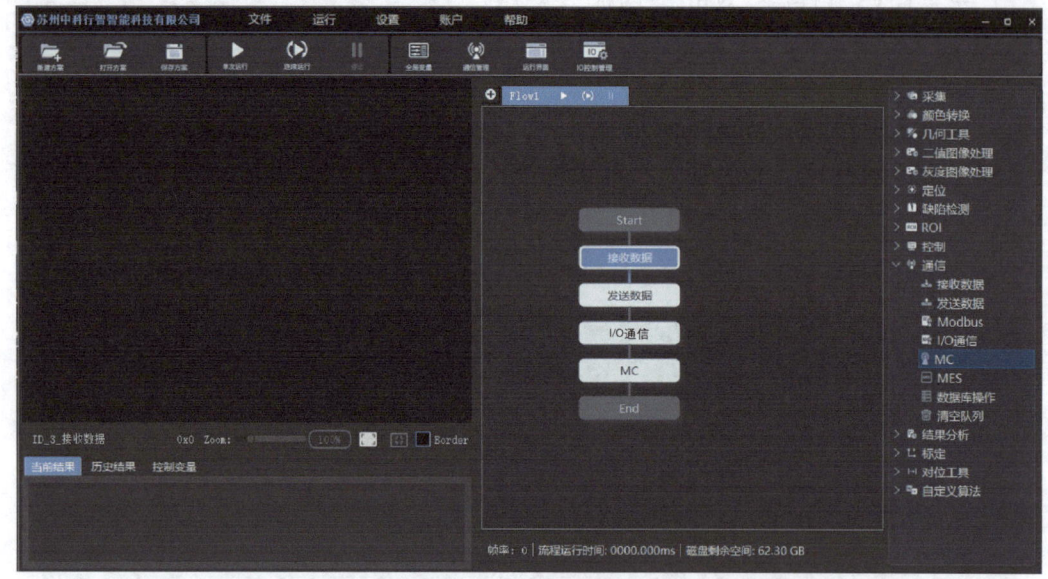

图6-15 方案编辑界面

5)或在启动界面中单击 下的方案名称,也可直接进入该方案编辑界面,如图6-16所示。

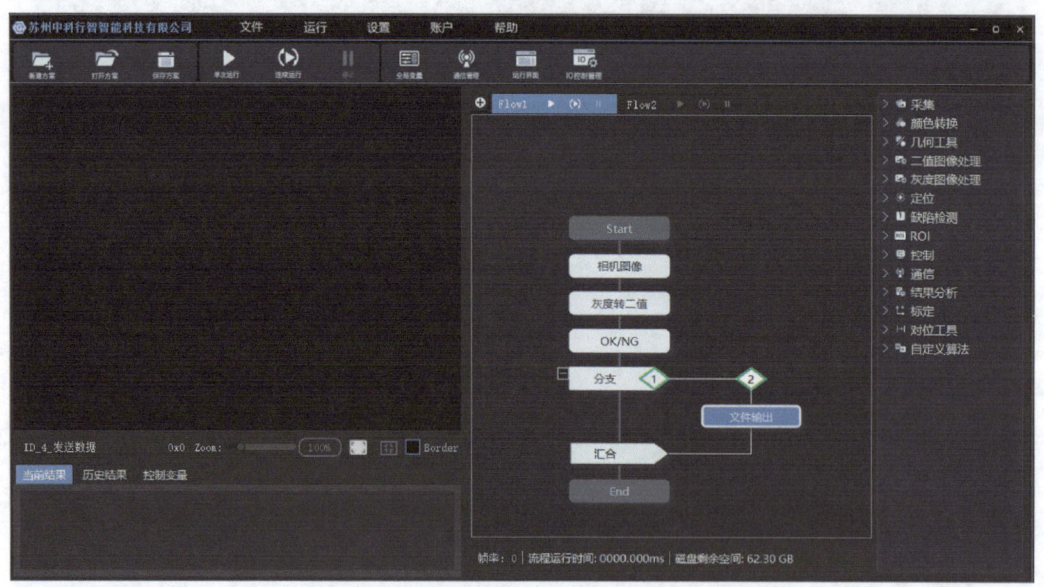

图6-16 最近方案界面

6)选择图6-17中的示例方案,单击即可进入相应示例方案目录。
7)在启动界面中单击 入门向导 ,可打开操作教学动画。
8)在启动界面中单击 帮助文档 ,可打开帮助说明文档。

9）在启动界面中不勾选 ■ 开机显示此界面，下次进入软件后不再显示启动界面，可直接显示方案编辑界面。

注意：不勾选"开机显示此界面"后，可单击方案编辑界面菜单栏中的"文件"→"启动界面"打开引导界面，然后可以再次设置是否显示。

3. 工具箱概述

GIVS 软件工具箱里的工具都支持拖拽式（按住鼠标左键不放）加入检测流程，主要包括 GIVS 2D 工具箱和 GIVS 3D 工具箱，如图 6-18 和图 6-19 所示。

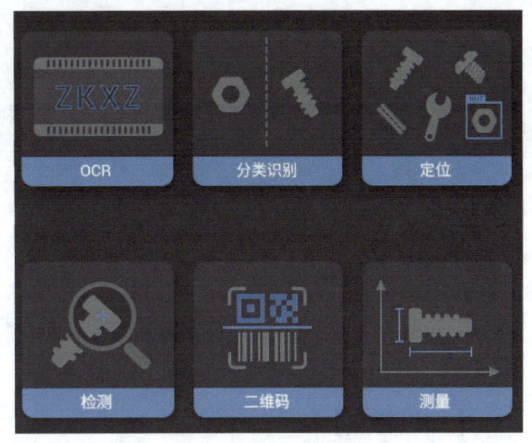

图 6-17　选择示例方案界面

2D	
几何工具	几何创建、几何查找、线拟合、圆拟合、线圆交点、线线交点、圆圆交点、线段圆交点、线段线段交点、线线段交点、线段夹角、圆圆距离、线圆距离、线段圆距离、线线距离、线段线段距离、点圆距离、点线距离、点线段距离、点点距离、卡尺
采集工具	相机图像、本地图像、图像保存
图像处理	图像运算工具、清晰度评估工具、图像修正工具、圆环展开工具、图像滤波工具、仿射变换工具、二值图像转换、图像裁剪、频域滤波、投影工具、图像二值化、图像形态学、位置修正
颜色工具	颜色抽取工具、颜色转换工具
标定工具	N点标定工具、标定板标定工具、标定转换工具、单位转换工具、畸变标定工具、畸变矫正工具
ID识别	二维码识别工具、条码识别工具、字符识别(OCR)工具
对位工具	点集对位、点角对位
定位工具	几何匹配、灰度匹配、Blob分析
通信工具	支持Modbus、I/O通信、MC协议、TCP/IP、串口通信，可定制扩展其他通信协议
其他工具	缺陷检测工具、ROI工具、分支/循环工具、结果分析类工具

图 6-18　GIVS 2D 工具箱

3D	
3D采集	线激光相机、结构光相机CPU、结构光相机Cuda、本地点云、保存点云
3D基础计算	旋转矩阵转欧拉角、坐标系关系、6D位姿转矩阵、点云队列、向量叉乘、矩阵相乘、矩阵求逆
3D目标提取	ICP精配准、点云分割
3D剖面测量	剖面分析、批量剖面分析、路径提取
3D表面测量	几何创建、面面交线、线面交点、线线交点、点线距离、面面夹角、体积测量、高度测量、多点高度测量、平面拟合、圆柱拟合、球面拟合、直线拟合、圆拟合、3D卡尺、3D比较测量
3D预处理	点云投影、有序点云滤波、点云转深度图、点云转纹理图、点云重采样、点云掩膜、孔洞填充、点云比对、高度拉伸、无序点云降采样、无序点云滤波
3D目标调整	平面校正、校正矩阵、点云融合、点云变换、3D几何变换

图 6-19　GIVS 3D 工具箱

习　　题

1. GIVS 软件的用户登录有哪几种权限？
2. 为保护检测方案不被改动，用户使用什么权限进行登录？

项目 7 软件高级应用

任务 1 方案编辑界面应用

【知识要点】

1）了解 GIVS 2D 方案编辑界面的布局与组成。

2）GIVS 软件是一个模块化的软件平台，plugin 的作用是加载 2D 模块或 3D、AI 模块等。

3）全局变量是作用于整个方案的变量和初始值，可设置多个不同类型全局变量，支持 int、float、string 数据类型，支持一键初始化和独立初始化。

【任务要求】

1）熟悉方案编辑界面中各个窗口的使用。

2）加载自定义模块。

【任务实施】

认识方案编辑界面。新建方案或打开方案后，弹出方案编辑界面，如图 7-1 所示。方案编辑界面分为菜单栏、工具栏、图像显示窗口、变量和结果窗口、流程编辑窗口、工具箱列表和运行状态栏 7 大区域。

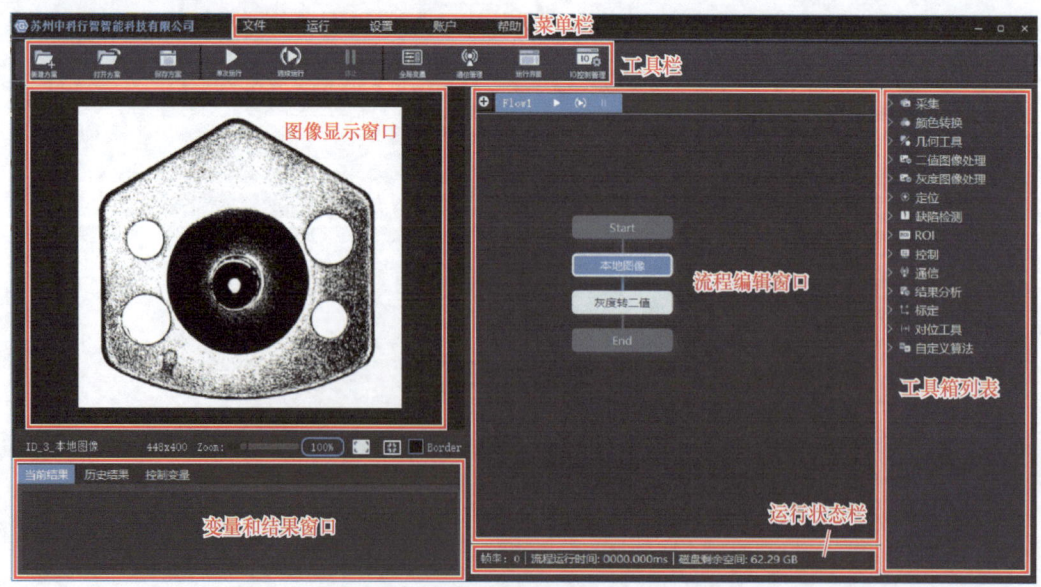

图 7-1 方案编辑界面

1. 菜单栏

1）菜单栏中"文件"下拉菜单主要包括 8 个选项，如图 7-2 所示，根据需求单击所需选项即可。

2）"运行"下拉菜单包括单次运行（F4）、连续运行（F5）和停止（F6）3 个选项，如图 7-3 所示，可以单击选择，也可以使用快捷键。

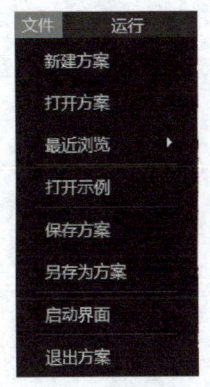

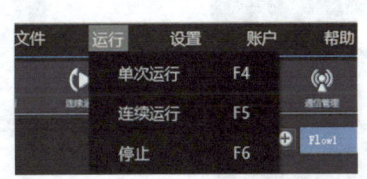

图 7-2　"文件"下拉菜单　　　　　　　图 7-3　"运行"下拉菜单

3）"设置"下拉菜单包括系统设置选项，如图 7-4 所示，"系统设置"对话框包括开机自启配方、开机自启、显示工具执行结果等选项，如图 7-5 所示，可根据需要设置或勾选。

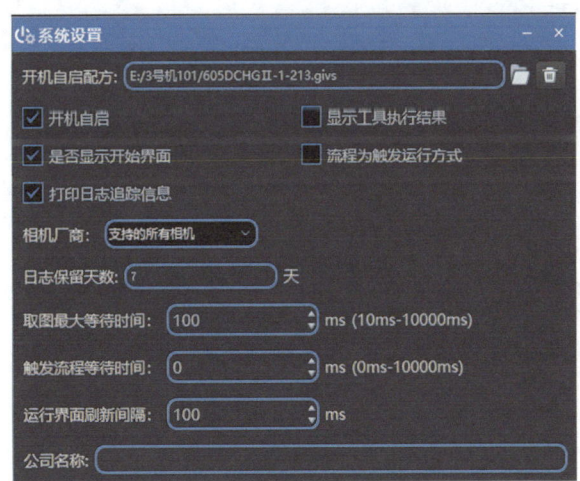

图 7-4　"设置"下拉菜单　　　　　　　图 7-5　"系统设置"对话框

4）"账户"下拉菜单包括用户切换和设置密码两个选项，如图 7-6 所示。

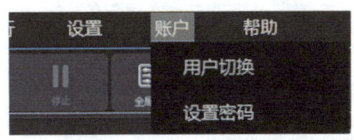

图 7-6　"账户"下拉菜单

5)"帮助"下拉菜单共包括 6 个选项，如图 7-7 所示，其中"plugin..."选项的作用是加载自定义模块，单击"plugin..."选项，弹出"加载自定义模块"对话框，如图 7-8 所示。单击"加载模块"按钮，弹出加载模块路径界面，如图 7-9 所示，下拉列表中选择 .dll 文件加载即可。加载完成后的界面如图 7-10 所示。

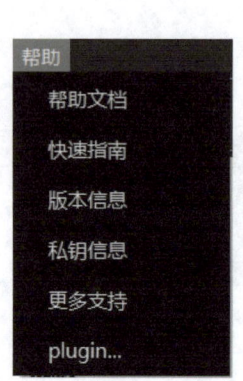

图 7-7 "帮助"下拉菜单

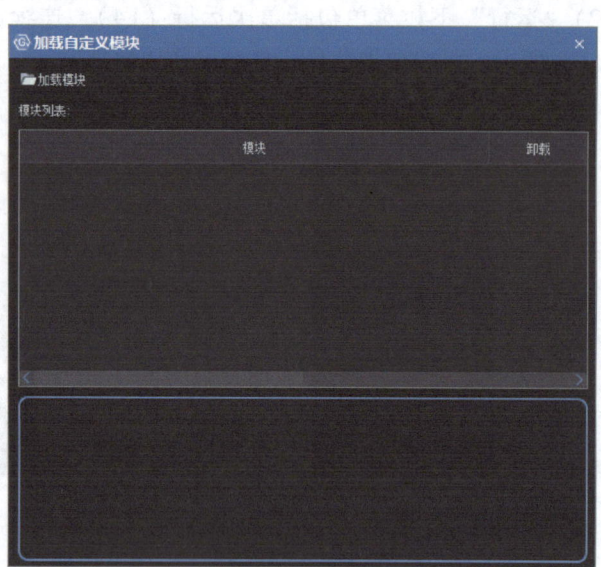

图 7-8 "加载自定义模块"对话框

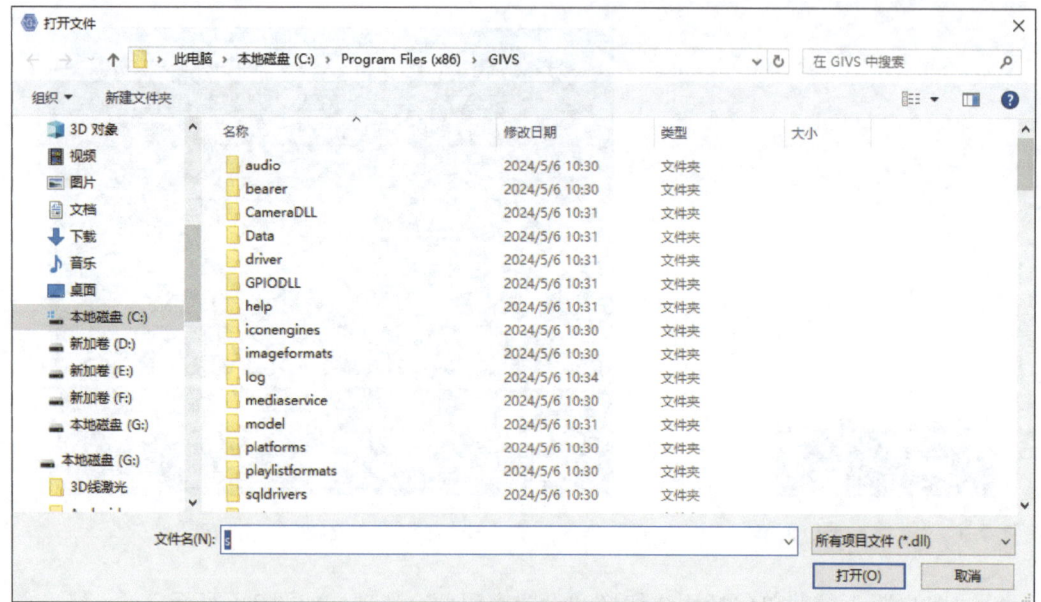

图 7-9 加载模块路径界面

2. 工具栏

工具栏包括 10 个选项，如图 7-11 所示。

项目7 软件高级应用

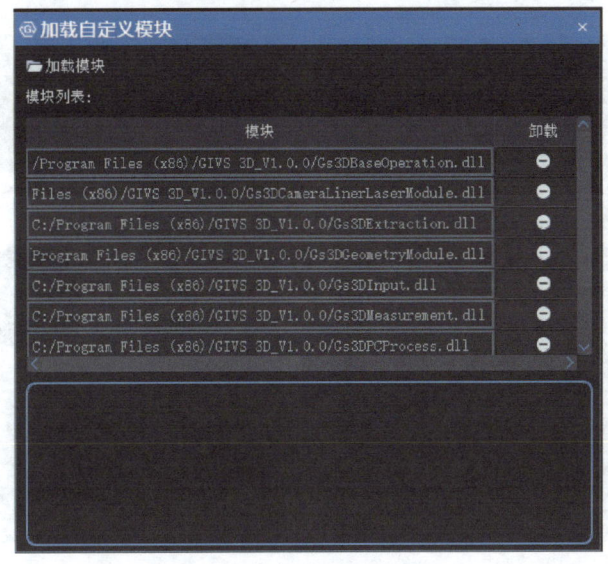

图 7-10 加载完成后的界面

图 7-11 工具栏

其中，通信管理用于管理平台与相机或其他外部软硬件之间的通信；运行界面可运行方案，记录运行结果；IO 控制管理用于建立与外部硬件 IO 板卡之间的通信；全局变量选项的作用有 3 个：

1）设置作用于整个方案的变量和初始值。

2）可设置多个不同类型全局变量，支持 int、float、string、ImgQueue、StrQueue 数据类型，如图 7-12 所示。

3）支持一键初始化和独立初始化。

3. 图像显示窗口

图像显示窗口如图 7-13 所示，主要用于实时显示当前处理图像，图像支持放大缩小和移动；图像底边栏显示图像分辨率信息及光标在图像界面的点位置坐标信息和灰度值。

4. 变量和结果窗口

变量和结果窗口如图 7-14 所示，用于显示全局变量、工具结果变量、工具模块运行状态、工具运行时间和历史结果。

5. 流程编辑窗口

流程编辑窗口如图 7-15 所示，主要的功能包括支持工具拖拽编辑，支持双击流程工具编辑参数，右击工具可选删除，支持流程克隆，按住 Ctrl 键可支持编辑面板左右和上下拖动以及鼠标滚轮缩放。

69

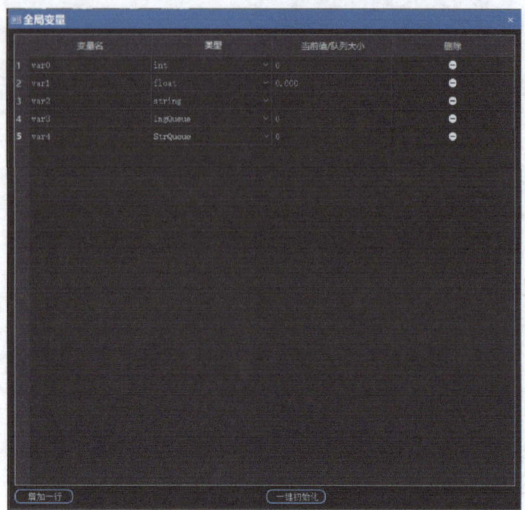

图 7-12　全局变量设置界面

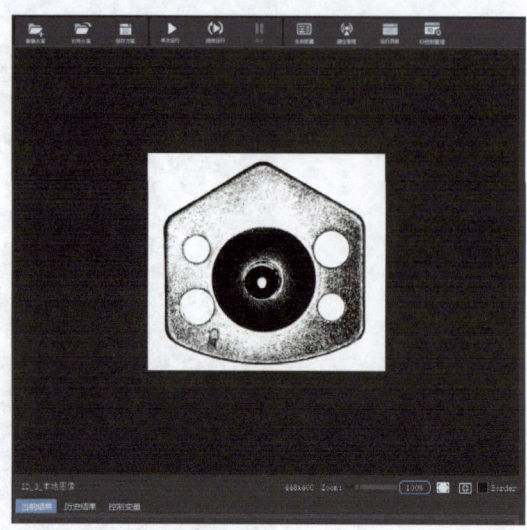

图 7-13　图像显示窗口

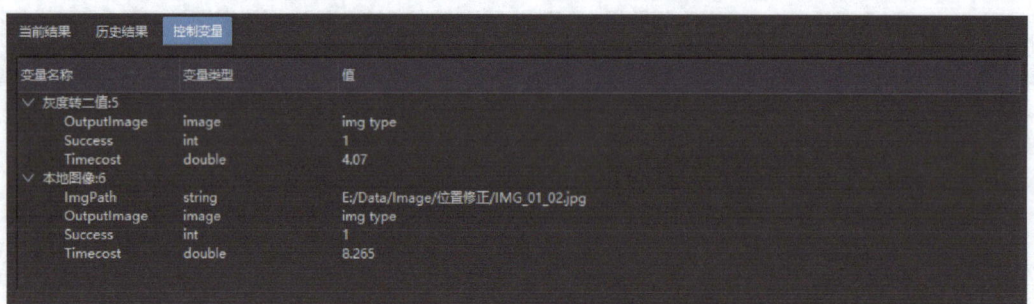

图 7-14　变量和结果窗口

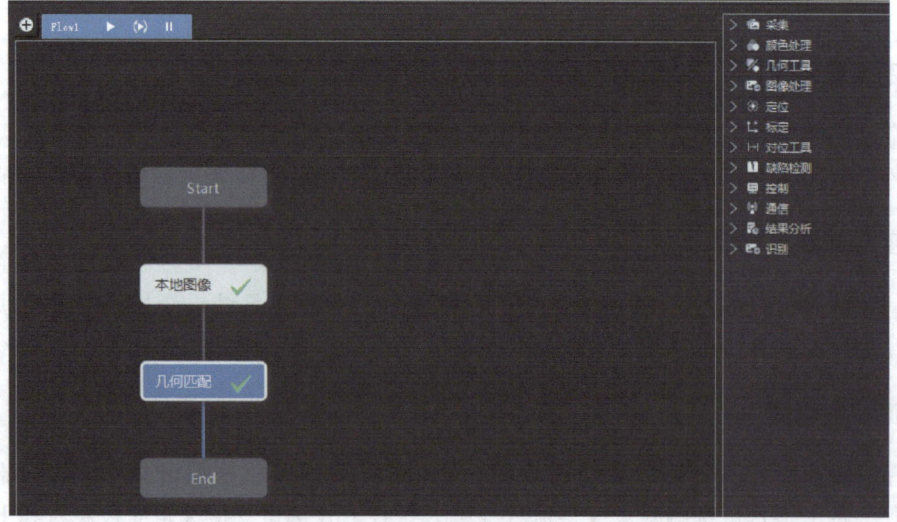

图 7-15　流程编辑窗口

6. 工具箱列表

工具箱列表如图 7-16 所示。工具箱列表位于软件界面最右侧边栏，可通过拖拽添加到流程编辑窗口。

7. 状态栏

状态栏如图 7-17 所示，显示当前流程运行时间信息、磁盘剩余空间。

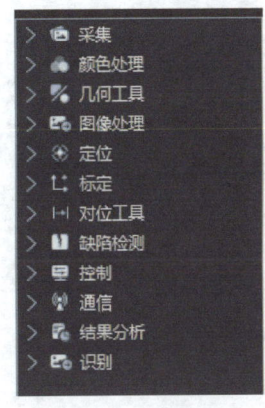

图 7-16 工具箱列表

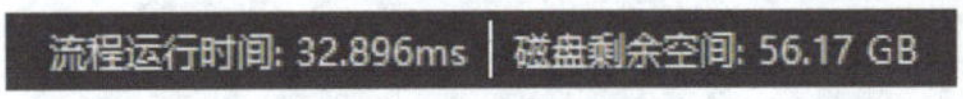

图 7-17 状态栏

8. 标题栏

标题栏如图 7-18 所示，包括最大化、最小化和关闭 3 个选项。

注意：在新建和编辑方案时，需管理员登录才能使用。

图 7-18 标题栏

任务 2　方案操作及运行

【知识要点】

1）在 GIVS 软件平台中建立完整的应用方案是通过工具箱列表中的流程实现的。

2）通过方案的整体逻辑，完成各个流程的参数传递。

【任务要求】

1）在方案编辑界面中添加工具箱列表中的流程。

2）设置流程相关参数。

3）如图 7-19 所示，测量距离 W，并将结果显示在界面上。

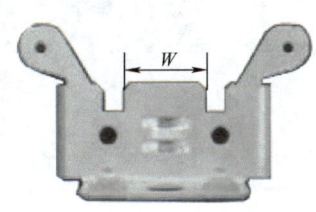

图 7-19 实例工件图像

【任务实施】

1）通过单击启动界面的"新建方案"或"打开方案"，进入方案编辑界面，使用管理员账号登录后,可以新建方案、修改方案、保存方案、另存为方案等,可以对工具进行复制和删除,以及对流程进行新建、克隆、删除、重命名等。

2)新建方案,单击 ,方案编辑界面各项数据为空,如图 7-20 所示。

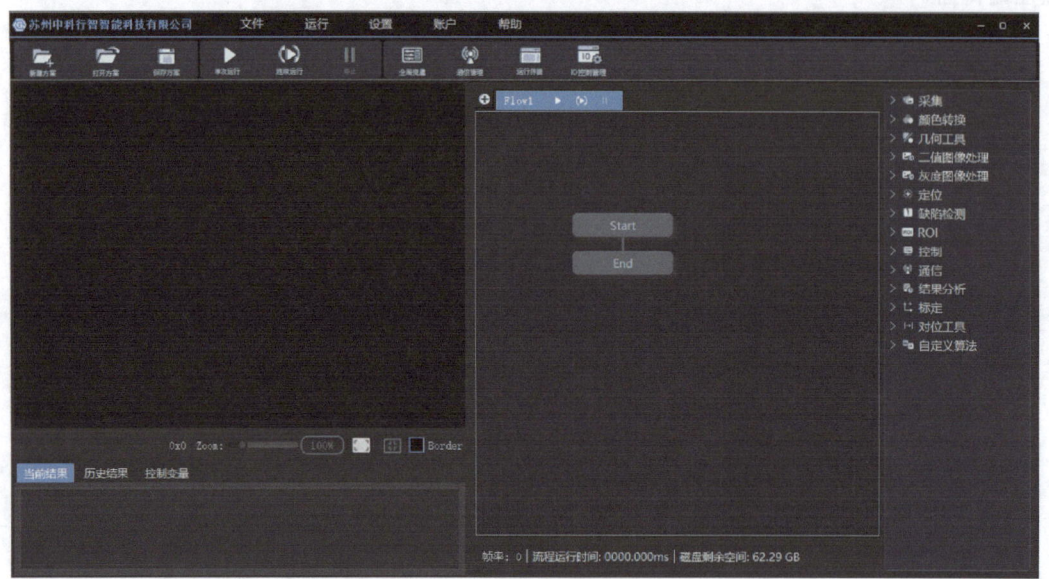

图 7-20 新建方案

3)选择工具箱列表中的工具,将其拖拽至流程编辑窗口中,如图 7-21 所示。
4)双击流程中的"本地图像"工具,打开工具参数编辑界面,如图 7-22 所示。

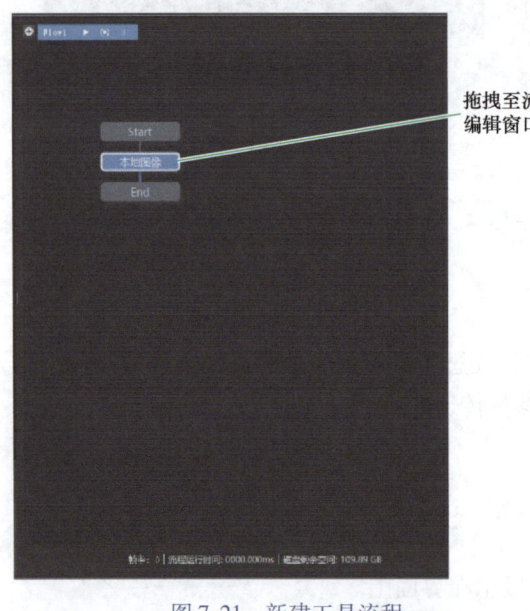

图 7-21 新建工具流程

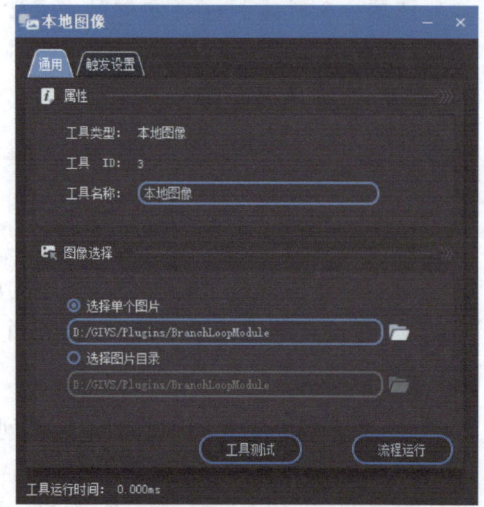

图 7-22 工具参数编辑界面

5)设置完成后,单击"单次运行"或"连续运行";或者右击"本地图像"工具,单击"运行",如图 7-23 所示。运行结果如图 7-24 所示。

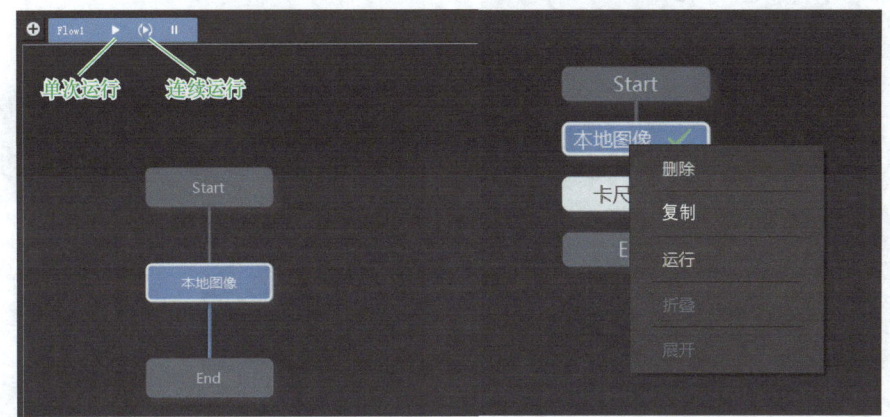

图 7-23 运行流程

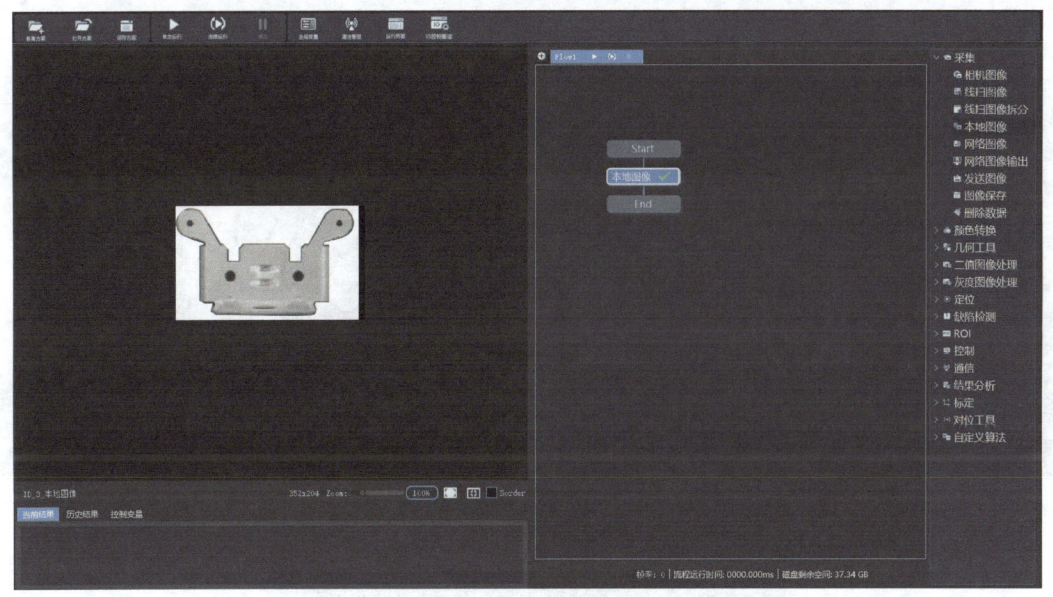

图 7-24 运行结果

6）在右侧工具箱列表中选择"几何工具"→"卡尺",将其拖拽至流程编辑窗口,如图 7-25 所示。

7）双击"卡尺",设置相关参数,在输入图像处选择本地输出图像,如图 7-26 所示。

8）选择查找边缘的卡尺类型,调整红色旋转矩形区域,根据产品成像效果,扫描类型选择"由亮到暗",边缘阈值为亮区到暗区的阈值波动大小,设置参与计算的最大点对数,如图 7-27 所示。

9）单击"流程运行"按钮,运行结果如图 7-28 所示,查找成功后,两侧边缘出现查找到的边缘线段,并且输出两条线段之间的像素间距大小,即可计算出 W。

10）在右侧工具箱列表中分别选择"标定"→"单位转换","结果分析"→"数值分析"和"图文显示",将其拖拽至分支中,用于将像素值转为物理值并进行图文显示,如图 7-29 所示。

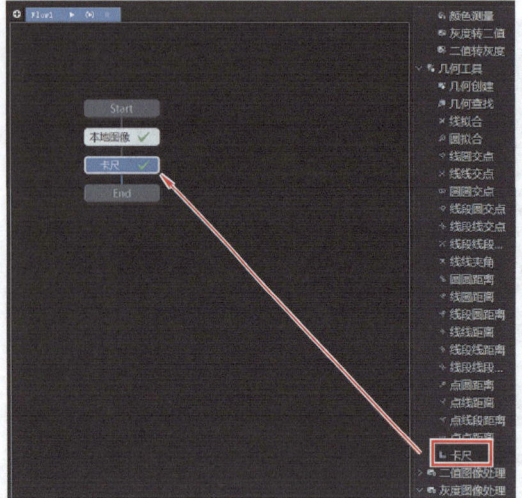

图 7-25 添加卡尺工具

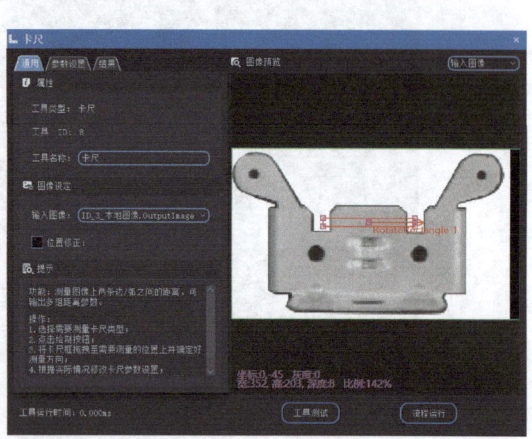

图 7-26 卡尺参数设置

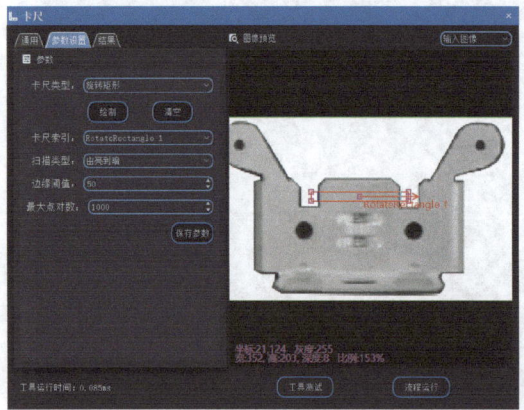

图 7-27 ROI 区域选择

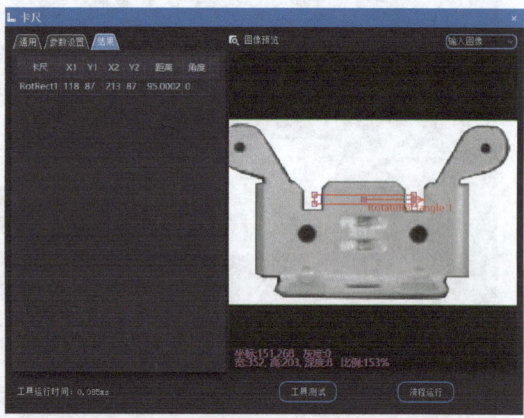

图 7-28 运行结果

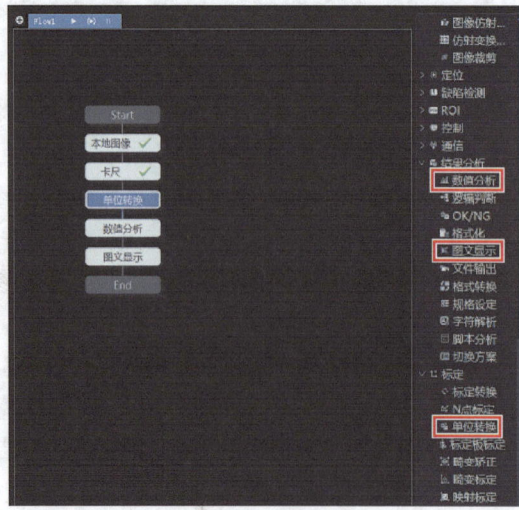

图 7-29 添加工具

项目7 软件高级应用

11）双击"单位转换"，输入像素间距与物理间距，单击"流程运行"后得到缩放系数，也称为精度，如图7-30所示。

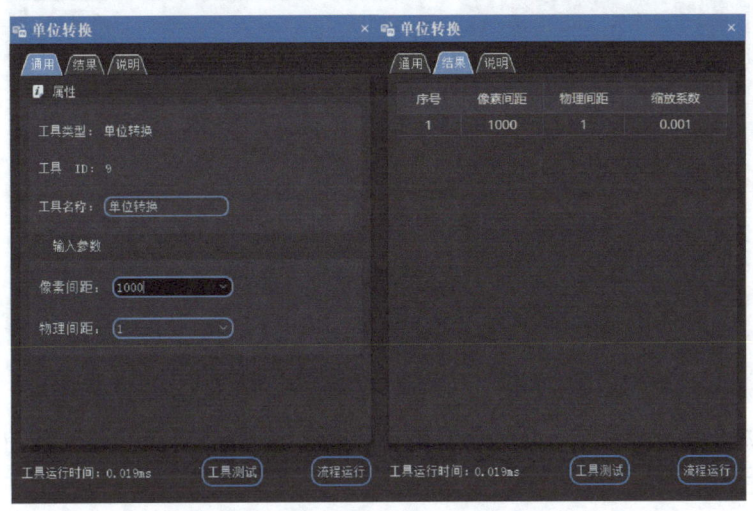

图7-30 单位转换参数设置

12）双击"数值分析"，选择参数输出类型，填入自定义的变量名称。在表达式字符串框右侧单击"计算器"图标进入公式助手，在"Var"下拉列表中选取工具运行输出的参数，如单位转换的"Scale"和卡尺的"PairDistance0［0］"，选取值后单击"确定"。两值相乘，单击"公式校验"，无问题后选择"保存"，如图7-31所示。

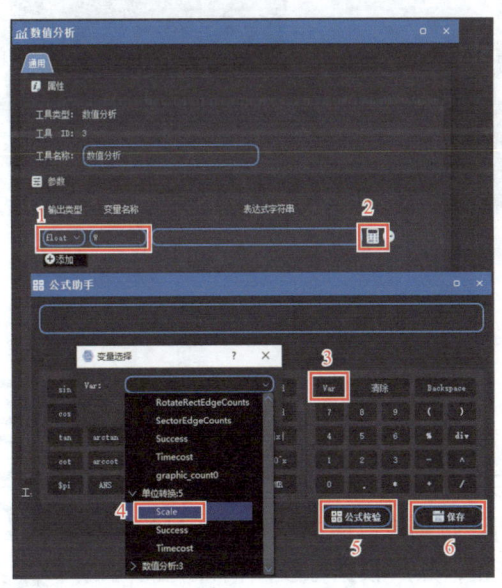

图7-31 数值分析参数设置

13）双击"图文显示"，订阅要显示的图像，在"图文设置"选项卡中，选择显示项，如字符串、数值、直线、矩形、圆等；链接源订阅上面工具输出的结果；打开显示开关；单击"样式"图标，选择显示坐标和字体大小、颜色等，如图7-32所示。

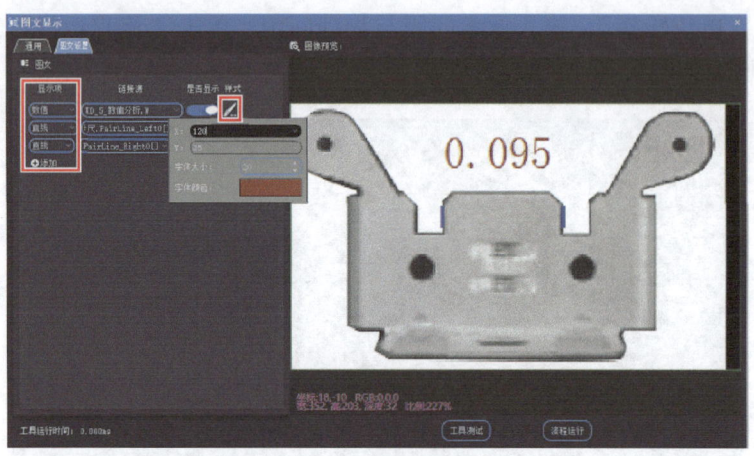

图 7-32　图文显示参数设置

14）测量流程搭建完成后，单击工具栏中的 。单击"单次循环"按钮运行测量流程一次，如图 7-33 所示。

注意：单击按钮运行，需在连续运行模式下进行。

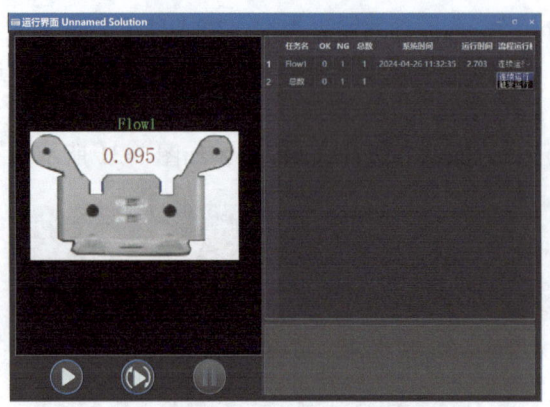

图 7-33　运行界面

习　题

1. ROI 的形状有哪几种？

2. 用几何工具测量图 7-34 所示各个橡胶圈的半径长度，提示：可以先用 Blob 分析法找到橡胶圈的位置（通过找橡胶圈内的亮区域）做位置修正，然后根据橡胶圈内部孔洞圆的半径，合理设置查找 ROI 的半径。

图 7-34　习题 2 图

项目8

工具的概述与使用

任务1 工具流程概述

【知识要点】

工具箱中的各个工具流程是 GIVS 软件的核心部分，每个项目所使用的方案编写都依赖于工具箱中的工具流程，熟悉工具的作用及使用方法是必要的。

【任务要求】

了解并掌握工具箱中所有工具的使用方法，并清晰了解每个工具的作用，为后续方案编辑提供基础。

【任务实施】

GIVS 软件主要是通过工具箱中的工具搭建相关项目的方案模型，工具箱中的工具共包括 15 项，分别如下：

1) 采集模块：包括相机图像、本地图像和图像保存等工具。进入方案编辑界面的工具箱列表中，单击"采集"前面的小图标可显示所有采集工具，如图 8-1 所示。

2) 颜色转换模块：包含彩色转换、颜色测量、灰度转二值、二值转灰度等工具，主要功能是实现对图像颜色的转换和测量。进入方案编辑界面的工具箱列表中，单击"颜色转换"前面的小图标可显示所有颜色处理工具，如图 8-2 所示。

图 8-1 采集模块

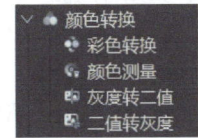

图 8-2 颜色转换模块

3) 几何工具模块：包括几何创建、几何查找、线拟合、圆拟合、线圆交点、线线交点等工具，主要可以实现测量功能。进入方案编辑界面的工具箱列表中，单击"几何工具"前面的小图标可显示所有几何工具，如图 8-3 所示。

4) 二值图像处理模块：包括二值逻辑运算、二值形态学、Blob 等工具，需要注意的是输入图像必须是二值图像。进入方案编辑界面的工具箱列表中，单击"二值图像处理"前面的小图标可显示所有二值图像处理工具,如图 8-4 所示。

5)图像处理模块:包括图像运算、图像清晰度、图像滤波、图像频域滤波、图像修正、图像圆环展开、图像仿射变换、仿射变换工具和图像裁剪等工具,主要功能是对图像进行处理。进入方案编辑界面的工具箱列表中,单击"图像处理"前面的小图标可显示所有图像处理工具,如图 8-5 所示。

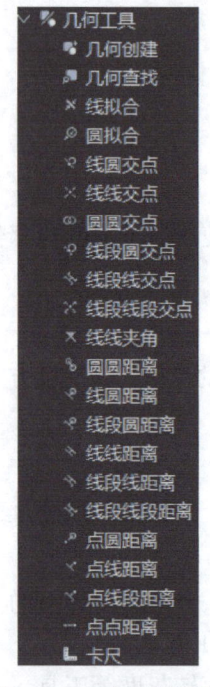

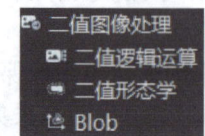

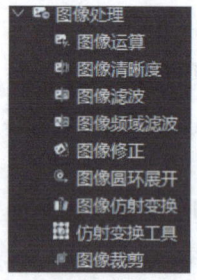

图 8-3　几何工具模块　　　　图 8-4　二值图像处理模块　　　　图 8-5　图像处理模块

6)定位模块:包括位置修正、灰度匹配和形状匹配等工具,主要功能是实现对图像中某些特征的定位或者检测。进入方案编辑界面的工具箱列表中,单击"定位"前面的小图标可显示所有定位工具,如图 8-6 所示。

7)缺陷检测模块:包含缺陷检测和边缘连续检测等工具。缺陷检测工具可以检测图案的外观缺陷;边缘连续检测工具通过图像投影计算获取边缘信息。进入方案编辑界面的工具箱列表中,单击"缺陷检测"前面的小图标可显示所有缺陷检测工具,如图 8-7 所示。

8)ROI 模块:包含矩形 ROI、圆形 ROI、旋转矩形 ROI、环形 ROI、扇形 ROI、多边形 ROI 和掩模工具等工具,主要功能是实现对图像关注区域的标记和提取操作。进入方案编辑界面的工具箱列表中,单击"ROI"前面的小图标可显示所有 ROI 工具,如图 8-8 所示。

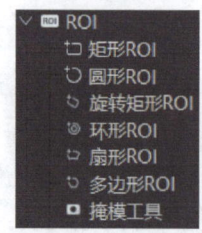

图 8-6　定位模块　　　　图 8-7　缺陷检测模块　　　　图 8-8　ROI 模块

9）控制模块：包含分支-汇合、循环、向量索引、定时器和触发流程等工具，主要用于建立流程分支或循环结构、触发其他流程和灵活实现方案。进入方案编辑界面的工具箱列表中，单击"控制"前面的小图标可显示所有控制工具，如图8-9所示。

10）通信模块：包括接收数据、发送数据、Modbus、I/O通信和MC等工具，主要功能是读取外部设备输入信号或将流程中的数据发送到通信设备。进入方案编辑界面的工具箱列表中，单击"通信"前面的小图标可显示所有通信工具，如图8-10所示。

11）结果分析模块：包含数值分析、逻辑判断、OK/NG、格式化、图文显示、文件输出、格式转换、规格设定、字符解析和切换方案等工具，主要功能是对流程中工具运行结果进行显示、分析或输出等。进入方案编辑界面的工具箱列表中，单击"结果分析"前面的小图标可显示所有结果分析工具，如图8-11所示。

图8-9　控制模块　　　　　图8-10　通信模块　　　　图8-11　结果分析模块

12）识别模块：包含ID识别、字符识别、ID识别扩展、ID识别扩展H等工具，主要用于识别目标图像中的二维码、条形码等，并支持数字和英文字母识别。进入方案编辑界面的工具箱列表中，单击"识别"前面的小图标可显示所有识别工具，如图8-12所示。

13）标定模块：包括标定转换、N点标定、单位转换、标定板标定、畸变矫正、畸变标定和映射标定等工具，主要是实现标定功能。进入方案编辑界面的工具箱列表中，单击"标定"前面的小图标可显示所有标定工具，如图8-13所示。

14）对位工具模块：包括点集对位和点角对位等工具，主要功能是实现对位功能。进入方案编辑界面的工具列表中，单击"对位工具"前面的小图标可显示所有对位工具，如图8-14所示。

　　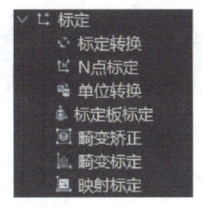　　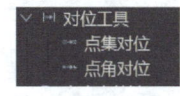

图8-12　识别模块　　　　图8-13　标定模块　　　　图8-14　对位工具模块

15）自定义算法模块：包括自定义算法工具，实现对动态链接库中函数接口的使用，如图8-15所示。

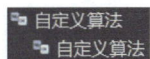

图8-15　自定义算法模块

任务 2　搭建完整项目流程

【知识要点】

1）灰度转二值工具是用来将灰度图像转换成二值图像，便于后期的图像分割。
2）Blob 工具可以对图像进行连通域分析，并进行区域特征计算。

【任务要求】

假设一个工厂的流水线上游有图 8-16 所示的螺钉，要求加装一个视觉工位检测其尺寸规格。

图 8-16　螺钉图像

【任务实施】

1. 加载图像到 GIVS 软件

1）首先打开 GIVS 软件，以管理员身份登录，就可以使用平台的各种工具。单击右侧工具箱列表中的"采集"→"本地图像"，将其拖拽到流程编辑窗口 Start 下面即可，如图 8-17 所示。

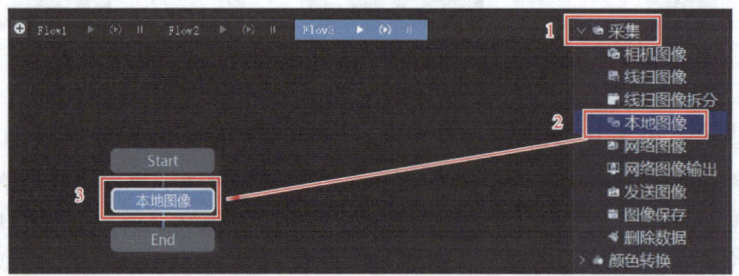

图 8-17　加载"本地图像"工具

2）双击"本地图像"，进入参数设置界面（这个为前端界面，设置完成需及时关闭，关闭这个界面才能返回 GIVS 软件流程编辑界面）。单击选择单个图片右侧的文件夹图标，在弹出的对话框里找到图片所在位置，选中要打开的图片，单击"打开"按钮。关闭参数设置界面，返回方案编辑界面，如图 8-18 所示。

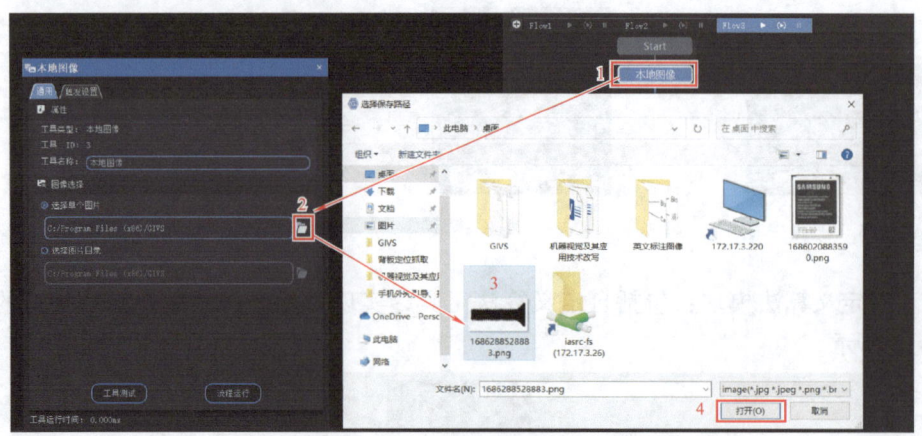

图 8-18　本地图像参数设置

项目8 工具的概述与使用

3）运行"本地图像"。可以通过右击该工具，在弹出的右键菜单中选择"运行"即可，如图8-19所示。此时，左侧的图像显示窗口将会出现加载的图像，若要删除该工具，在右键菜单中选择"删除"，即可将其从流程中移除。

2. 提取检测对象（螺钉）

1）单击"颜色转换"→"彩色转换"，将其拖拽到流程中的"本地图像"工具下面，将彩色图像转换成灰度图像。双击该工具，打开参数设置界面，在输入图像中，选择本地图像工具运行后的输出图像，如图8-20所示。

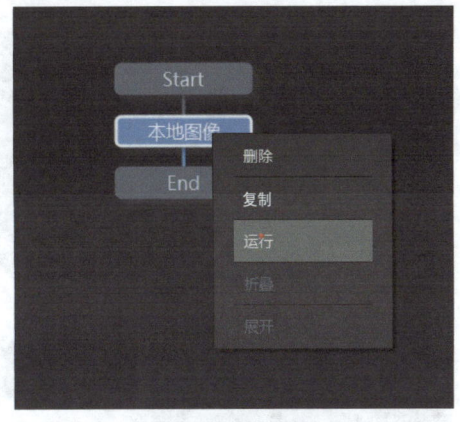

图 8-19 运行"本地图像"

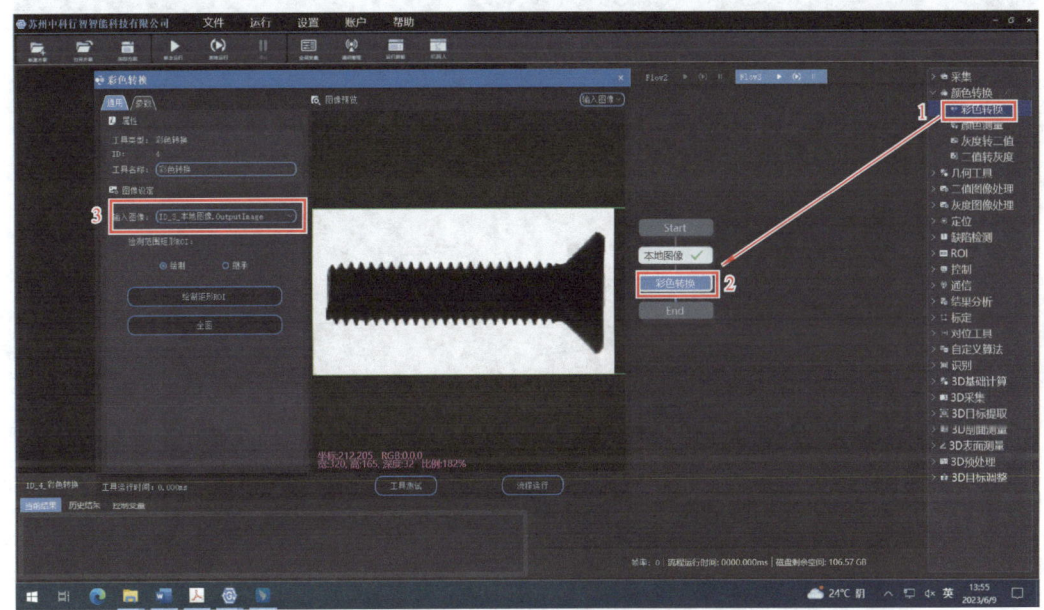

图 8-20 添加"彩色转换"工具

2）为了便于螺钉目标分割，需要将灰度图像转换成二值图像，因此添加"灰度转二值"工具。双击该工具进入参数设置界面，在"通用"选项卡中，将输入图像选择为本地图像加载的图片。此时在右侧的视图窗口会显示该图片信息，如图8-21所示。

3）切换到"参数"选项卡，可以看到该工具提供了4种算法，分别是单阈值、双阈值、OTSU和邻域阈值，如图8-22所示。由于检测对象在图片上呈现的特点是白色背景下的黑色物体，故选择"双阈值"算法，通过调节高阈值来提取螺钉。

4）如图8-23所示，可通过移动高阈值中的滑块，观测右侧视图窗口的变化来选择合适的阈值，在30~220的阈值区间都可以比较好地提取出螺钉，建议选择靠近区间中部的120作为高阈值。设置完参数后，关闭窗口。右击该工具，在弹出的右键菜单里选择"运行"。

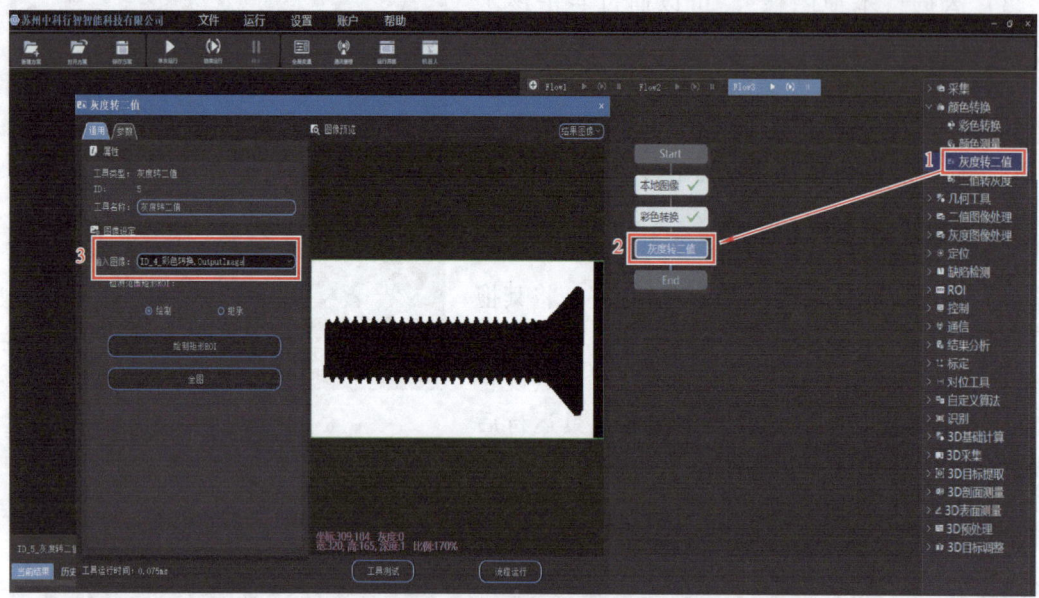

图 8-21 添加"灰度转二值"工具

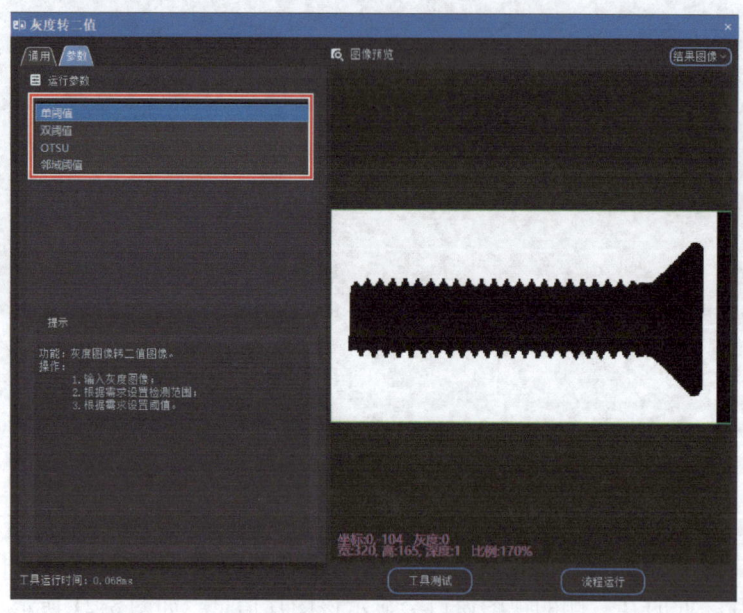

图 8-22 "参数"选项卡设置

3. 筛选检测对象（螺钉）

1）将"二值图像处理"模块展开，找到"Blob"工具，将其拖拽到流程中的"灰度转二值"工具下面。双击该工具进入参数设置界面，在"通用"选项卡中，将输入图像源选择为灰度转二值工具的输出图像，如图 8-24 所示。

2）切换到"参数设置"选项卡，在"计算特征"一栏，选择经特征筛选后满足条件的

项目8 工具的概述与使用

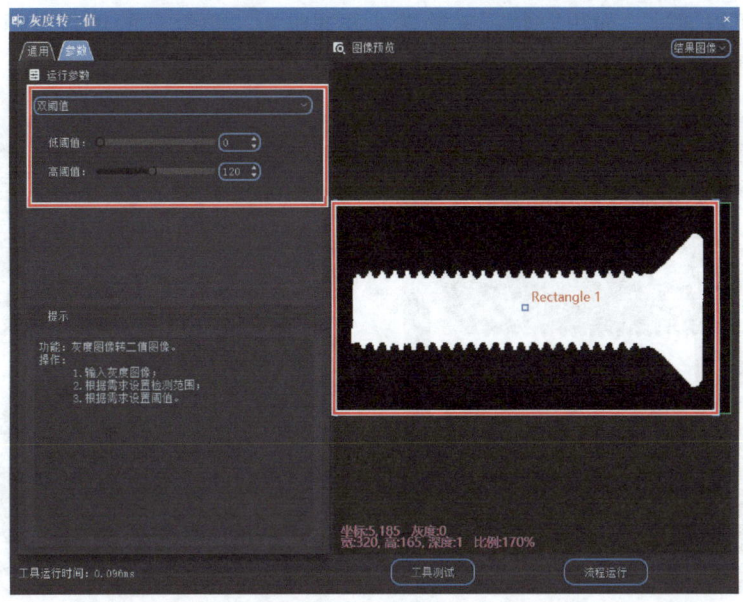

图 8-23 运行参数设置

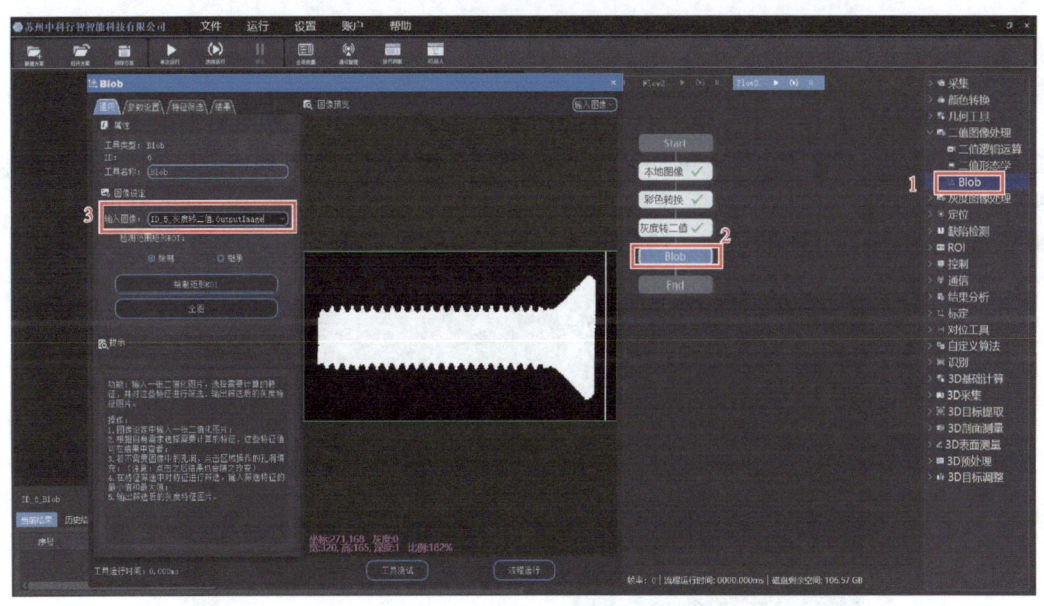

图 8-24 添加"Blob"工具

区域的表达方式。本任务根据螺钉的外形特点勾选"旋转矩形"(满足筛选条件的区域就会用最小外接矩形包围起来),当计算特征参数设置完成后,单击下方的"工具测试"按钮,运行该工具并查看筛选结果,如图 8-25 所示。

3)切换到"特征筛选"选项卡,单击"特征"选择框右侧的图标∨,下拉框中会显示可以选择计算的特征,如图 8-26 所示,可通过右侧的竖向滑块来查看没有显示全的特征。选择特征后,单击右侧的图标⊕,即可添加到下方的列表中。系统允许添加多个特征,这些特征是"与"的关系(即所有条件均需满足)。本任务中通过"长半轴"特征即可稳定地检出。当然也可以通过"面积"特征来筛选，并非唯一，更复杂的项目里通常也是根据目标的特征来灵活设计筛选条件的。

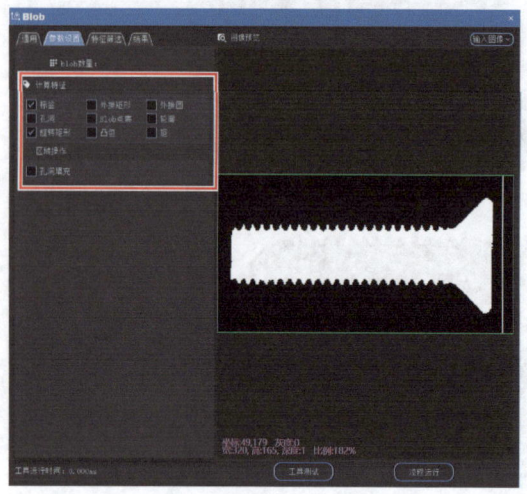

图 8-25 "参数设置"选项卡设置

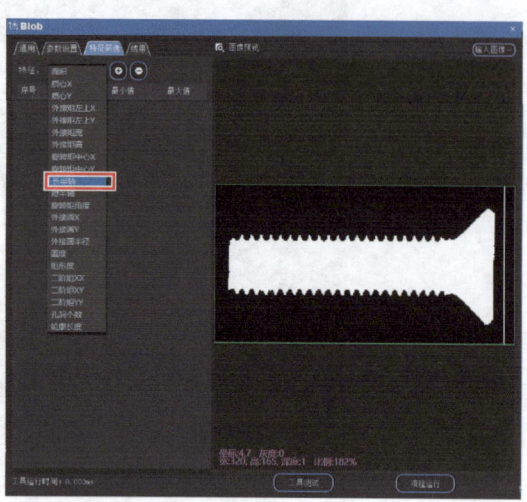

图 8-26 特征筛选

4. 选择合理的特征值

首先确定检测目标在图片里的长半轴特征所占像素，单击"工具测试"按钮，切换到"结果"选项卡，共有 2 个不同的连通域，如图 8-27 所示。为了找到检测目标，按长半轴降序来排序，排在第一的就是目标（约为 141）。故长半轴的特征筛选的最小值可以设置为 100 像素，最大值可以随意设置，螺钉筛选结果如图 8-28 所示。

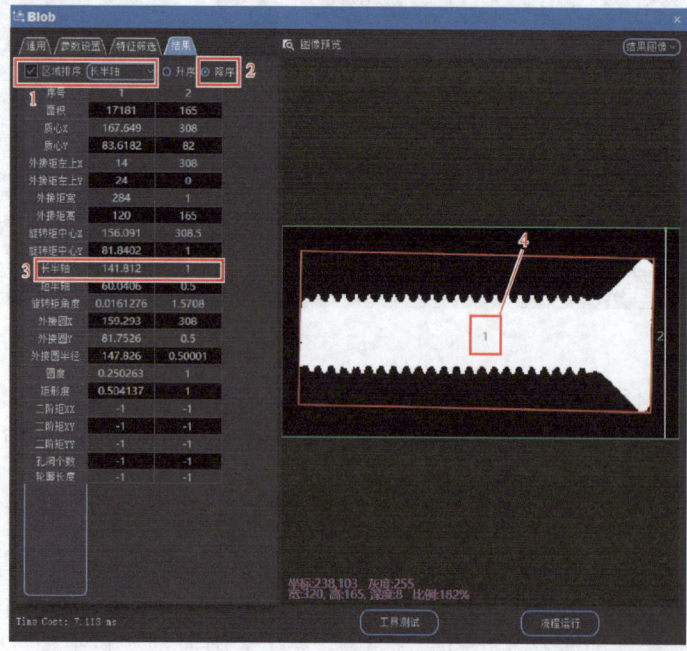

图 8-27 结果查看

项目8 工具的概述与使用

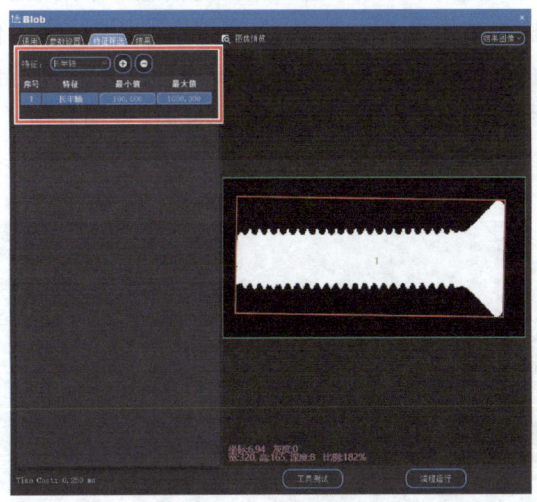

图 8-28 螺钉筛选结果

5. 结果分析

1）将"结果分析"模块展开，找到"OK/NG"工具，将其拖拽到流程中的"Blob"工具下面，如图 8-29 所示。双击该工具进入参数设置界面，选择判断方式（一种是以下所有判断数据都为 OK，工具运行结果为 OK；另一种是以下任一判断数据为 OK，工具运行结果为 OK）。由于本任务只有一个判断数据，故任选一种判断方式即可。

2）单击"判断数据"，选择框右边的图标∨，打开允许继承的数值（即判断数据），选择 Blob 工具的计算结果中的检测目标个数。在右侧的有效范围里设置结果为 OK 的最小值和最大值，这里设置为 1→1，如图 8-29 中步骤 5 所示。

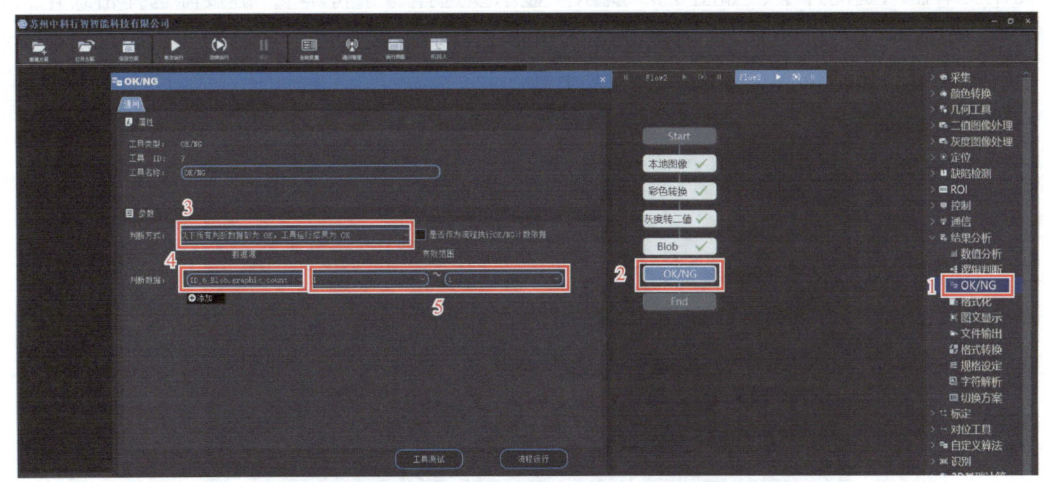

图 8-29 添加"OK/NG"工具

3）为了便于查看检测结果，可以将结果等信息显示到图片上。在工具箱的"结果分析"模块里找到"格式化"工具，将其拖拽到流程中的"OK/NG"工具下面。双击该工具

85

进入参数设置界面,在格式化文本里输入想要输出的信息,本案例选择将检测结果和螺钉长半轴的数据输出,因为检测结果是 OK 或 NG 为字符串,用%s 来占位;长半轴数据是浮点数,用%0.2f 来占位。在待格式化数据里通过"⊕添加"来增加占位符对应的数据源。这里就分别填入 OK/NG 工具的结果字符串和 Blob 工具的长半轴数据(**注意**:长半轴数据是数组,选择索引为 0),如图 8-30 所示。

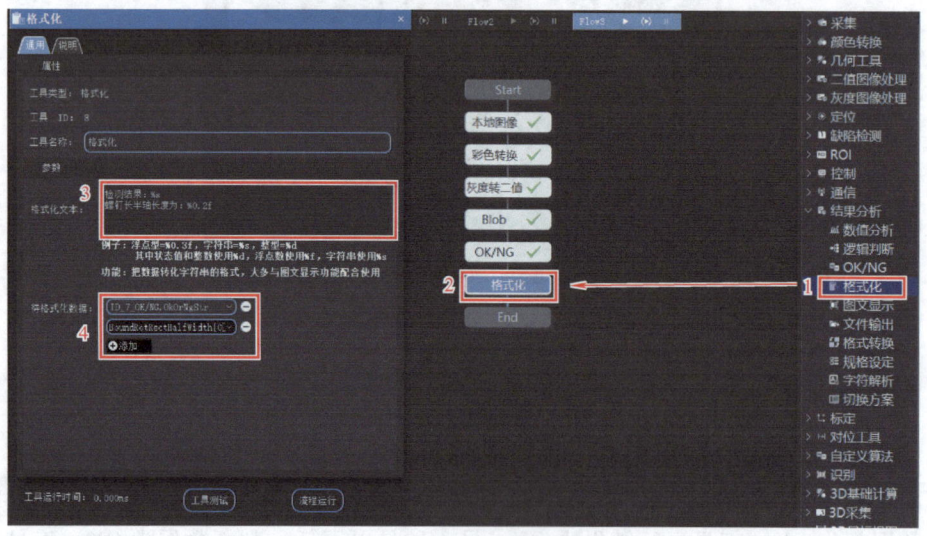

图 8-30 检测结果格式化

4)在工具箱的"结果分析"模块里找到"图文显示"工具,将其拖拽到流程中的"格式化"工具下面,如图 8-31 所示。双击该工具进入参数设置界面,在"通用"选项卡的选择图像里选择本地加载的图片,如图 8-32 所示。然后切换到"图文设置"选项卡,将格式化文本显示到图片上,如图 8-33 所示。显示项选择"字符串",链接源选择格式化文本的结果;显示项选择"矩形",链接源选择 Blob 工具的外接矩形。右侧的样式里可以设置字符串在图片中的显示位置、颜色和字体大小等。

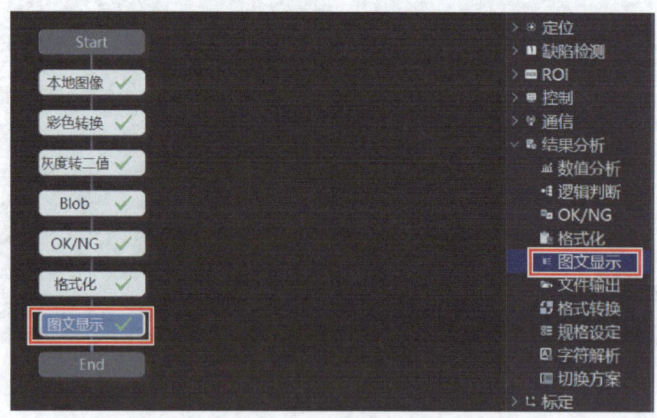

图 8-31 添加"图文显示"工具

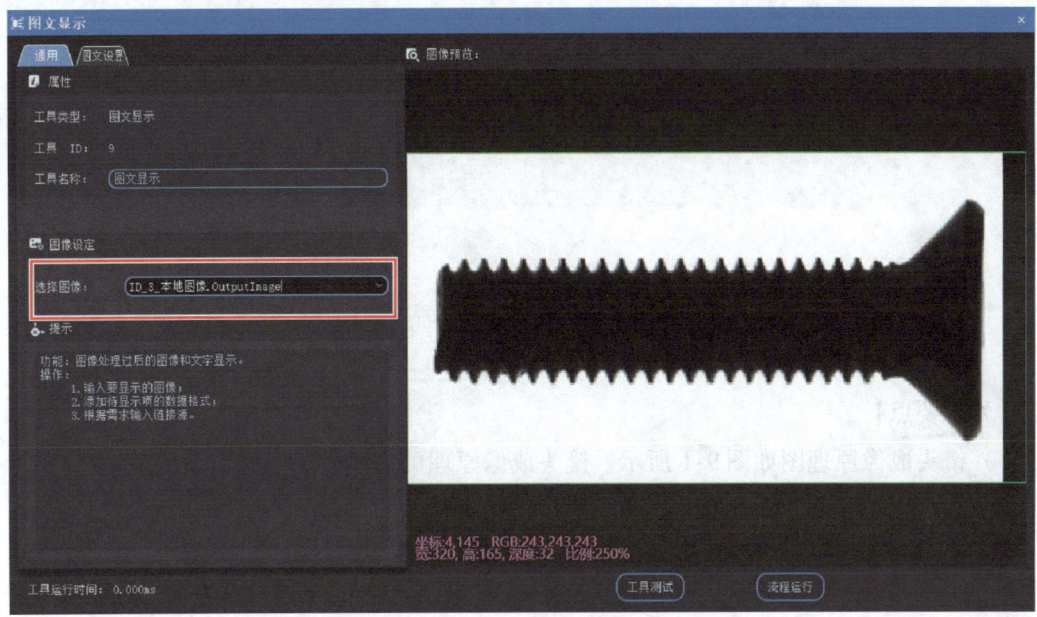

图 8-32 "通用"选项卡参数设置

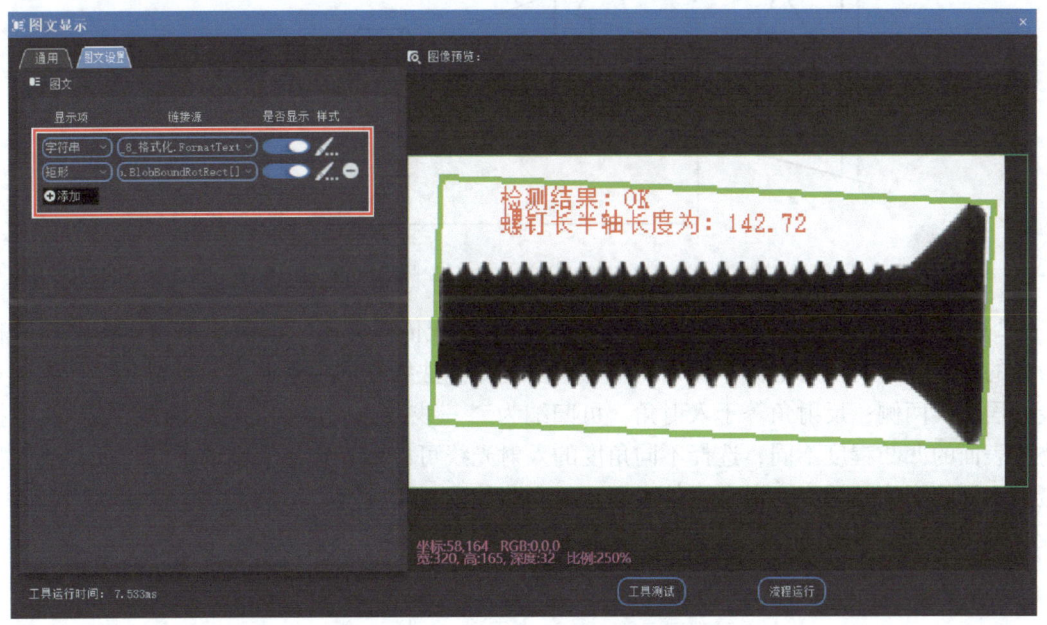

图 8-33 "图文设置"选项卡参数设置

习 题

1. GIVS 2D 工具箱里，没有包含的模块是（　　）。
A. 采集模块　　　B. 通信模块　　　C. 颜色转换模块　　　D. 机械手抓取模块
2. GIVS 支持的图像分割算法有_____、_____、_____、_____等。

项目9

手机中板螺钉有无的检测

任务1 搭建图像采集系统获取合适图像

【知识要点】

1) 镜头成像原理图如图9-1所示。镜头成像原理可描述为

$$\frac{像高}{物高} = \frac{像距}{物距}$$

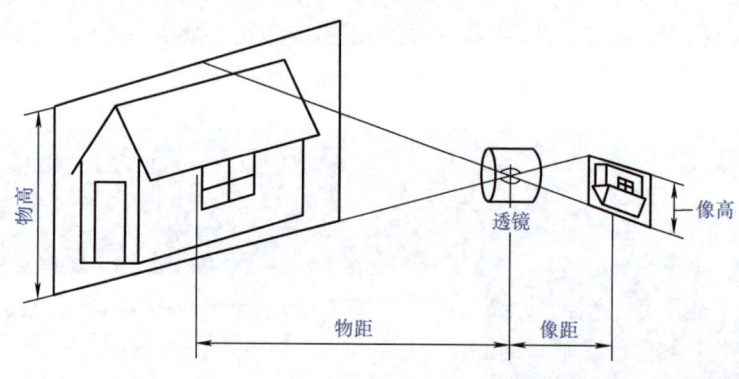

图9-1 镜头成像原理图

2) 光路的反射定律。光在两种物质分界面上改变传播方向又返回原来物质中的现象称为光的反射。光的反射定律：反射光线与入射光线和法线在同一平面上；反射光线和入射光线分居法线两侧；反射角等于入射角。可归纳为"三线共面，两线分居，两角相等"。根据物体表面的凹凸程度不同，选择不同角度的入射光线可以照亮物体表面的不同特征，从而拍摄出不同的图像效果，光滑金属件表面反射光路如图9-2所示。

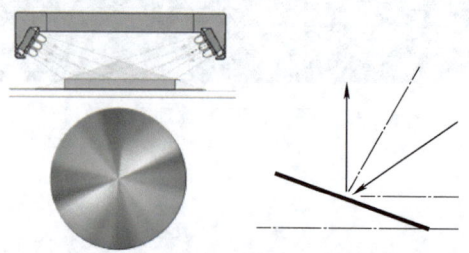

图9-2 光滑金属件表面反射光路

【任务要求】

选择合理的相机、镜头和光源，搭建一个图像采集系统，使得采集的图像中有螺钉和无

项目9　手机中板螺钉有无的检测

螺钉两种状态呈现明显的差别。

【任务实施】

1）有、无螺钉结果剖面图如图9-3所示。

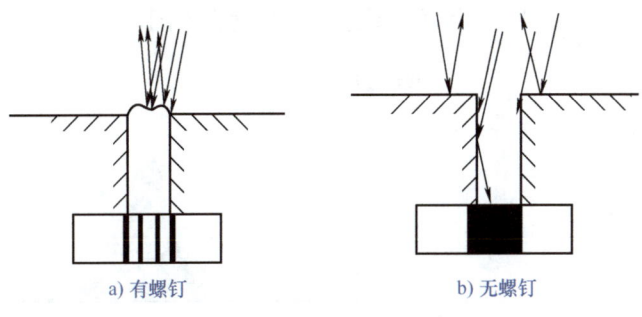

a) 有螺钉　　　　　　　b) 无螺钉

图9-3　有、无螺钉结果剖面图

2）用直尺测量手机的尺寸约为120mm×65mm。视野（FOV）长边估算为135mm，根据实验室支架的架设要求，工作距离小于550mm，选择25mm定焦镜头。选择内径尺寸略大于手机中板尺寸的75°红色环形光源。虽然实验目的仅为检测螺钉的有无，但因螺钉较小，检测目标尺寸不足视野的1/50，为保证目标特征，此处选择分辨率为500万像素的工业相机。架设示意图如图9-4所示，图像采集效果图如图9-5所示。

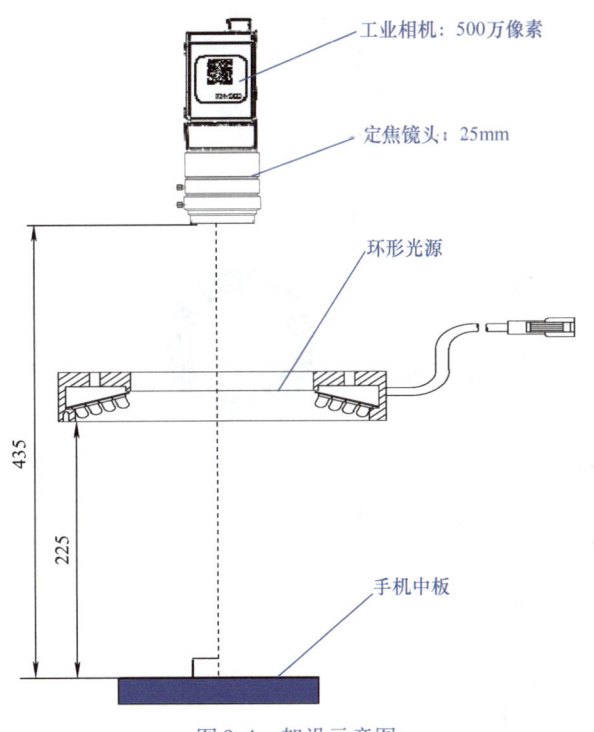

图9-4　架设示意图

图9-5　图像采集效果图

任务 2　手机中板螺钉有无的检测案例分析

【知识要点】

1）灰度直方图。图 9-6 所示为原始图像及其灰度直方图。

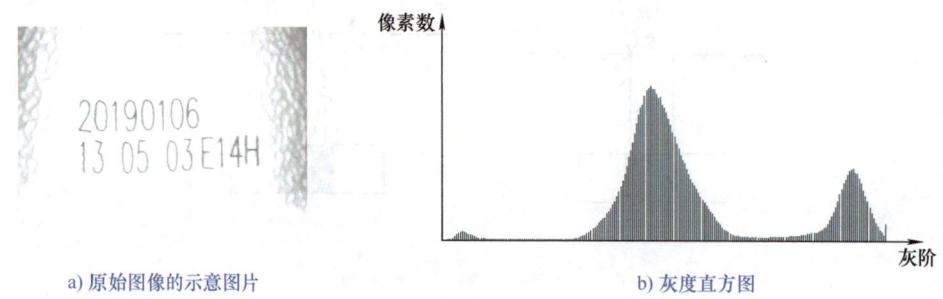

a）原始图像的示意图片　　　　　b）灰度直方图

图 9-6　原始图像及其灰度直方图

2）灰度阈值分割。图 9-7 所示为灰度阈值分割示例，以 150 为阈值，将灰度大于或等于 150 的部分作为背景，灰度值小于 150 的为对象。

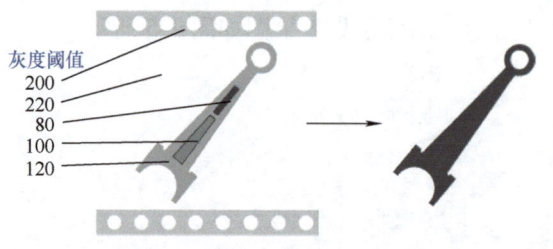

图 9-7　灰度阈值分割示例

3）几何特征。

① 面积（A）：组成斑点中的像素个数（阈值分割算法）。

② 周长（p）：在计算周长的方法中是指边缘像素的个数。

③ 质心（Center of mass）：代表 Blob 的平衡点。质心不一定在 Blob 中，如图 9-8 所示。

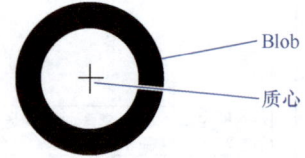

图 9-8　Blob 与质心

质心的计算公式为

$$C_x = \frac{1}{A}\sum_{x,y} xW(x,y)$$

$$C_y = \frac{1}{A}\sum_{x,y} yW(x,y)$$

式中，C_x 为 x 轴方向的质心位置；C_y 为 y 轴方向的质心位置；$W(x,y)$ 为权重。

对于非环形，有

$$C = \frac{p^2}{4\pi A}$$

【任务要求】

图 9-9 所示为螺钉安装位置示意图，检测图中 8 个螺钉是否安装到位。

项目9 手机中板螺钉有无的检测

图9-9 螺钉安装位置示意图

【任务实施】

1)打开GIVS软件,单击界面任意处,弹出权限管理对话框,单击"登录"按钮选择"管理员",输入默认密码123456。以管理员权限新建方案,在流程编辑窗口新建流程,右击"Flow1"选项,弹出右键菜单,选择"重命名",将流程命名为"手机中板螺钉有无检测",如图9-10所示。

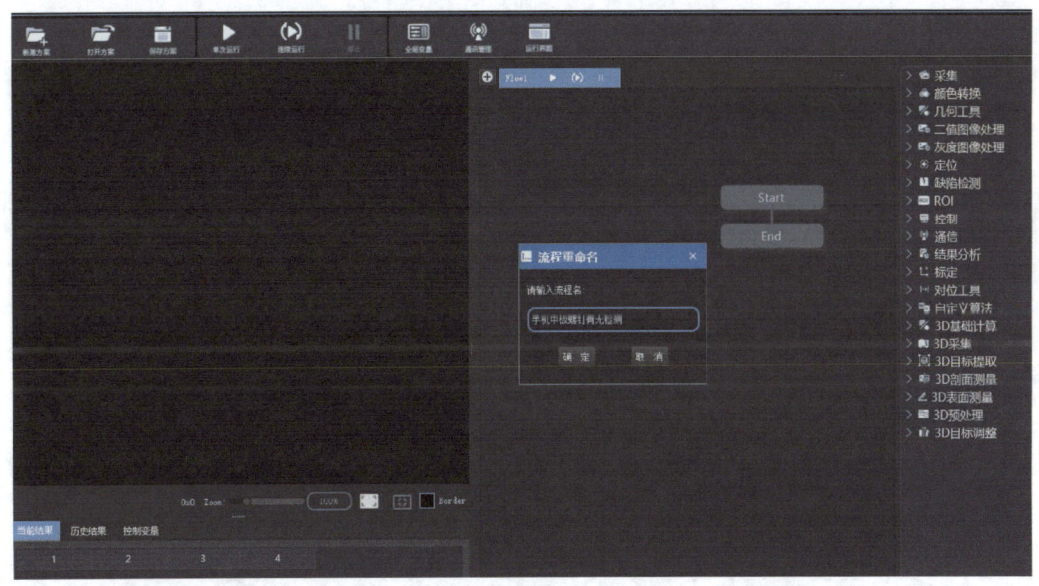

图9-10 新建方案

2)在右侧工具箱列表中选择"本地图像"工具,拖拽至流程编辑窗口,双击"本地图像",弹出本地图像参数设置界面,打开图像数据库,从本地图像数据库中加载图像,如图9-11所示。

3)在工具箱列表中选择"颜色转换"模块下的"彩色转换"工具,拖拽至流程编辑窗口,在参数设置中将输入图像选择为本地图像的输出图像,如图9-12所示。

4)为了使8个检测位置判断时更加具有针对性,添加"ROI"模块下的"矩形ROI"工具,双击该工具,弹出参数设置界面,在"通用"选项卡中将输入图像设置为彩色转换后的输出图像,在"参数"选项卡中添加8个位置的矩形ROI,如图9-13所示。

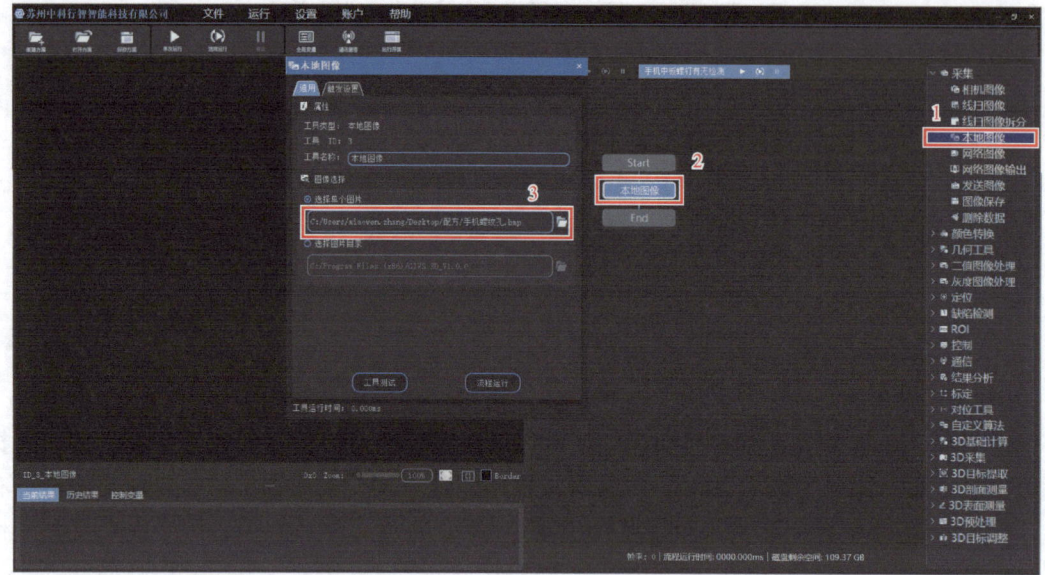

图 9-11　加载本地图像数据库

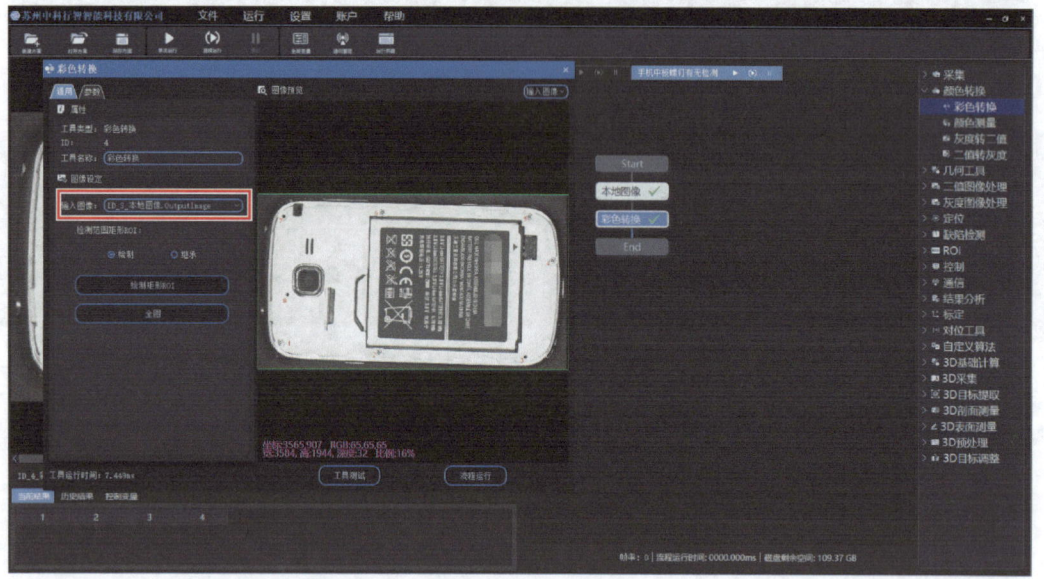

图 9-12　"彩色转换"工具参数设置

5）由于需要判断 8 个位置的螺钉，所以在 GIVS 软件中添加了工具箱列表"控制"模块下的"分支-汇合"工具，双击该工具，在"条件设定"选项卡下，添加 8 个分支逻辑，评价值设为"1"，用来判断螺钉的有无，如图 9-14 所示。

6）为了处理 8 个检测区域，将灰度图转换成二值图像，添加"灰度转二值"工具，在"通用"选项卡中，将输入图像设为彩色图像转换后的输出图像，检测范围矩形 ROI 选择"继承"，以实现引用"矩形 ROI"流程提供的 ROI，如图 9-15 所示。由于矩形 ROI 的下标是从 0 开始，所以选择继承矩形的 ROI 标号也从 0 开始。

项目9 手机中板螺钉有无的检测

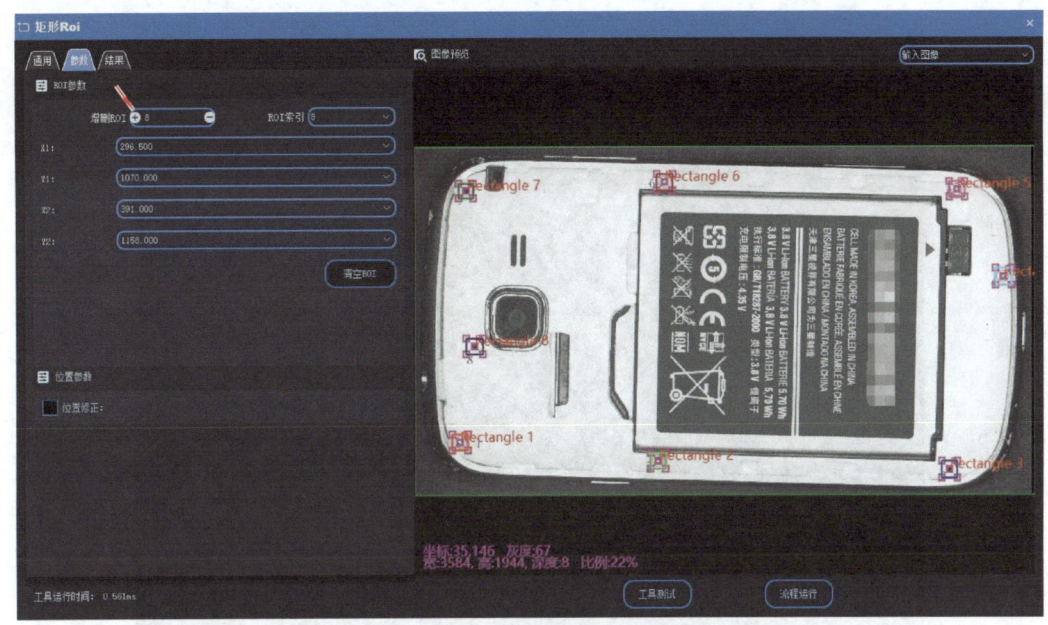

图 9-13　添加矩形 ROI

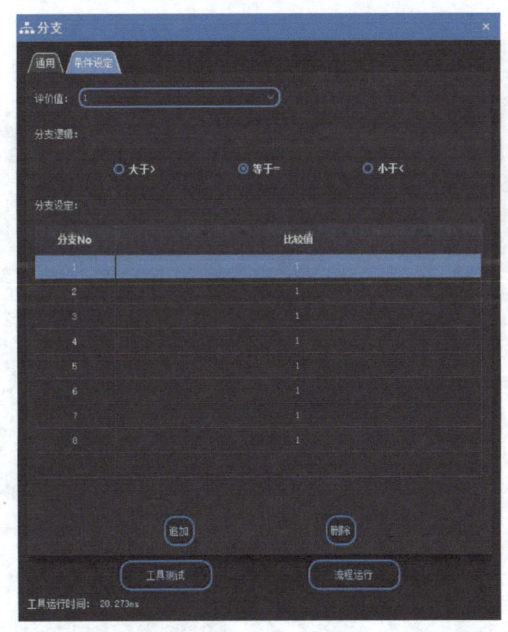

图 9-14　"分支-汇合"工具的"条件设定"选项卡

为了更好地完成特征区域分割，将运行参数选择为"双阈值"，双阈值的范围设置为 0～100，当灰度值在此区间时将被设值为 1，否则为 0，如图 9-16 所示。

7）当螺钉安装无误时，分割斑点的形状类似"十"字形；当螺钉未安装时，分割斑点的形状接近圆形。所以通过 Blob 工具进行连通域分析，并进行区域特征计算。在工具箱列表中选择"二值图像处理"模块下的"Blob"工具，将其添加至流程编辑窗口，如图 9-17

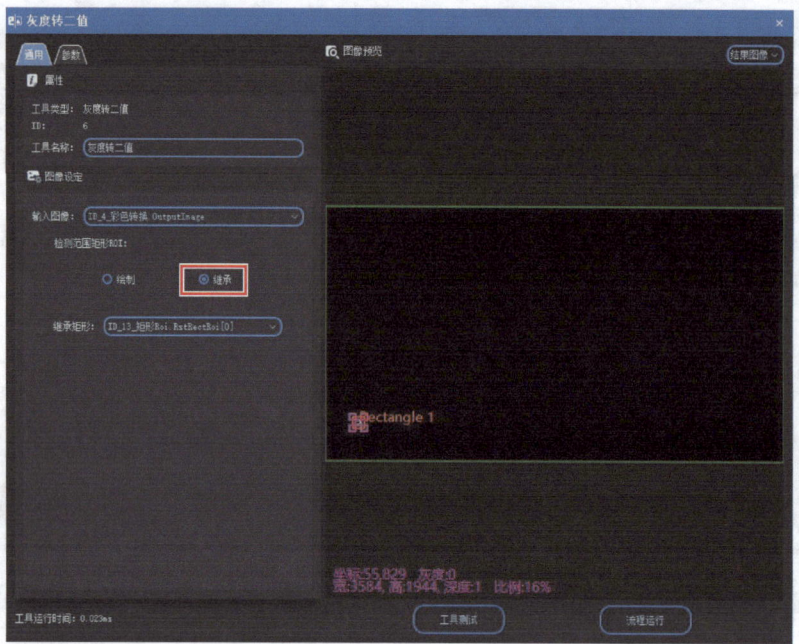

图9-15 "灰度转二值"参数设置

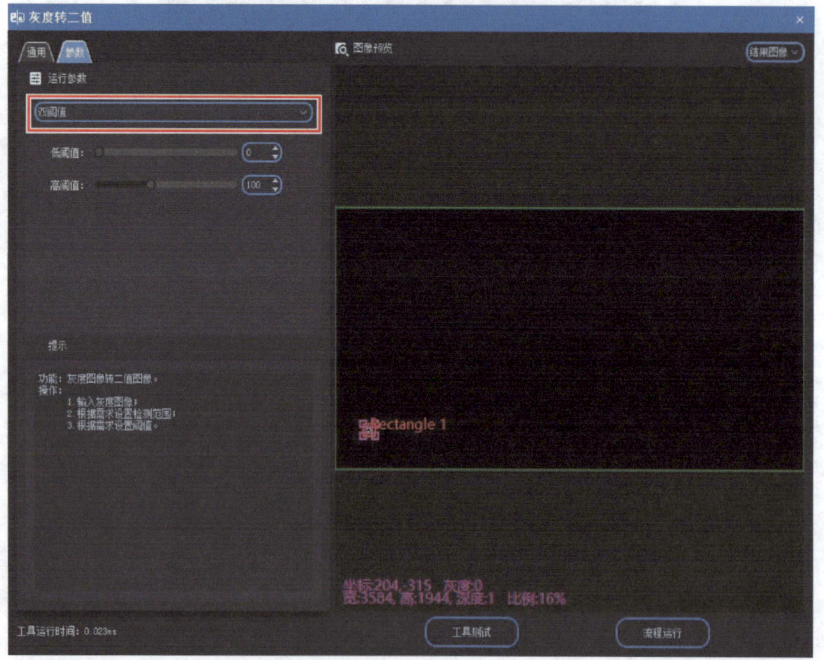

图9-16 运行参数设置

所示。设置Blob工具参数,在计算特征选项中勾选"标签"和"外接圆",如图9-18所示。"特征筛选"选项卡中的特征选择"面积",将面积的范围设置为100~9999999,这个范围说明连通区域面积大于100,就可以作为结果输出,如图9-19所示。

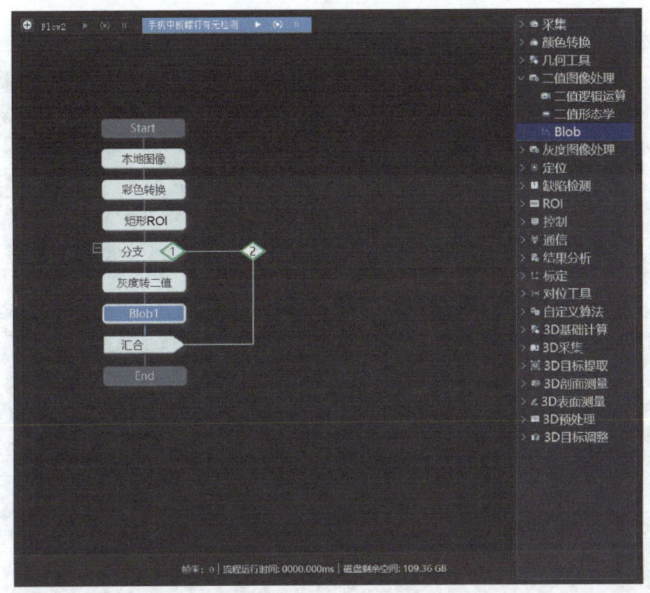

图 9-17 添加"Blob"工具

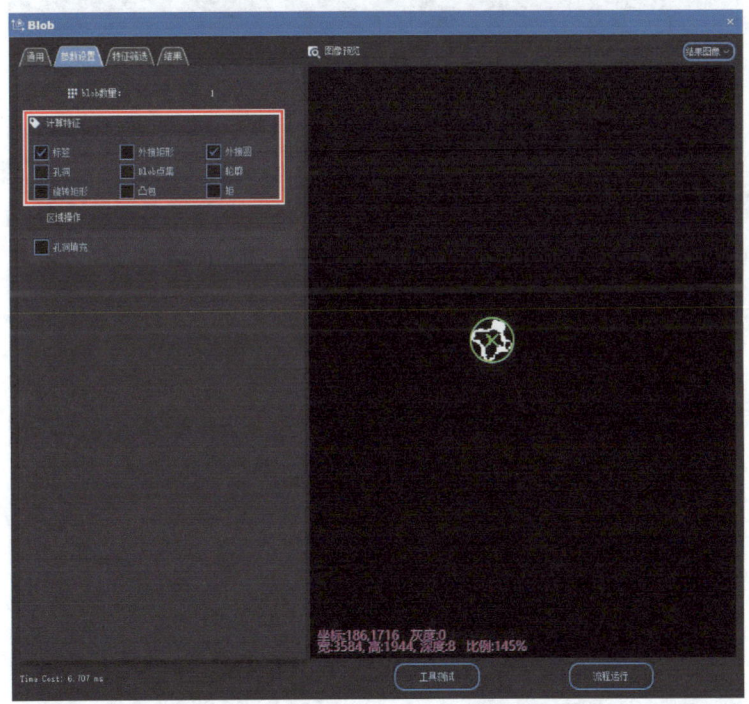

图 9-18 "Blob"工具计算特征设置

8)判断 OK/NG。为了对 8 个分支进行螺钉有无判断,添加"OK/NG"工具,判断方式选择"以下所有判断数据都为 OK,工具运行结果为 OK",判断数据为圆度,圆度的范围设置为 0~0.5,以此来判断螺钉有无,有螺钉标记为 OK,无螺钉标记为 NG,如图 9-20 所示。

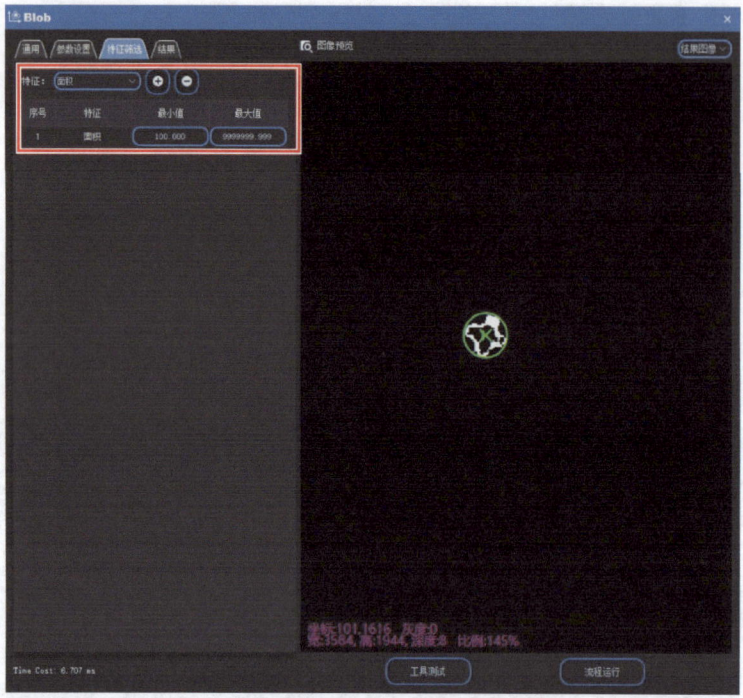

图 9-19 "Blob" 工具特征设置

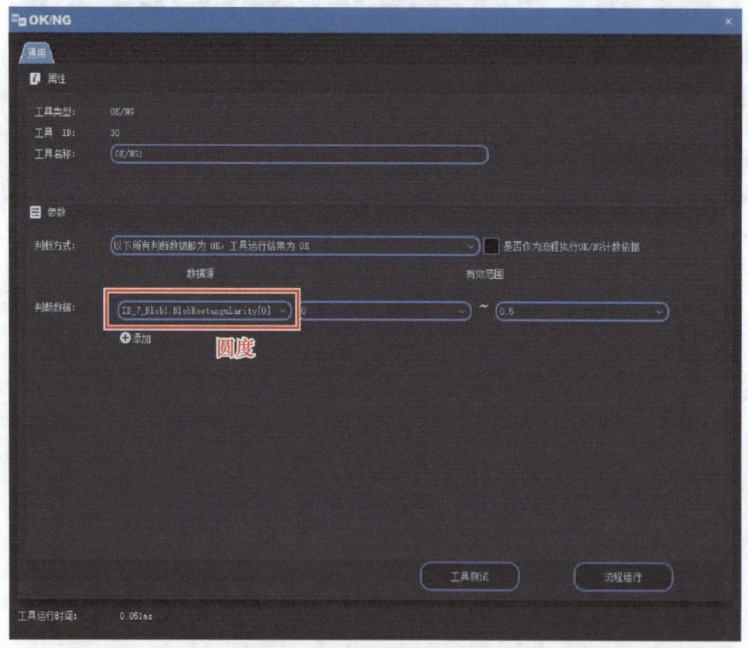

图 9-20 判断参数设置

9)为了将 8 个分支检测结果显示到原始图像上,添加工具箱列表中"结果分析"模块下的"图文显示"工具,如图 9-21 所示。最终的结果显示界面如图 9-22 所示,8 个检测区域判断 OK 或者 NG。

项目9 手机中板螺钉有无的检测

图 9-21 添加"图文显示"工具

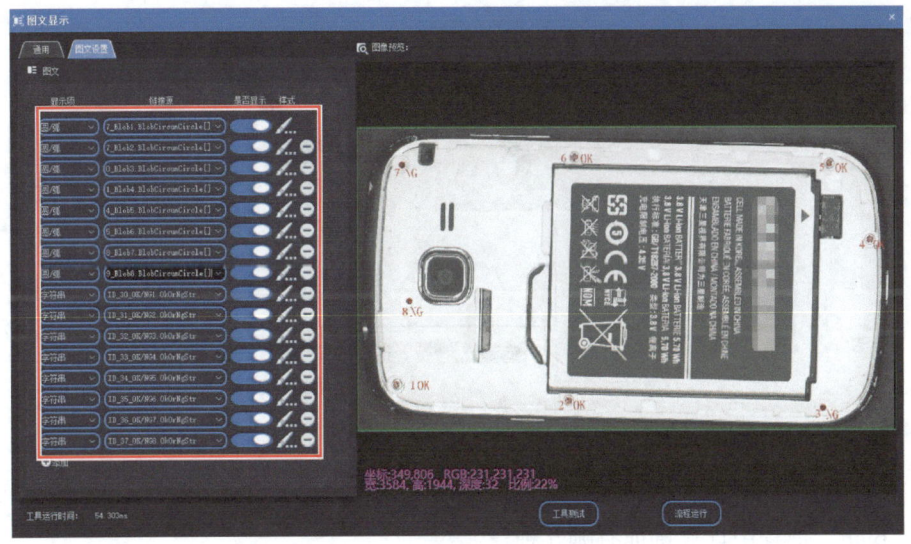

图 9-22 最终的结果显示界面

习　　题

1. 如图 9-23 所示，经过对应像素映射后得出的分割图像是图 9-24 中的（　　）。
2. 如图 9-25 所示，若用"Blob"工具分割图像，下列（　　）分割方法可以得到对应结果。

　　A. 单阈值，白底黑点，Threshold = 100

　　B. 单阈值，黑底白点，Threshold = 100

C. 双阈值，白底黑点，Threshold = [0 100]
D. 双阈值，黑点白点，Threshold = [100 255]

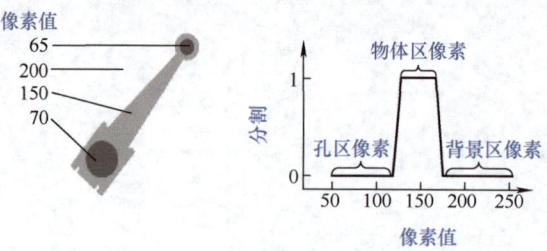

图 9-23　习题 1 图（一）

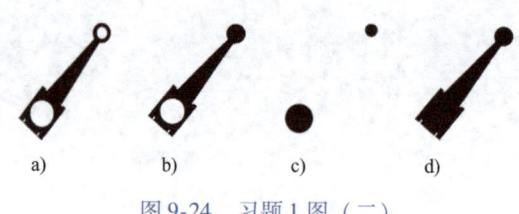

图 9-24　习题 1 图（二）

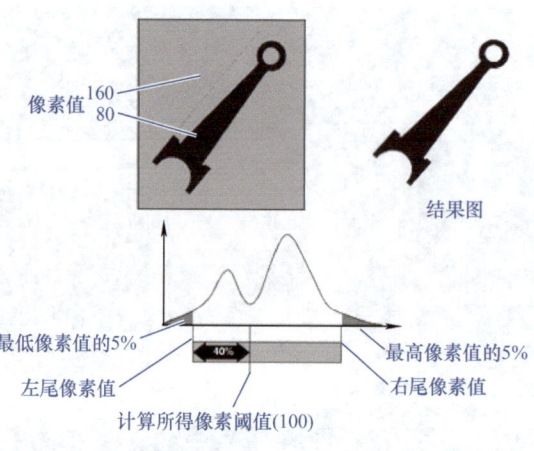

图 9-25　习题 2 图

3. "Blob" 流程中计算特征有哪几种？

4. 图 9-26 表述了同一目标在不同光照亮度下的取相结果，尝试利用 GIVS 软件对该目标进行分割，以适应不同亮度的变化。

图 9-26　习题 4 图

项目 10

手机电池正反面识别与结果显示

任务 1 　手机电池正反面识别

【知识要点】

1）边缘。在数字图像中，边缘可以通俗地表述成不同像素区域间界限的轮廓线，如图 10-1 所示。

利用灰度剖面构建边缘模型是一种常用的边缘模型构建方法，如图 10-2 所示。常用梯度幅值和梯度方向来刻画边缘特征的大小和方向。

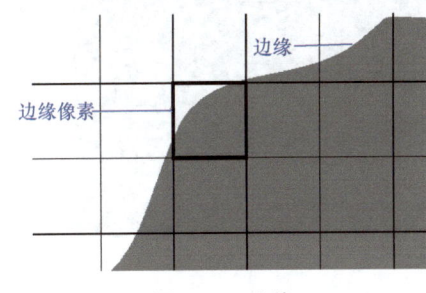

图 10-1　边缘

图 10-2　利用灰度剖面构建边缘模型

2）形状匹配是一个常用的定位工具，它基于边缘特征查找，实现定位模板特征在目标图像中的位置，此工具不需要和掩模工具配合使用，工具内部自建掩模。

3）形状匹配的基本操作步骤：提取训练图像，选择 ROI 区域，设置匹配模板，工具测试，运行并查看结果。

4）模板选取原则如下：

① 选择一个不易改变的特征作为模板。

a. 减少不需要的特征及图像噪声。

b. 只训练重要的特征。

c. 创建模板时应考虑掩模。

② 大尺寸的模板可保证更好的精度。

a. 边缘特征点越多，匹配精度越高。

b. 利用掩模器可以去除非关键特征及噪声的干扰。

【任务要求】

如图 10-3 所示，选择合理的特征，区分手机电池的正反面。

a)

b)

图 10-3　电池正反面效果图

【任务实施】

1. 正面识别

打开 GIVS 软件加载图像，利用形状匹配选择合适的模板以识别电池正反面。本任务中正面选择二维码作为识别特征，反面选择电池不可扔进垃圾桶的标志作为识别特征。具体步骤如下：

1）新建方案，在工具箱列表中选择"本地图像"工具，将其拖拽至流程编辑窗口，如图 10-4 所示，双击"本地图像"，选择加载图像。

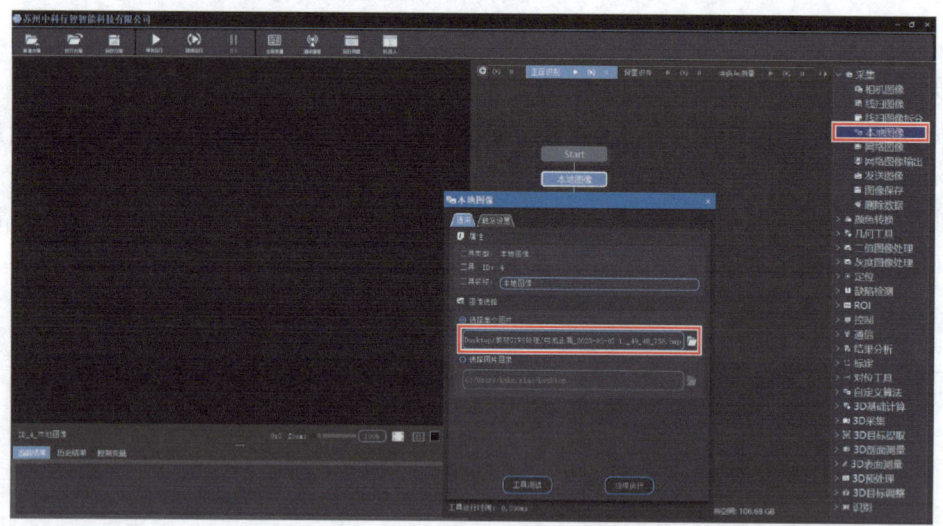

图 10-4 加载"本地图像"

2）为了将图像转换成灰度图，选择工具箱列表"颜色转换"模块下的"彩色转换"工具，将其拖拽至流程编辑窗口，双击该工具，将输入图像选择为本地图像的输出图像，如图 10-5 所示。

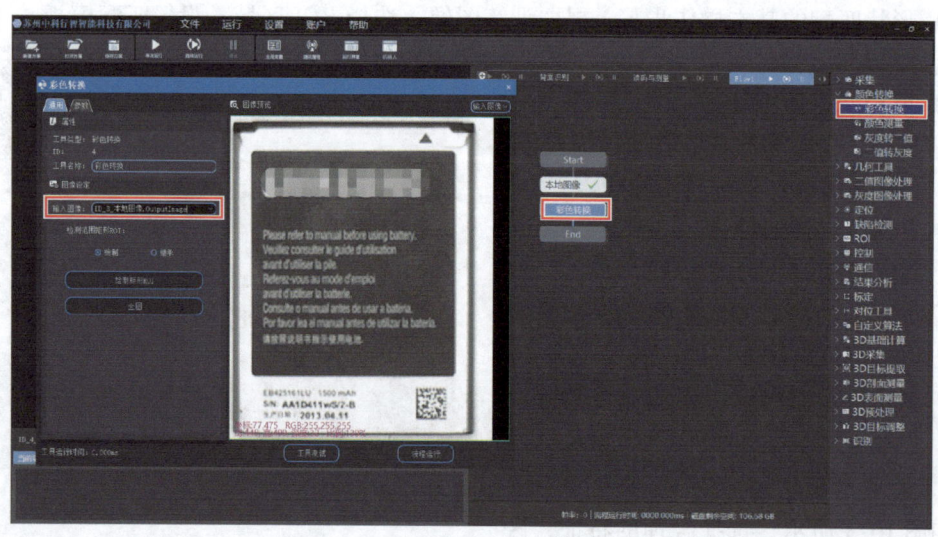

图 10-5 "彩色转换"工具设置

项目10　手机电池正反面识别与结果显示

3）选择工具箱列表"定位"模块下的"形状匹配"工具，将其拖拽至流程编辑窗口，双击该工具，在"通用"选项卡中选择输入图像的路径，加载为"彩色转换"工具的输出结果，如图 10-6 所示。

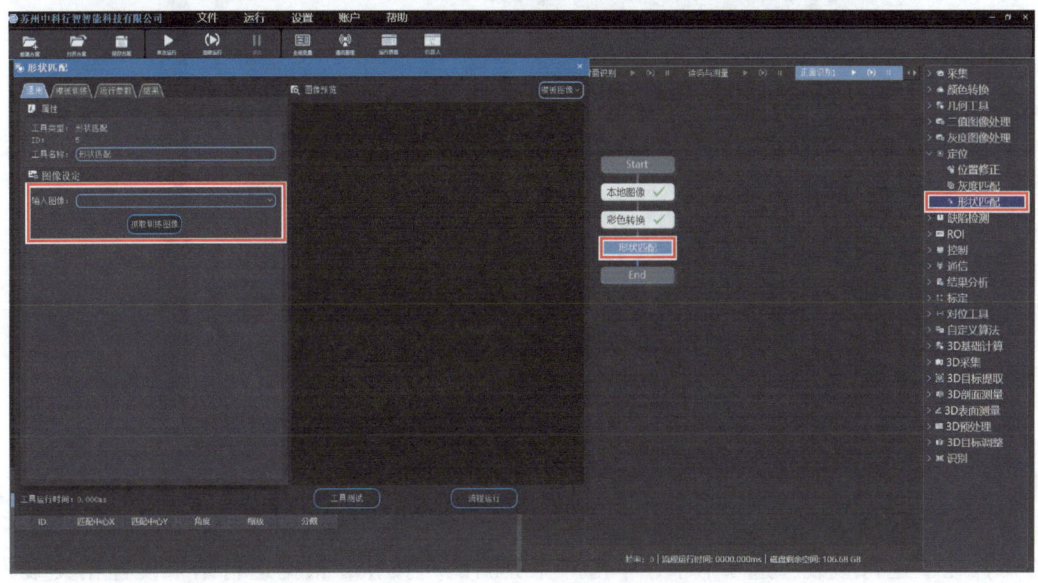

图 10-6　添加"形状匹配"工具

4）单击"抓取训练图像"按钮，弹出设置成功对话框，图像浏览处显示模板图像，如图 10-7 所示。

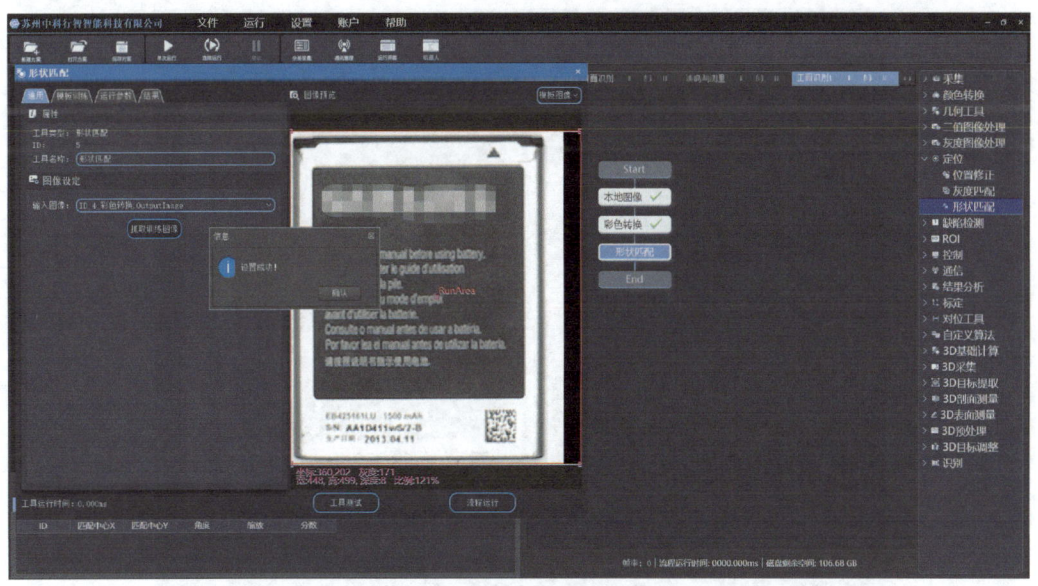

图 10-7　抓取电池正面图像成功示意图

5）在"模板训练"选项卡中，单击"区域选择"按钮，在图像中框选模板特征，本案例选择二维码作为模板特征，单击"设置模板"按钮，然后单击"工具测试"按钮，显示模板设置成功，如图 10-8 所示。

101

图 10-8 电池正面识别模板设置

6)在"运行参数"选项卡中,单击"工具测试"按钮,根据运行结果设置相关参数,如图 10-9 所示,本任务的 canny 阈值范围为 20~40,重叠度表示目标形状的特征和模板形状之间的重叠程度,此参数越高查找精度就越高,参数越低则查找成功率就越高,本任务中设为 0.8。结果分数是设置一个认为匹配成功的评分,此例设为 0.5。

图 10-9 电池正面识别运行参数设置

7)"结果"选项卡中显示电池正面的位置和角度,如图 10-10 所示,显示匹配中心的 (X,Y) 坐标值及角度。

项目10　手机电池正反面识别与结果显示

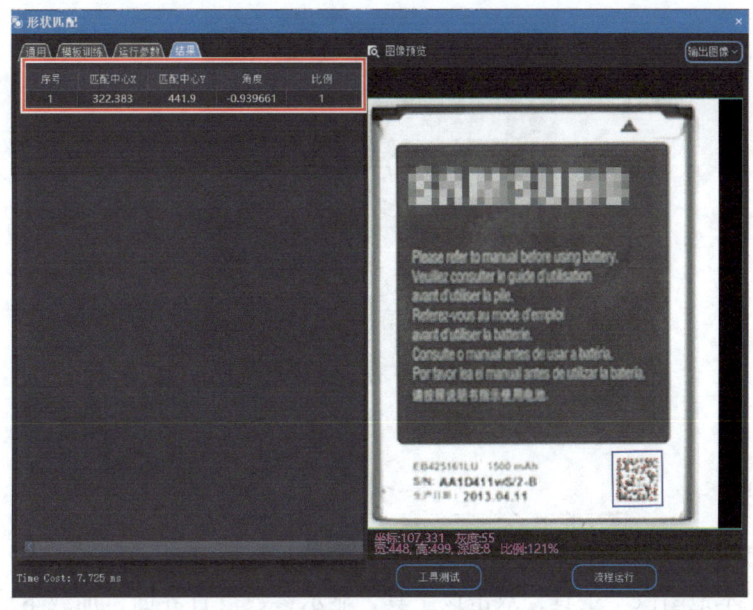

图 10-10　电池正面识别结果显示界面

8）单击工具箱列表中"控制"模块下"分支-汇合"工具，将其拖拽至流程编辑窗口中，用来判定输入图像属于电池的正面还是非正面，如图 10-11 所示。双击"分支"工具，"条件设定"选项卡中的评价值选择"形状匹配"结果中的"Success"，根据识别结果，设置判定结果：1 为成功，0 为失败，如图 10-12 所示。

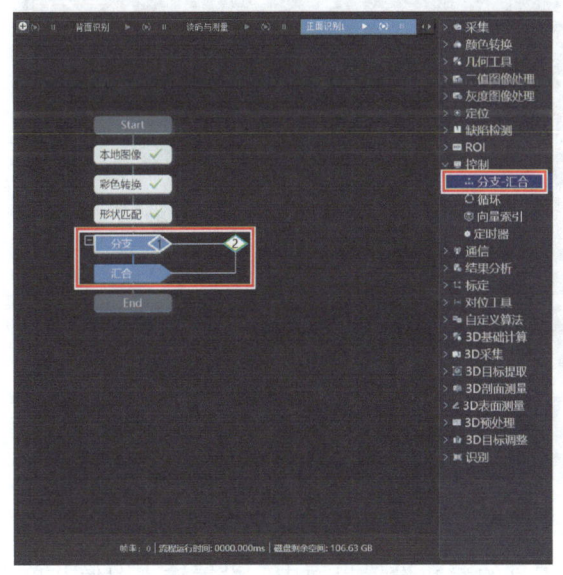

图 10-11　添加"分支-汇合"工具

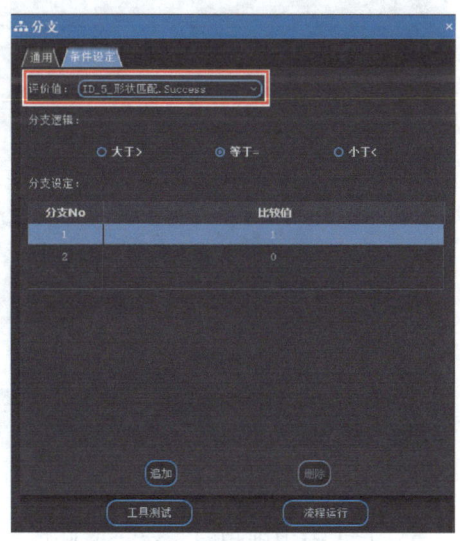

图 10-12　设置分支条件

9）在"分支-汇合"工具中添加两个"图文显示"工具，一个用来判断电池正面结果，另一个用来排除电池的非正面结果，如图 10-13 所示。图文显示的结果在任务 2 中详细说明。

103

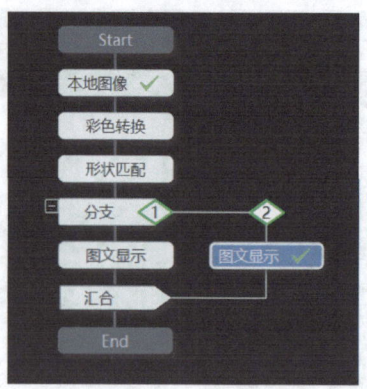

图 10-13　添加"图文显示"工具

2. 反面识别

电池的反面识别方法与正面识别方法相同,关键步骤如下:

1)添加"本地图像"工具,双击该工具,显示参数设置界面,加载本地图像数据库,如图 10-14 所示。加载图像后,为了将彩色图像转换成灰度图像,添加工具箱列表中"颜色转换"模块下的"彩色转换"工具,如图 10-15 所示。

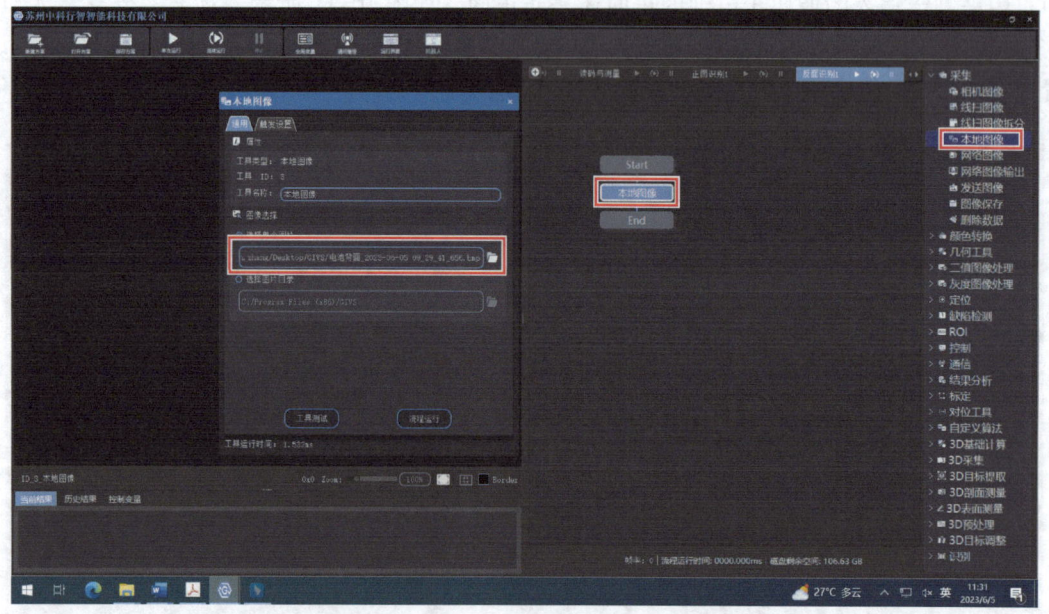

图 10-14　加载电池反面图像

2)与正面识别相同,在"形状匹配"工具的参数设置界面中,设置输入图像并单击"抓取训练图像",如图 10-16 所示。

3)在"模板训练"选项卡中进行特征区域选择,电池的反面特征选择不能扔进垃圾桶的标志,如图 10-17 所示,单击"设置模板"按钮,弹出模板已设置对话框,说明模板设置成功。

项目10 手机电池正反面识别与结果显示

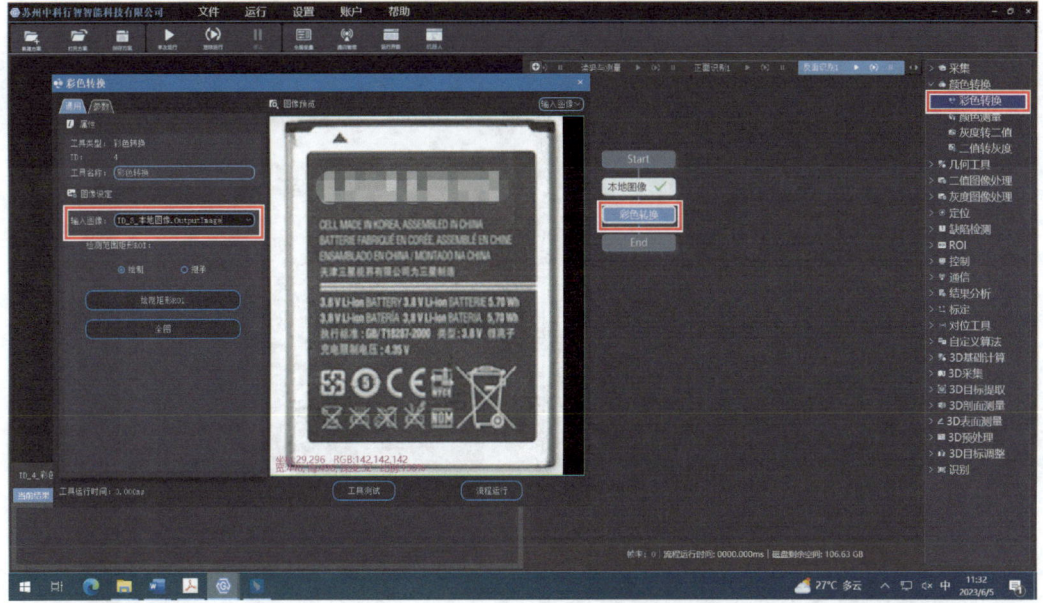

图 10-15 添加"彩色转换"工具

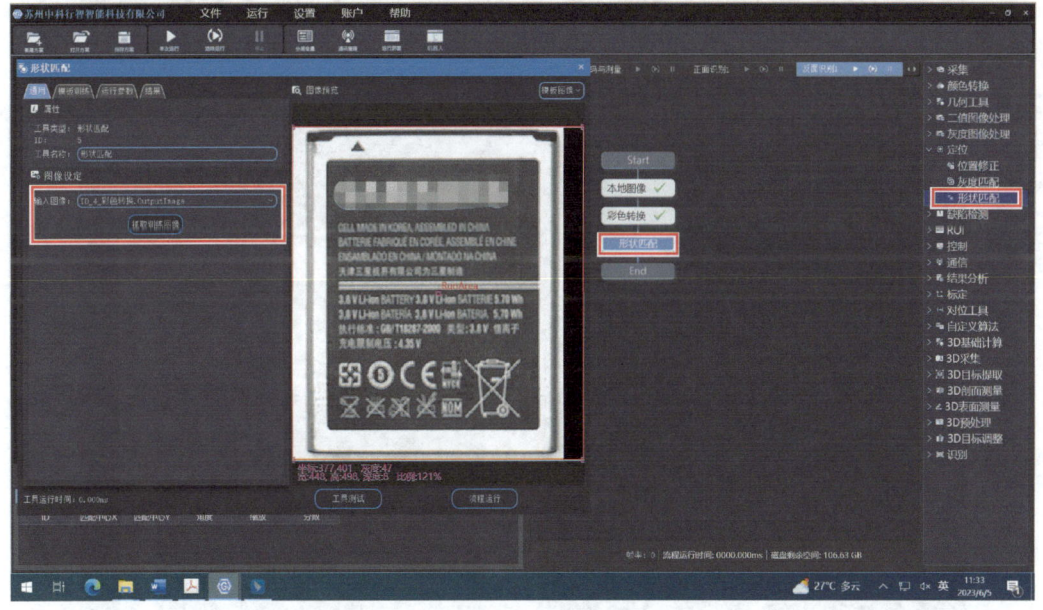

图 10-16 抓取电池反面图像

4）在"运行参数"选项卡中，单击"工具测试"按钮，根据运行结果设置相关参数，如图 10-18 所示。

5）如图 10-19 所示，在"结果"选项卡中显示匹配中心的（X，Y）坐标和角度。

6）添加"分支-汇合"工具，以判断图像属于电池正面还是反面，利用"图文显示"工具显示结果，如图 10-20 所示。

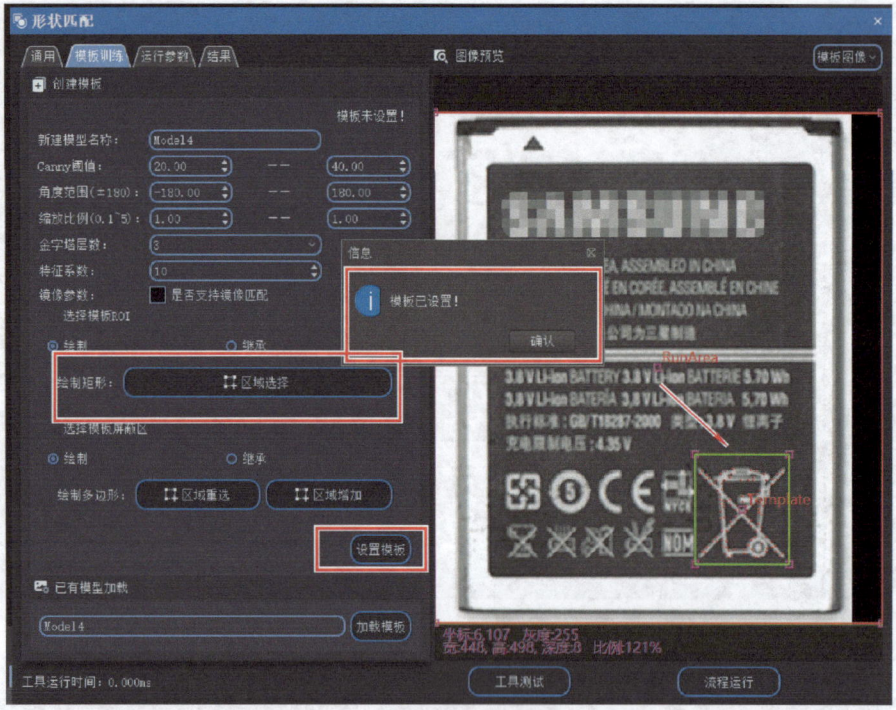

图 10-17 电池反面识别模板设置

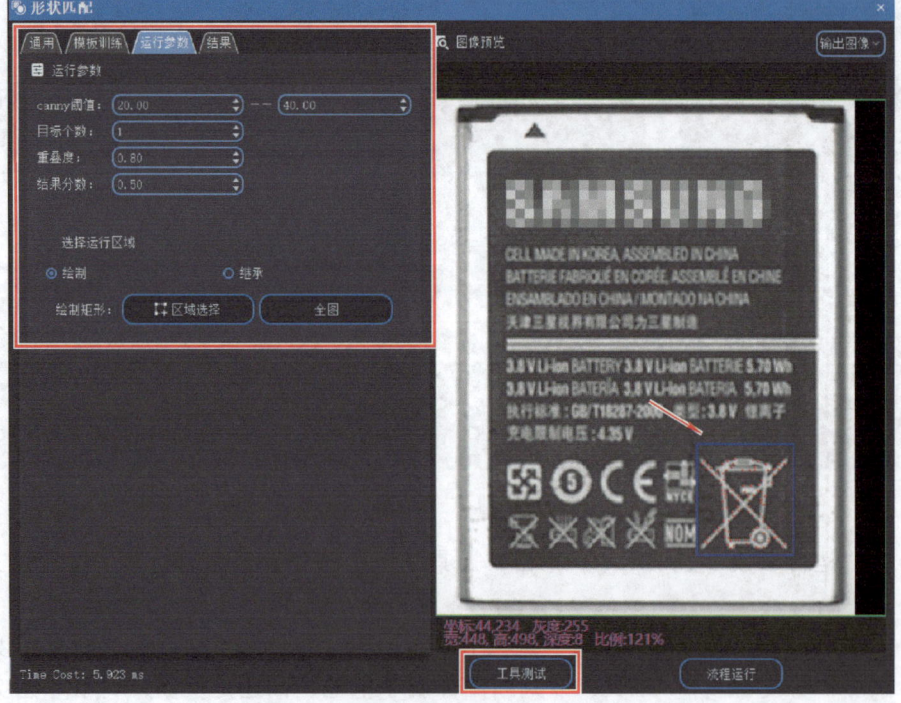

图 10-18 电池反面识别运行参数设置

项目10 手机电池正反面识别与结果显示

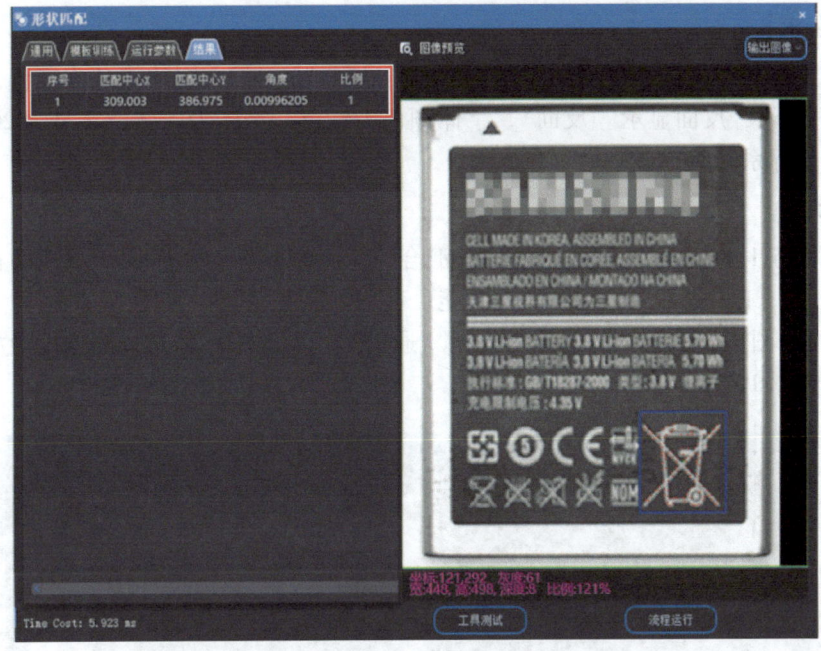

图 10-19 电池反面识别结果显示界面

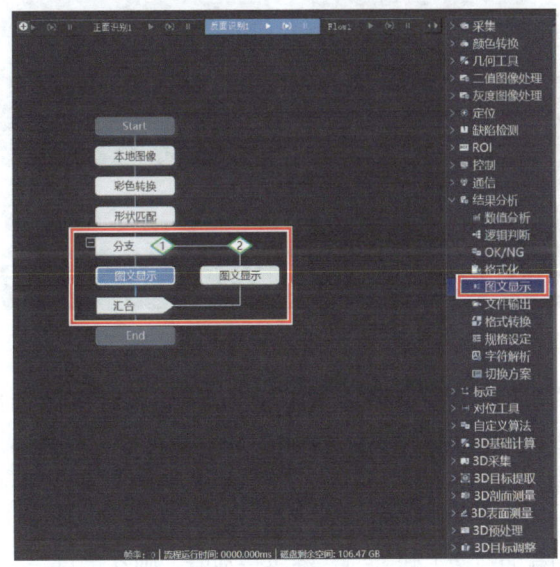

图 10-20 电池反面识别

任务 2 　 手机电池正反面识别结果显示

【知识要点】

GIVS 软件中的"图文显示"工具可以显示和决定最终图像、ROI、文本等信息，如果一个方案里面没有加入"图文显示"工具，则显示原图。

【任务要求】

将电池正反面结果显示在图像界面上。正面显示"正面",字体颜色为绿色,字体为宋体,字号为24号;反面显示"反面",字体颜色为红色,字体为宋体,字号为20号;显示位置在图像坐标系(20,19)。

【任务实施】

在完成任务1的基础上,通过"分支-汇合"工具判断图像是否属于电池的正反面,利用"图文显示"工具将结果显示,实现功能。

1)添加"图文显示"工具并双击,在"通用"选项卡中,将选择图像设为本地图像的输出图像,如图10-21所示。

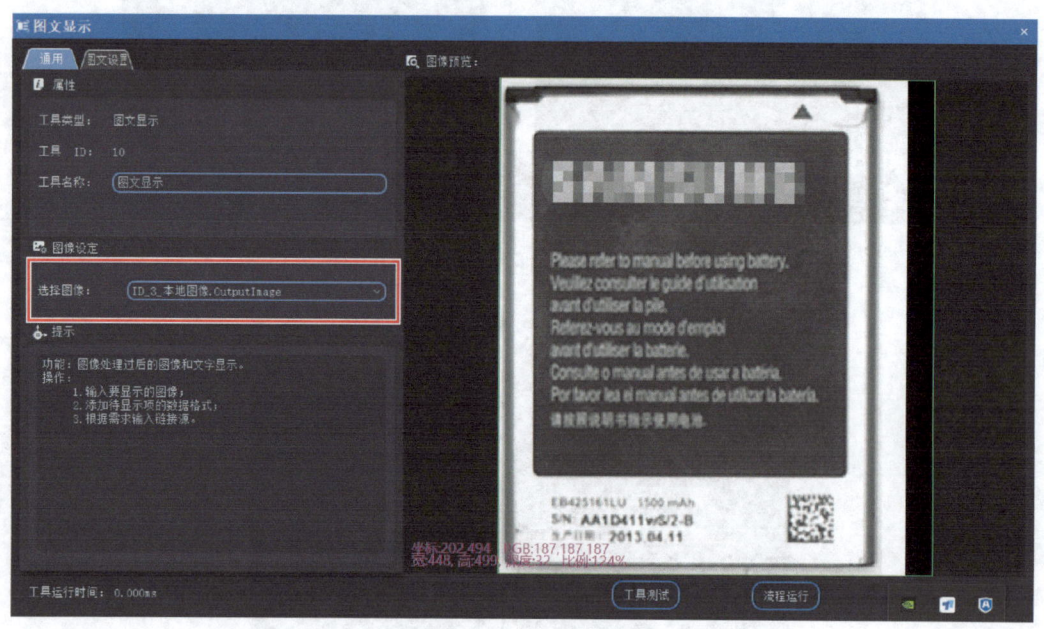

图10-21 "通用"选项卡参数设置

2)在"图文设置"选项卡中,显示项添加"矩形",链接源选择形状匹配输出结果,用来显示电池正面图像中的特征模板;显示项添加"字符串",用来显示识别结果的文字,如"正面"二字,单击样式下的"…",可修改文字的位置、字体大小和颜色等,如图10-22所示。

3)当在本地图像加载的图像上找不到二维码特征时,则结果显示"非正面",如图10-23所示。

4)同样地,在任务1中的"本地图像"工具中加载电池反面图像,双击"图文显示"工具,选择图像设为本地图像的输出图像,如图10-24所示。

5)在"图文设置"选项卡中,显示项添加"矩形",链接源选择形状匹配输出结果,用来显示电池反面图像中的特征模板;显示项添加"字符串",用来显示识别结果的文字,如"反面"二字,单击样式下的"…",可修改文字的位置、字体大小和颜色等,如图10-25所示。

项目10　手机电池正反面识别与结果显示

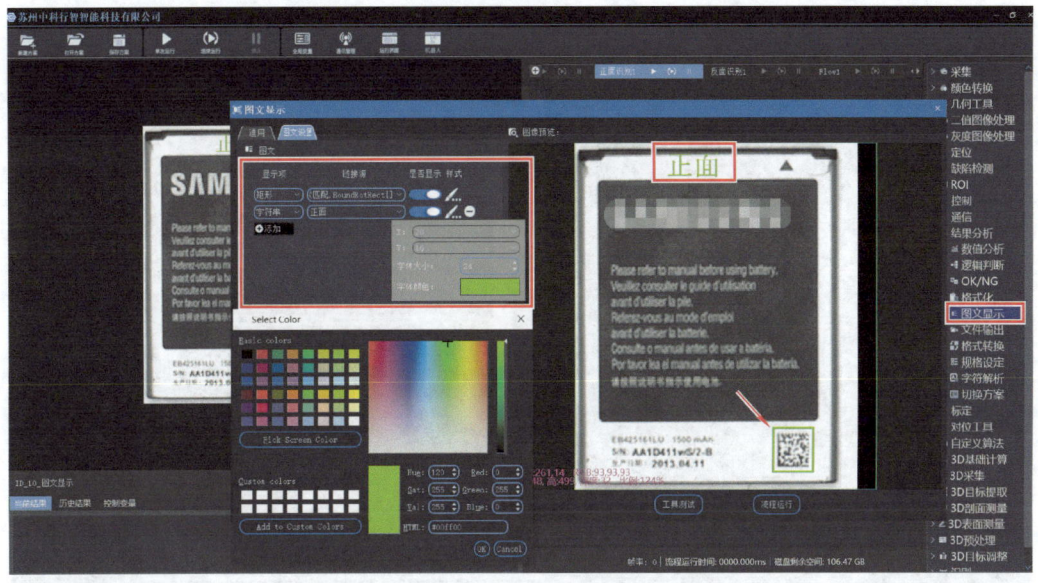

图 10-22　电池正面图文设置及结果显示界面

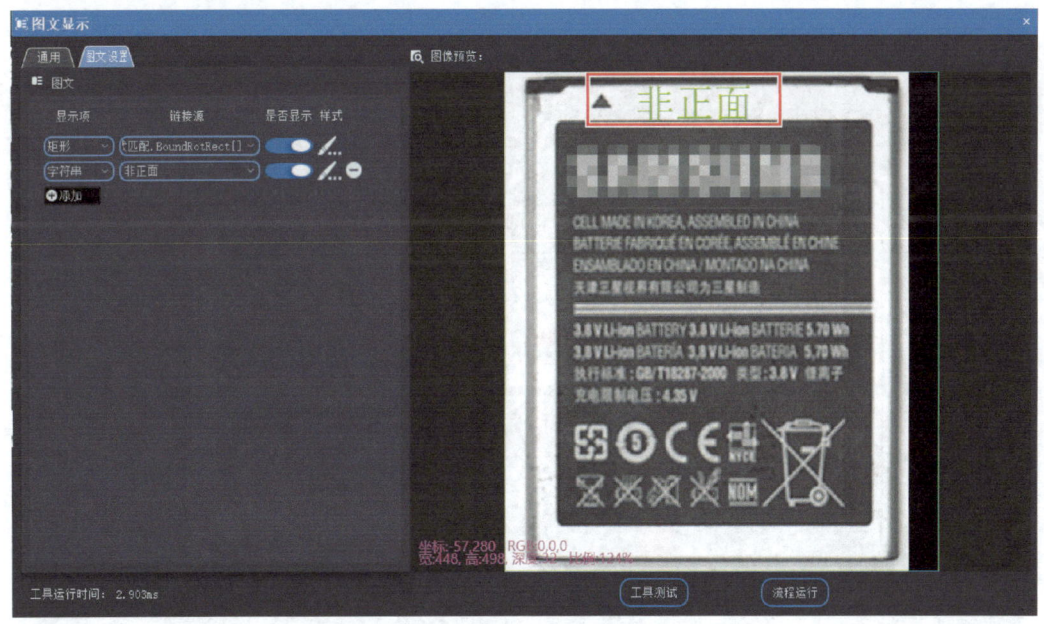

图 10-23　非正面结果显示界面

6）当在本地图像加载的图像上找不到不可扔进垃圾桶的特征时，则结果显示"非反面"，如图 10-26 所示。

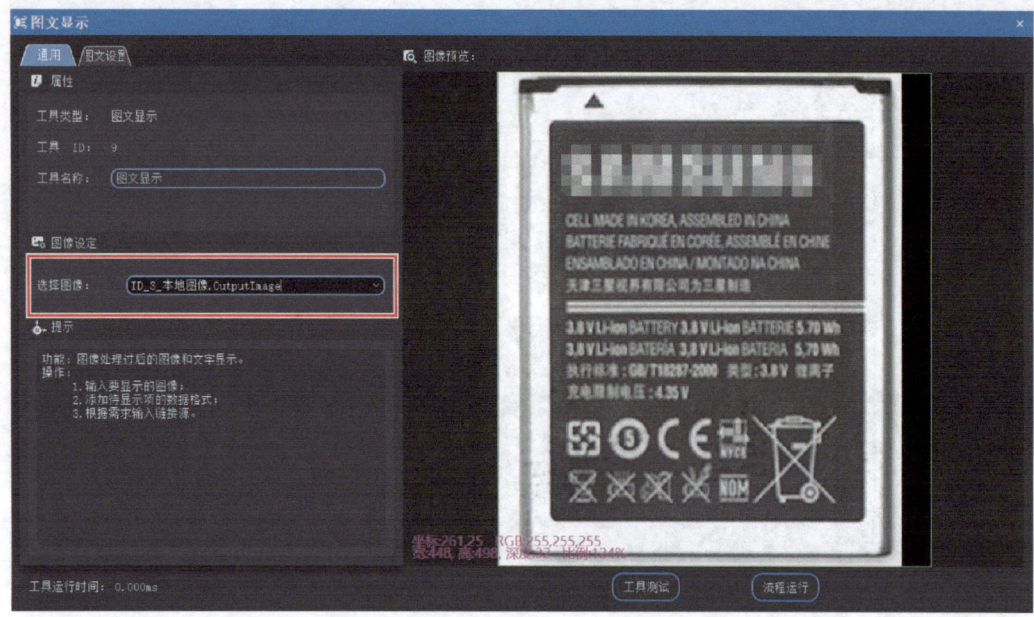

图 10-24　加载电池反面图像

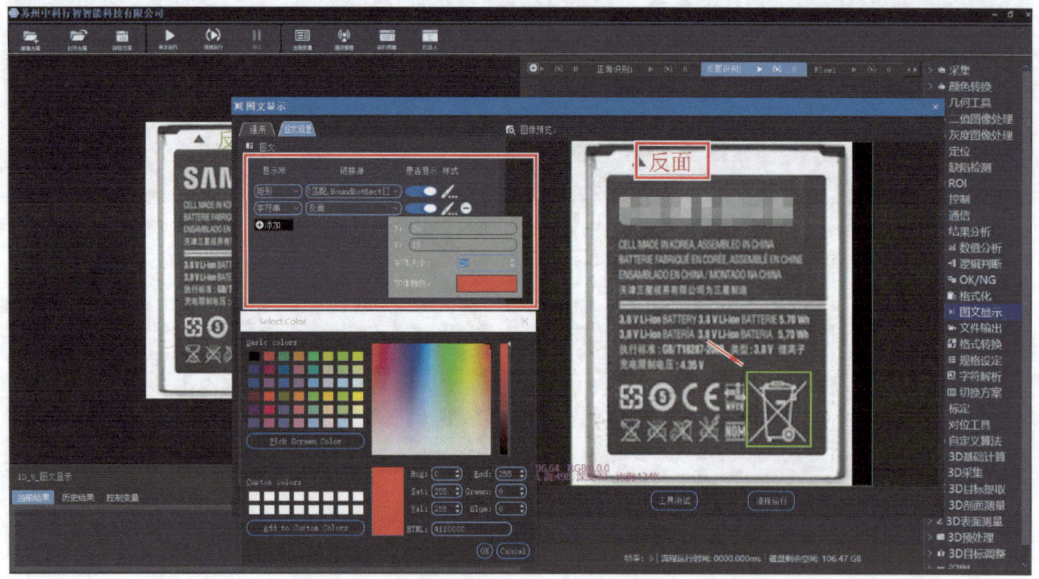

图 10-25　电池反面图文设置及结果显示界面

项目10 手机电池正反面识别与结果显示

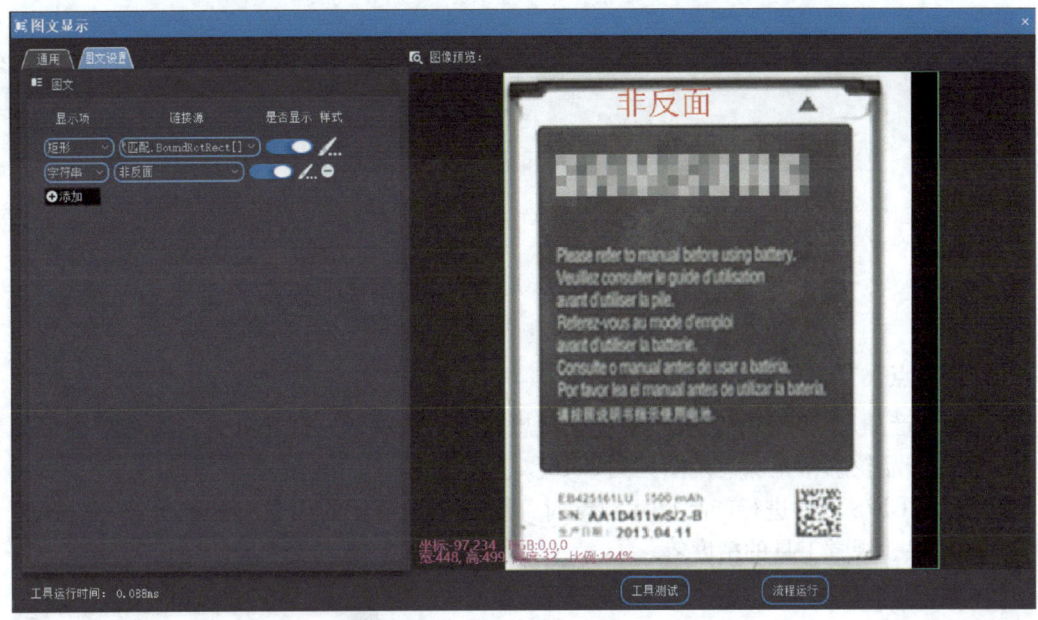

图 10-26　非反面结果显示界面

习　　题

1. "彩色转换"工具的转换类型有_____、_____、_____与_____。
2. "形状匹配"工具中的重叠度是指_____和_____之间的重叠程度。
3. 简述模板设置的过程。
4. 一般什么情况下会用到"分支-汇合"工具？
5. 利用 GIVS 软件中工具箱的相关工具，编写方案判断圆柱体的正反面，并计算每张图片中圆柱体的个数，并显示在图像界面上（见图 10-27）。

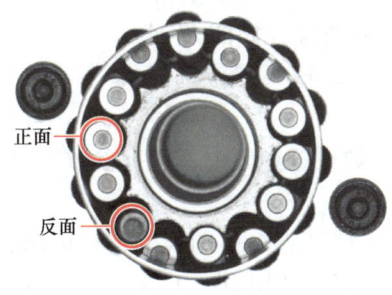

图 10-27　习题 5 图

项目 11

手机电池尺寸测量

任务 1 手机电池像素尺寸测量

【知识要点】

1）测量产品尺寸时，图像采集系统在理想状态下采用背光打光方式，要求精确采集到黑白分明的产品轮廓，光源架设图见图 2-16。

2）利用 GIVS 软件进行产品尺寸测量时，影响测量精度的因素有相机分辨率、视野大小、图像效果、视觉工具的精度等。

【任务要求】

如图 11-1 所示，掌握利用 GIVS 软件工具测量尺寸的方法，测量手机电池像素尺寸：高度（H）和宽度（W）。

【任务实施】

1）如图 11-2 所示，打开 GIVS 软件，新建流程，重命名为"电池尺寸测量"，添加"本地图像"工具并加载图像数据库。

2）为了将彩色 RGB 图像转换成灰度图，添加"彩色转换"工具，输入图像选择"本地图像"工具的输出图像，如图 11-3 所示。

3）为了利于图像进一步处理，凸显出目标轮廓，需要将灰度图像转换成二值图像，如图 11-4 所示，添加"灰度转二值"工具，输入图像选择"彩色转换"工具的输出图像。

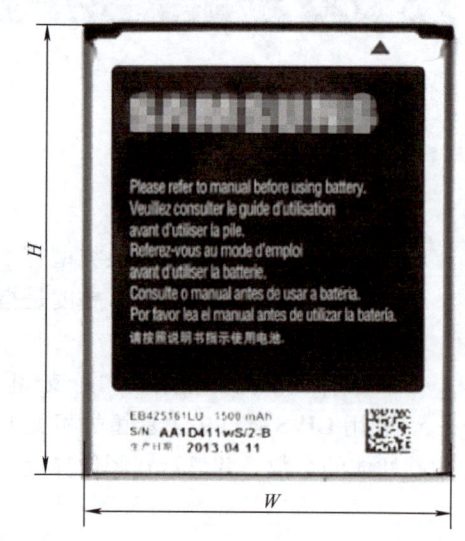

图 11-1 手机电池示例图像

4）在"灰度转二值"的参数设置界面中，运行参数选择"双阈值"，阈值范围设置为 0~100，如图 11-5 所示。

5）如图 11-6 所示，为了方便计算二值图像的连通区域，选择工具箱中的"Blob"工具，将其拖拽至流程编辑窗口，双击"Blob"工具，在"通用"选项卡中将输入图像加载为"灰度转二值"工具的输出图像。

6）为了显示出电池的外部轮廓，勾选"参数设置"选项卡下的"标签"和"旋转矩形"选项，如图 11-7 所示，标签显示每个连通区域的标签号，旋转矩形计算每个区域的最小外接旋转矩形。

7）在"特征筛选"选项卡中添加面积特征，面积的范围根据需求设置为 1000 ~

项目11　手机电池尺寸测量

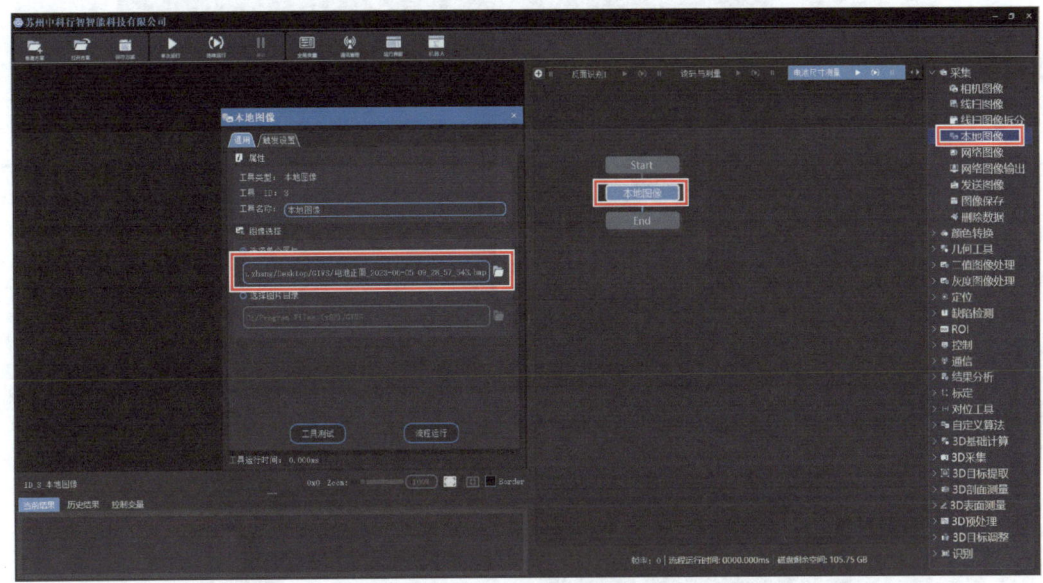

图 11-2　添加"本地图像"工具

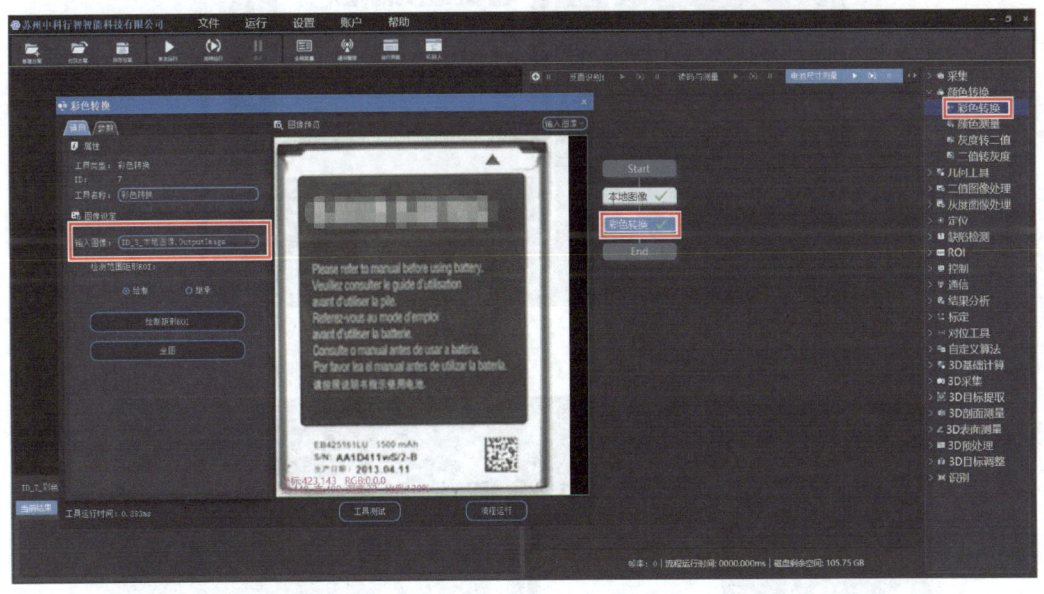

图 11-3　选择"彩色转换"工具的输入图像

10000.999，图形预览界面中显示电池外部轮廓大小的矩形框，如图 11-8 所示。

8）单击"工具测试"按钮，在"结果"选项卡中显示所有的矩形参数，测量结果如图 11-9 所示。另一种计算方法是在"控制变量"窗口"Blob"下的变量中，通过坐标相减的方式，计算得到测量结果。

至此，已经完成了手机电池像素尺寸的测量，宽度 $W = 386\text{pixel}$，高度 $H = 483\text{pixel}$。

113

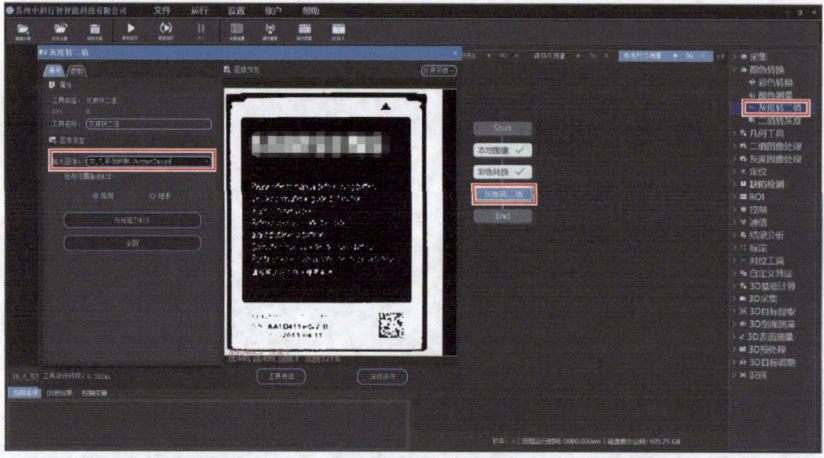

图 11-4　选择"灰度转二值"工具输入图像

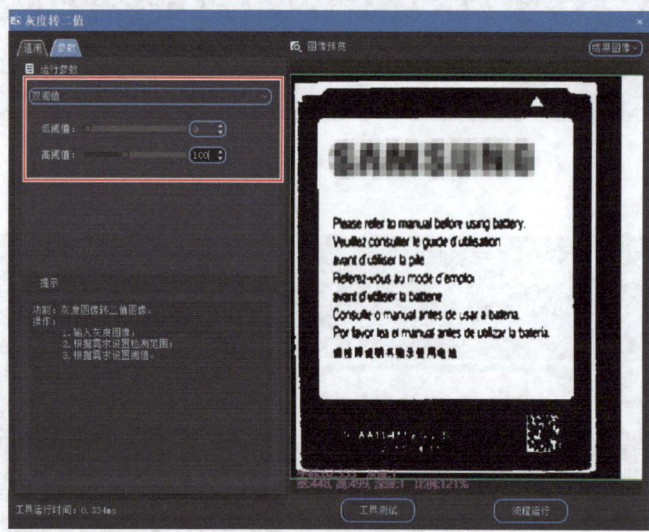

图 11-5　双阈值设置界面

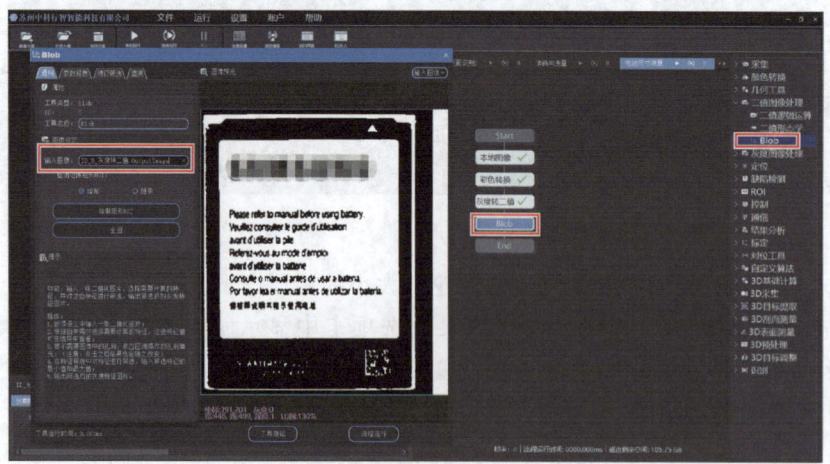

图 11-6　选择"Blob"工具输入图像

项目11 手机电池尺寸测量

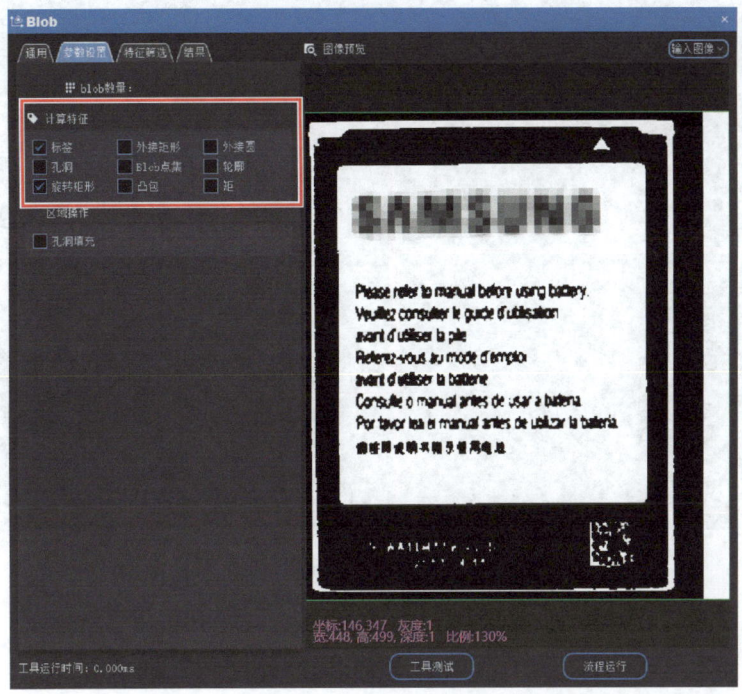

图 11-7 "Blob"工具的"参数设置"选项卡

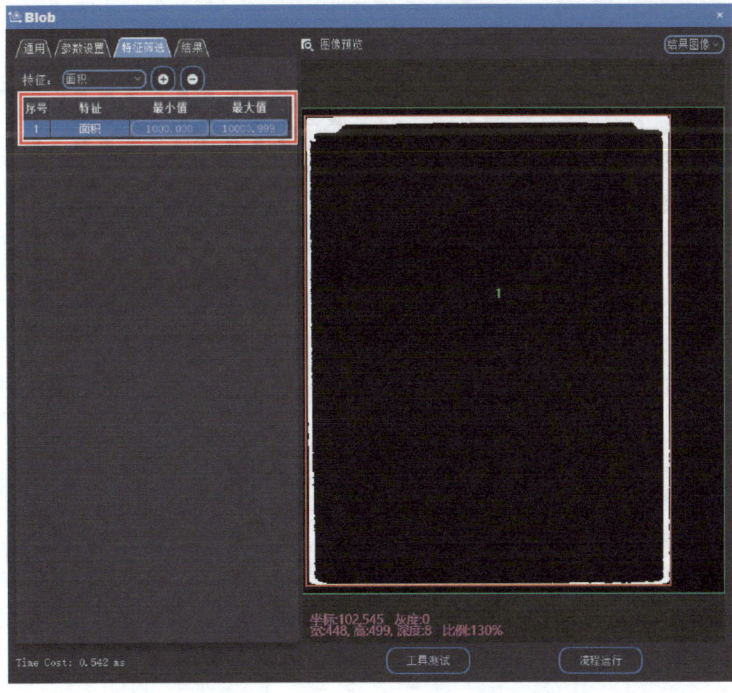

图 11-8 "Blob"工具的"特征筛选"选项卡

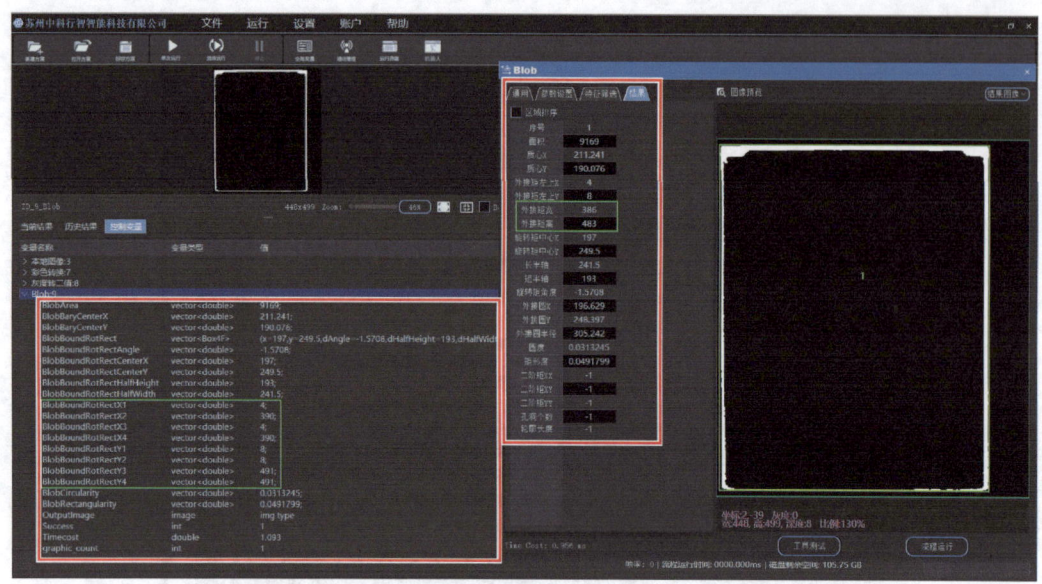

图 11-9　测量结果

任务 2　手机电池实际尺寸测量

【知识要点】

1）标定板。常见标定板分为棋盘格与点网格两种类型，如图 11-10 所示。

① 标定板的特点如下：

棋盘格：

a. 黑白瓷块必须以交叉图案方式排列。

b. 黑白瓷块必须具有同样的尺寸。

c. 瓷块必须为矩形，其纵横比范围是 0.90～1.10。

点网格：

a. 由黑色圆点组成，圆点个数可自定义。

b. 黑色圆点的半径必须相等，同时相邻两个圆点之间的距离相同。

c. 标定板的尺寸可自定义，但是横纵比的范围是 1∶1。

a) 棋盘格

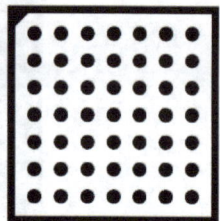
b) 点网格

图 11-10　标定板

② 对所采集的标定板图像的要求如下：

a. 所采集的图像必须包括至少 9 个完整元素。

b. 所采集的图像中的元素必须至少为 15×15 像素。

c. 增加标定板图像中可见的元素数量（通过减小标定板上元素的尺寸）可提高校正的精确度。

2）"标定"工具箱的基本作用如下：

① 计算像素和真实单位（mm）之间的转换。
② 计算线性或者非线性转换（非线性转换说明存在光学或者透视扭曲）。

【任务要求】

利用"标定"工具进行图像空间到实际测量空间的校正，完成测量结果从像素单位到毫米（mm）单位的转换。

【任务实施】

手机电池尺寸测量是从像素距离转换到物理距离的过程，这个转换过程称为标定。GIVS 软件中支持多种标定方法，如 N 点标定、标定板标定和单位转换等，本任务主要介绍两种：标定板标定和单位转换。

1. 标定板标定

1）将图像采集系统中的手机电池移除，并在该位置放置标定板（透明玻璃或菲林片材质），调整光源亮度和曝光参数等，采集一张清晰的图片，保存到计算机中。

注意：此过程中应保证相机高度、镜头配置等与之前采集手机电池图片时一样，以保证两次图像采集的视野完全相同，相机与取相平面的相对位置完全相同。本任务中采用的点网格标定板如图 11-11 所示。

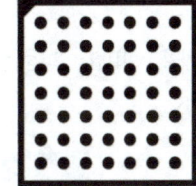

图 11-11　点网格标定板

2）在流程编辑窗口中添加"本地图像"工具，加载本地图像，并通过"彩色转换"工具将图像转换成灰度图。随后添加"标定板标定"工具，输入图像设置为"彩色转换"工具的输出图像，如图 11-12 所示。

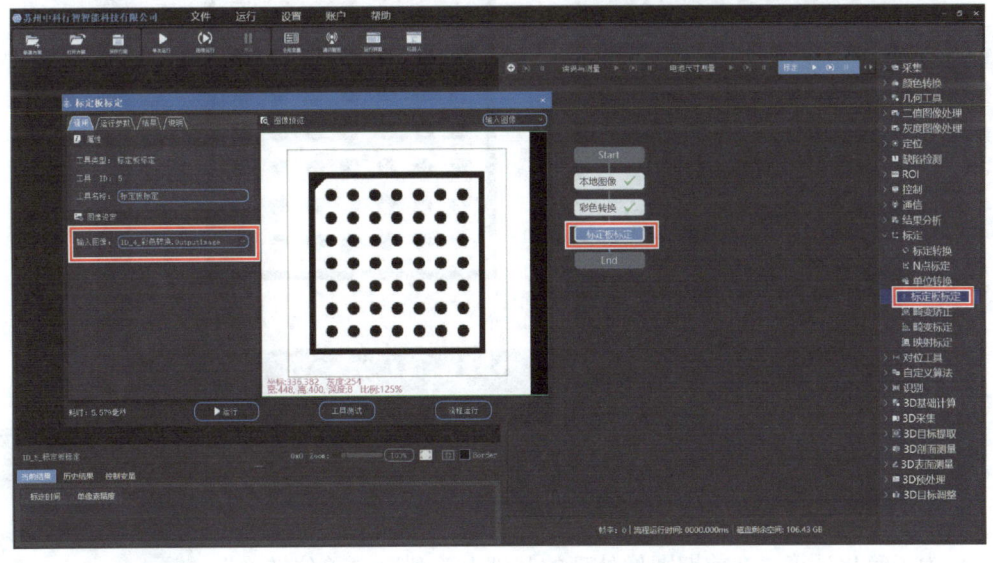

图 11-12　选择"标定板标定"工具输入图像

3）在"运行参数"选项卡中，选择标定板类型为"圆形板"，单击"区域选择"按钮，在图像预览窗口选择标定板上黑色圆点区域，随后设置相关参数，单击"运行"或"工具测试"按钮，如图 11-13 所示。

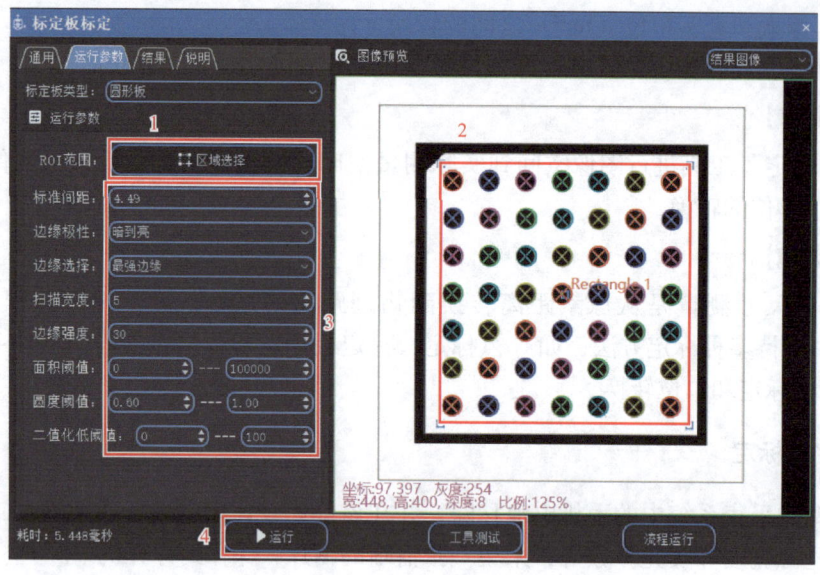

图 11-13 "标定板标定"运行参数设置

4）单击"运行"按钮后，在"结果"选项卡中显示单像素精度的转换结果，如图 11-14 所示。

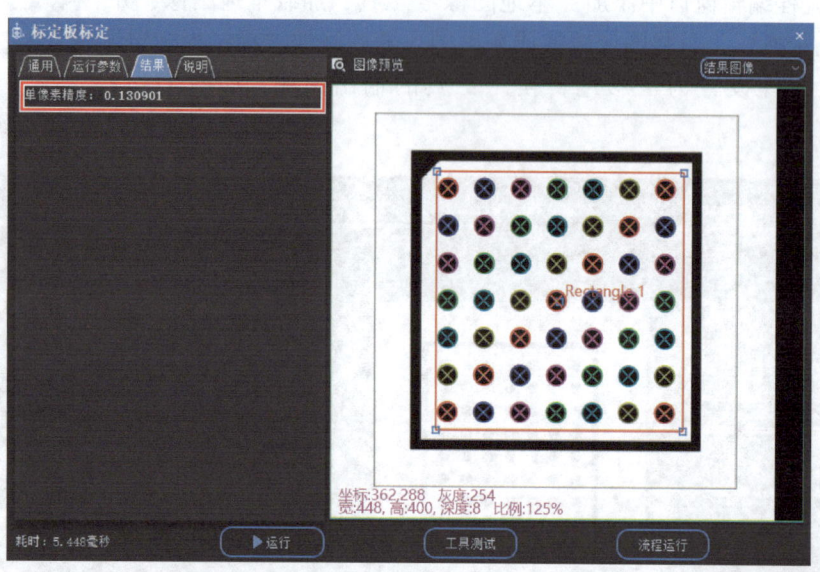

图 11-14 "标定板标定"结果显示界面

2. 单位转换

1）为了简化计算，在前期图像处理的基础上，利用"单位转换"工具实现像素尺寸与物理尺寸的转化。如图 11-15 所示，加载手机电池图像后，前期进行图像处理，这些工具的设计在任务 1 中已经介绍，这里便不再赘述。

2）"Blob"工具处理图像后，在工具箱列表中找到"单位转换"

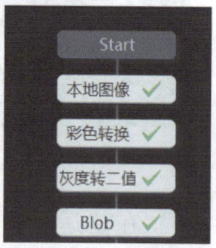

图 11-15 前期图像处理流程

项目11 手机电池尺寸测量

工具,将其拖拽至流程编辑窗口,双击该工具,弹出参数设置界面,如图 11-16 所示。需要提前计算像素的间距和物理间距,输入数值后,得到单位转换的结果,即单像素的物理精度,显示在窗口左下角。

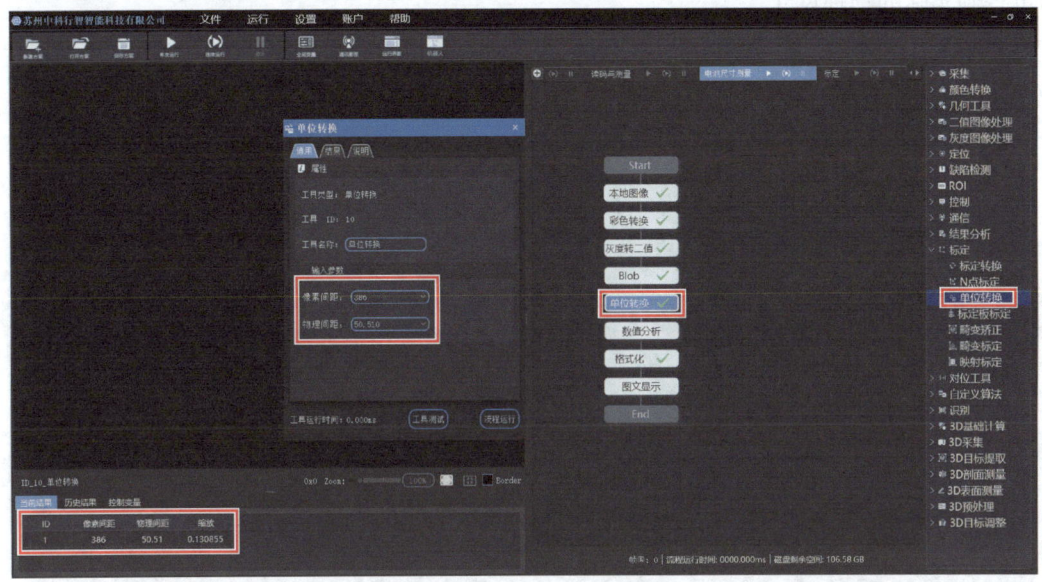

图 11-16 "单位转换"工具参数设置

3)为了计算单像素物理精度,添加"数值分析"工具。如图 11-17 所示,在流程编辑

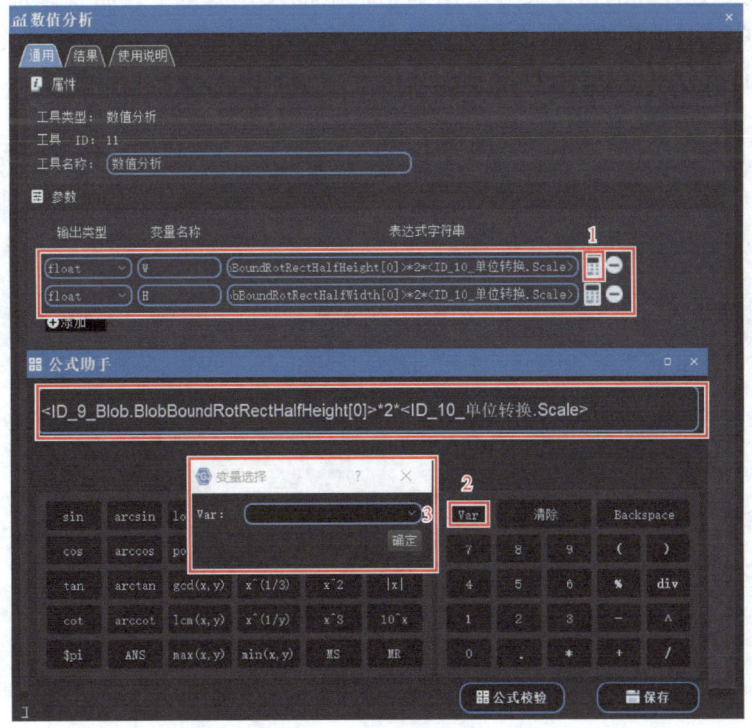

图 11-17 公式计算过程

窗口单击计算器的标志,弹出"公式助手"对话框,在公式编辑界面单击"Var"按钮,弹出"变量选择"对话框,单击"∨",选择变量,最后单击"保存"按钮。返回到"数值分析"工具编辑窗口,如图 11-18 所示。本任务中使用的公式为:像素值×2×像素精度,即可得到实际的物理尺寸。

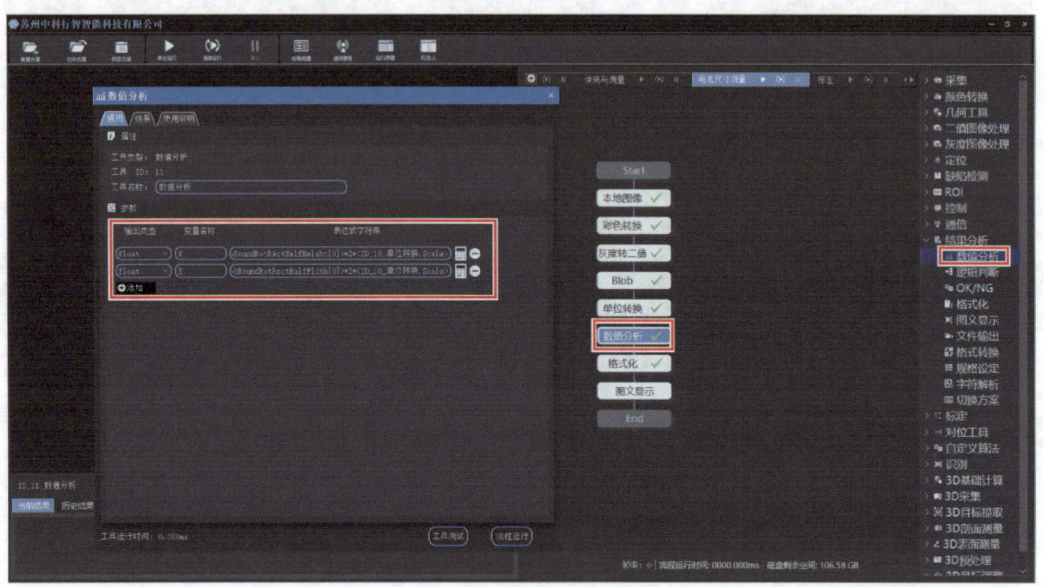

图 11-18　数值分析计算

4)为了将上述计算的物理尺寸应用到手机电池尺寸测量中,需要添加"格式化"工具,以对流程中工具运行的数据进行格式转化,输入格式化文本,在待格式化数据中添加数值分析流程的计算结果,如图 11-19 所示。

图 11-19　"格式化"工具参数设置

项目11　手机电池尺寸测量

5）为了将上述的计算结果显示在图像上，添加"图文显示"工具，在"图文设置"选项卡显示项选择"字符串"，链接源选择格式化的"FormatText"方式，结果显示在右侧图像预览窗口，如图11-20所示。

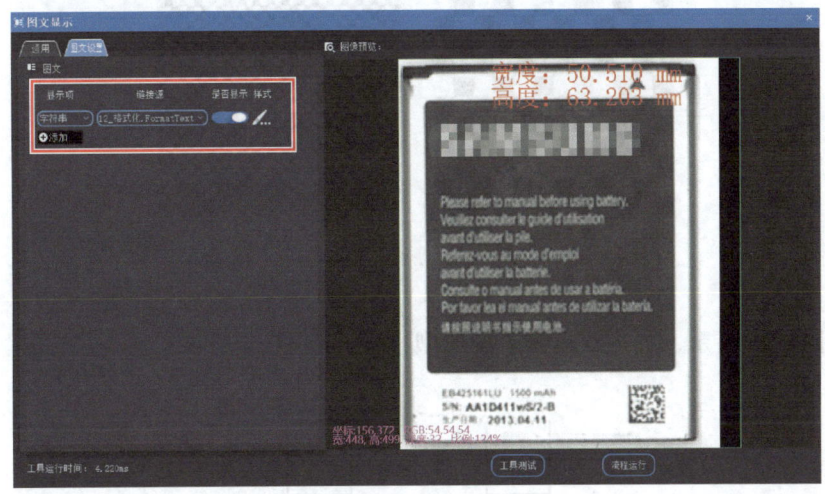

图11-20　"图文显示"工具参数设置

6）最后，手机电池尺寸测量的测量结果显示在主界面窗口中，如图11-21所示。

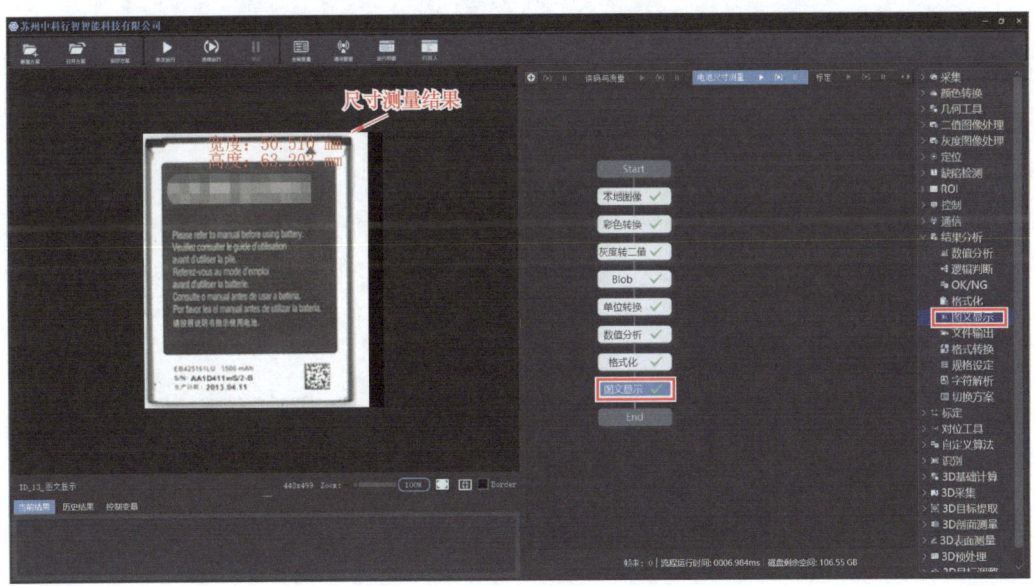

图11-21　手机电池尺寸测量结果显示

习　题

1. 标定的方法有_____、_____、_____和_____。
2. "图文显示"工具的显示项有_____、_____和_____。

3. 简述影响测量精度的因素。
4. 画出图 11-22 所示两种棋盘格校正之后的坐标系（原点，X，Y）。

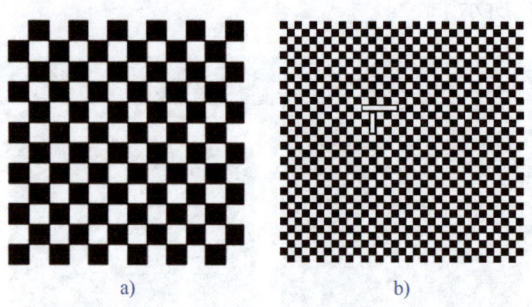

图 11-22　习题 4 图

5. 如图 11-23 所示，描述双目测距的典型过程。

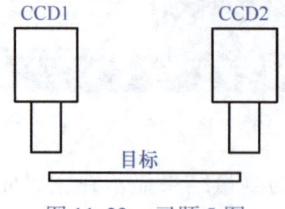

图 11-23　习题 5 图

项目12

手机电池二维码和生产日期识别

任务1　手机电池二维码识别

【知识要点】

1) Data Matrix 码和 QR 码。Data Matrix 码和 QR 码是两种常见的二维码，Data Matrix 码是由美国国际资料公司于1987年开发的一种矩阵式二维码，如图12-1所示，在1996年注册为 AIMI 的 ISS 标准，在2000年注册为 ISO/IEC 标准，主要应用于汽车、医疗、航空、微电子等行业。QR 码（快速响应码）是由日本 DENSO WAVE 公司于1994年开发的一种可高速读取的矩阵式二维码，如图12-2所示，在1997年注册为 AIMI 的 ITS 标准，在2000年注册为 ISO/IEC 标准，主要应用于物流、支付、包装等行业。

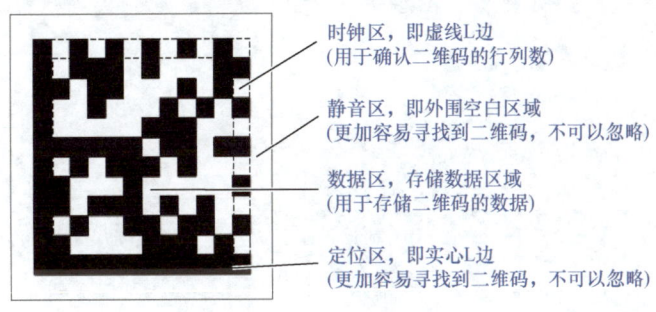

图 12-1　Data Matrix 码

图 12-2　QR 码

2) GIVS 软件使用"识别"模块的"ID 识别"工具对一维码和二维码进行读取，支持 QR、DM、EAN13、ITF25、CODE93、CODEBAR、CODE39、CODE128 等类型。

【任务要求】

读取图 12-3 所示的手机电池二维码的内容，并将结果显示在界面上。

图 12-3　手机电池

【任务实施】

1）打开 GIVS 软件，新建流程，将流程重命名为"二维码识别"，添加"本地图像"工具，加载本地图像数据库，如图 12-4 所示。

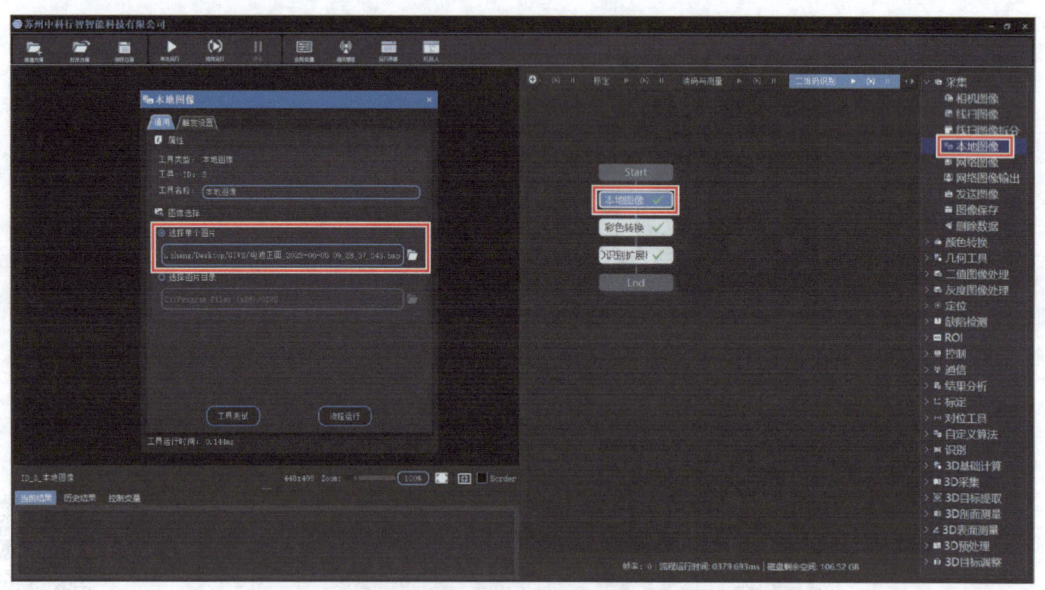

图 12-4　加载本地图像数据库

2）如图 12-5 所示，在工具箱列表中选择"彩色转换"工具，将其拖拽至流程编辑窗口，双击该工具，修改输入图像的路径，选择"本地图像"工具的输出图像，目的是将加载的本地图像转换成灰度图。

3）为了识别图像中的二维码，在工具箱列表中选择"识别"模块下的"ID 识别扩展 H"工具，将其拖拽至流程编辑窗口，双击该工具，在参数设置界面的"通用"选项卡中，输入图像选择"彩色转换"工具的输出图像，在图像预览窗口选择包含二维码的区域，如图 12-6 所示。

项目12 手机电池二维码和生产日期识别

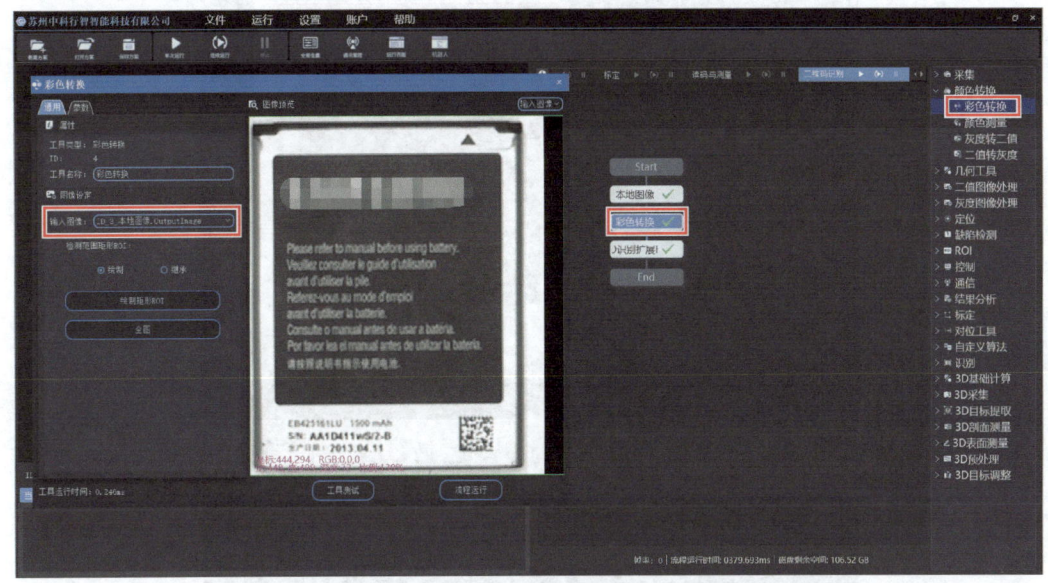

图 12-5 选择"彩色转换"工具输入图像

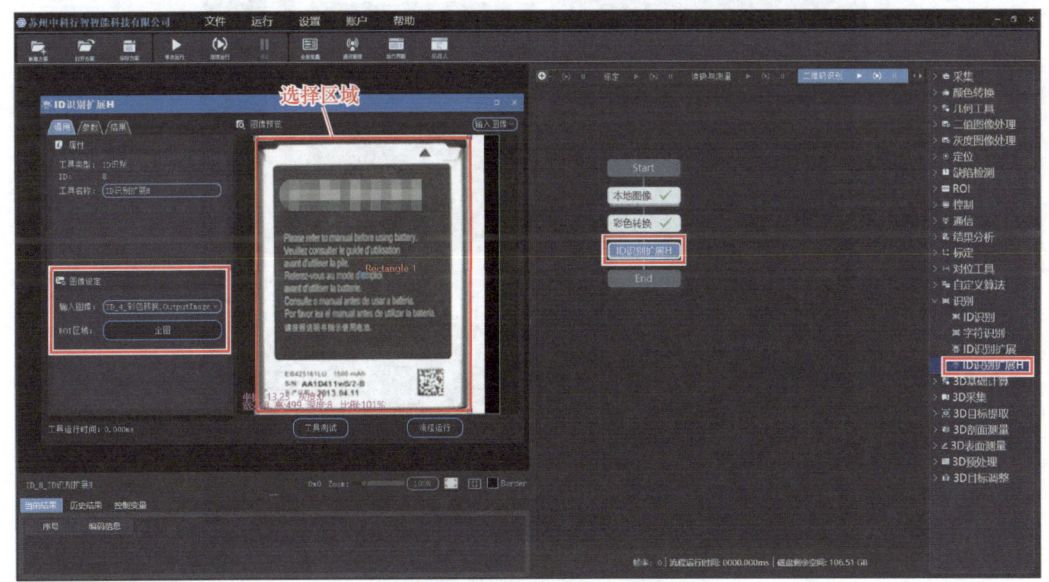

图 12-6 含二维码区域选定

4）在"参数"选项卡中，勾选运行参数下的所有复选框，目的是可以识别多种二维码，如图 12-7 所示。

5）单击"工具测试"或"流程运行"按钮，结果可以显示在"结果"选项卡中、二维码附近、变量和结果窗口 3 个位置，如图 12-8 所示。

125

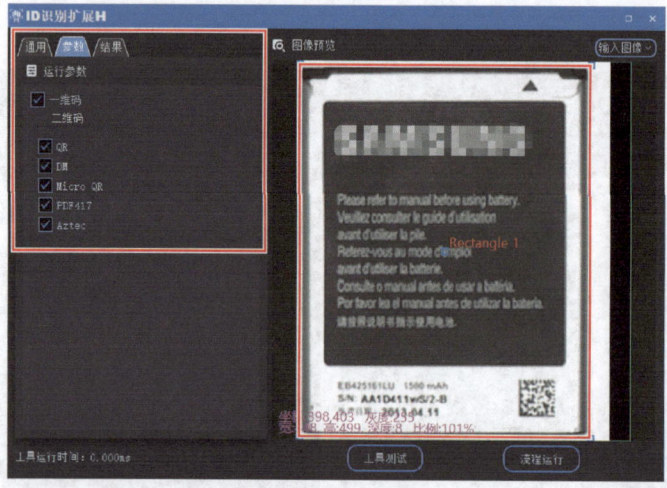

图 12-7　勾选运行参数

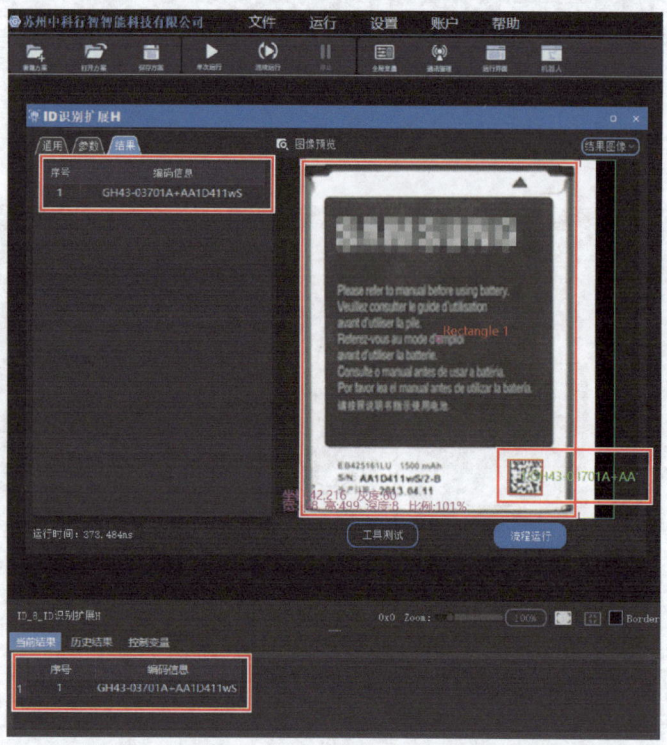

图 12-8　二维码识别结果显示界面

任务 2　手机电池生产日期识别

【知识要点】

1）OCR。光学字符识别（Optical Character Recognition，OCR），即通过电子设备识别印刷在纸质文档上的字符，包括数字、英文字母和符号等。目前，一般字符识别系统包含图像

项目12 手机电池二维码和生产日期识别

处理、倾斜校正、版面分析、字符切割、字符识别、版面恢复、后处理与校正等步骤。

2）GIVS 软件可以使用"识别"模块的"字符识别"工具对 OCR 进行训练和识别。在"参数"选项卡中可以选择待读取的运行参数的种类，实现读码功能。

【任务要求】

识别图 12-9 所示手机电池的生产日期内容。

图 12-9 手机电池

【任务实施】

1）打开 GIVS 软件，新建流程，将流程重命名为"电池生产日期识别"，添加"本地图像"和"彩色转换"工具，目的是加载本地图像并将彩色图转换成灰度图，如图 12-10 所示。

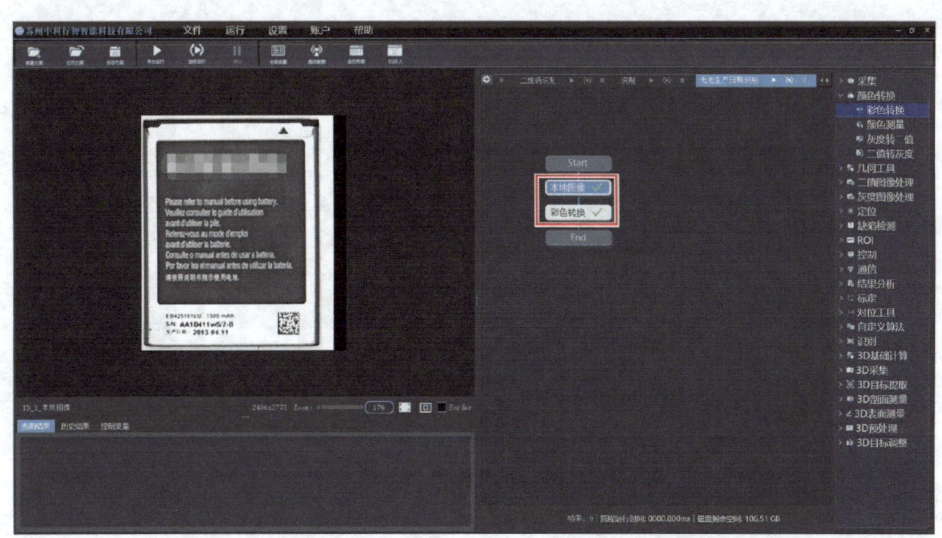

图 12-10 加载本地图像并将彩色图转换成灰度图

2）为了识别生产日期上的字符，在工具箱列表中选择"字符识别"工具，将其拖拽至流程编辑窗口，如图 12-11 所示。

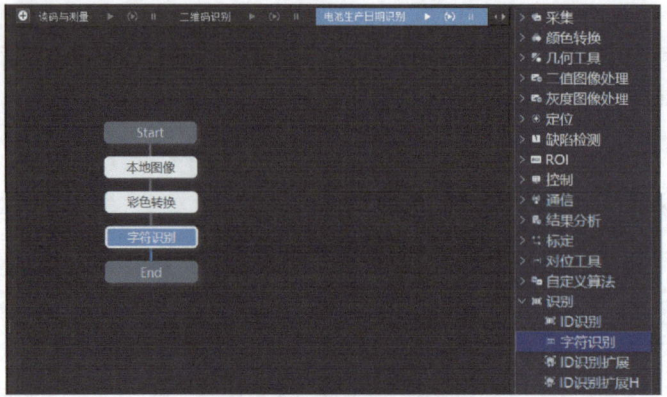

图 12-11 添加"字符识别"工具

3）双击"字符识别"工具，在参数设置界面中设置参数，在"通用"选项卡中选择输入图像，在"OCR 训练"选项卡中的设置主要包括 7 个步骤，如图 12-12 所示。

① 单击"矩形区域"按钮，在图像预览窗口选择要识别的字符部分。

② 修改参数便于实现字符分割。

③ 单击"字符自动分割"按钮，如果分割成功，则显示"自动分割已完成"，否则显示"字符自动分割失败"。

④ 单击"添加字符"按钮，在字符显示框中显示已分割的字符。

⑤ 在输入标签字符文本框中输入对应的正确字符，如 20130411 等字样。

⑥ 单击"添加到训练库"按钮，训练库图片显示界面显示分割后的字符。

⑦ 单击"字符训练"按钮，完成字符分割。

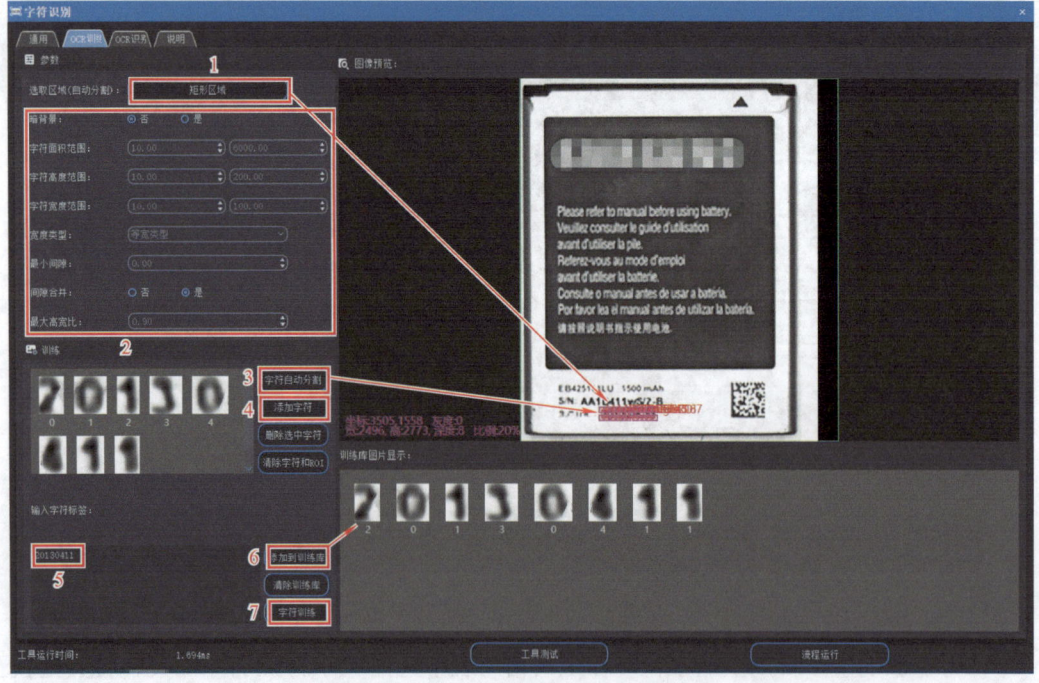

图 12-12 "OCR 训练"选项卡参数设置步骤

项目12　手机电池二维码和生产日期识别

4）在"OCR 识别"选项卡中，单击"选取区域"按钮，选择要识别的区域，单击"工具测试"按钮，结果在 2 和 3 处显示，如图 12-13 所示。

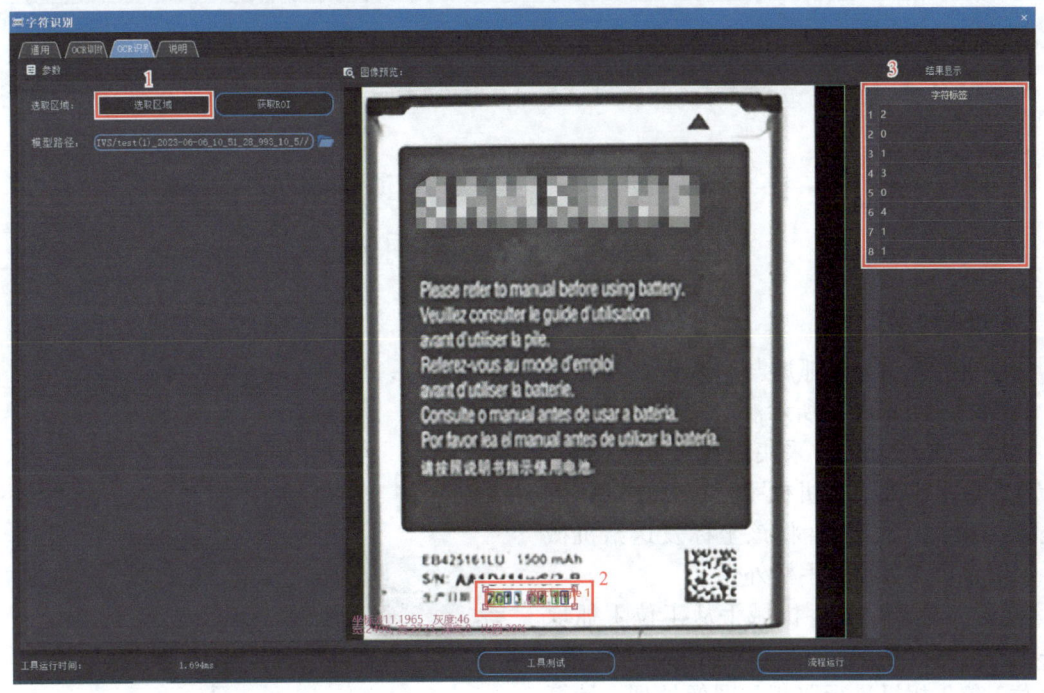

图 12-13　字符识别显示

习　题

1. GIVS 软件中，"ID 识别扩展 H"工具中的"参数"选项卡可以识别几种运行参数？
2. QR 码分为哪几个区？
3. 简述 OCR 的意思。
4. 请指出图 12-14 所示二维码的类型，并写出各个区域的名称。

图 12-14　习题 4 图

5. 简述二维码和一维码的本质区别。
6. 简述车牌识别的原理与过程。

项目13

手机外壳引导、抓取与组装

任务1 手机外壳引导、抓取与组装设备视觉硬件安装与调试

【知识要点】

手机外壳引导、抓取与组装设备主要分3个工位，如图13-1所示。

1）工位1功能：采集图像，分析图像，计算获取手机外壳在机械手坐标系中的位置坐标 (X_1, Y_1, θ_1)，将该坐标发送给机械手，引导机械手抓取手机外壳。

2）工位2功能：机械手从工位1抓取手机外壳后，移动到工位2的拍照位置 P_2，触发工位2相机进行取相和图像处理，计算此时手机外壳在机械手坐标系中的位置坐标 (X_2, Y_2, θ_2)，对位置进行再次确认。

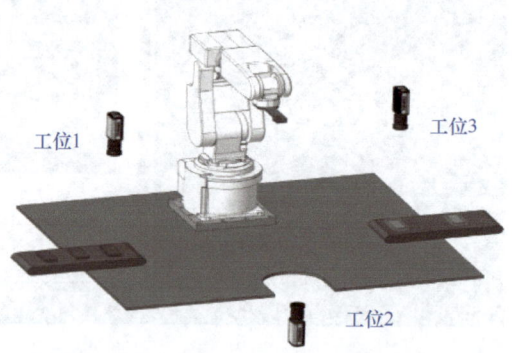

图13-1 手机外壳引导、抓取与组装示意图

3）工位3功能：该工位功能与工位1类似，采集图像，分析图像，计算获取手机中板在机械手坐标系中的位置坐标 (X_3, Y_3, θ_3)，将该坐标发送给机械手，引导机械手将手机外壳组装到手机中板上。

【任务要求】

1）物料点检。准备3个工位所需相机、镜头、光源和配套线缆，并对型号进行核对。

2）物料安装。安装、调试3个工位所需相机、镜头和光源。

【任务实施】

1）清点物料，确认物料型号及数量正确。物料清单见表13-1。

表 13-1 物料清单

物料名称	规格型号	单位	数量
工业相机	CAM－CIC－1300－60－G	部	3
相机电源	6003/5m	个	3
长步道镜头	FA1601C	个	2
长步道镜头	FA2501C	个	1
环形光源	ZKXZ－RIN－90－90W（含5m光源延长线和漫反射板）	个	3
光源控制器	ZKXZ－AC 24V60T4	个	2
光源	ZKXZ－BAC－160×120R（含5m光源延长线）	个	2
千兆网线	5m（带锁）	根	3

项目13 手机外壳引导、抓取与组装

2)在工位1区域,将相机、镜头(FA1601C)安装到相应位置,调节工作距离、聚焦环等参数,使视野达到预期标准。将工作距离调到680mm,将手机外壳放在视野中,打开GIVS软件取相工具,调到实时显示,调整镜头的光圈环和聚焦环使图像清晰。保存取相工具相关参数,将镜头聚焦环和光圈环螺钉锁紧。

3)在工位2区域,将相机、镜头(FA2501C)安装到相应位置,调节工作距离、聚焦环等参数,使视野达到预期标准。机械手抓取手机外壳,移动到对应拍照位置 P_2。打开GIVS软件取相工具,调到实时显示,调整镜头的光圈环和聚焦环使图像清晰。保存取相工具相关参数,将镜头聚焦环和光圈环螺钉锁紧。

4)在工位3区域,按步骤2)的操作过程,将相机、镜头(FA1601C)安装到相应位置,调节工作距离、聚焦环等参数,使视野达到预期标准。将工作距离调到680mm,将手机中板放在视野中,打开GIVS软件取相工具,调到实时显示,调整镜头的光圈环和聚焦环使图像清晰。保存取相工具相关参数,将镜头聚焦环和光圈环螺钉锁紧。

任务2 手机外壳引导、抓取与组装设备标定

【知识要点】

"N点标定"工具支持常见的9点标定、12点标定(带旋转中心)和N点(N>4)标定。输入多组图像坐标和物理坐标的对应点时,可自动计算图像坐标系转换到物理坐标系的变换系数,生成标定文件。

"N点标定"工具的使用主要分为两大步骤:

1)输入图像上Mark点的像素坐标,支持订阅其他工具的输出(比如Blob分析法或形状匹配算法得到的Mark点的输出)。

2)输入对应的物理坐标,一般是订阅经通信获取到的当前机械手的物理坐标。而当前机械手的物理坐标又可以通过戳点的方式来得到,即在夹爪上固定一个类似顶针的东西,用针尖去对准Mark点。

【任务要求】

分别建立工位1、工位2、工位3的3个相机和机械手坐标空间之间的映射关系。

【任务实施】

1)打开GIVS软件,新建流程,重命名为"N点标定",在流程编辑窗口添加"本地图像"工具,加载本地图像数据库。随后选择工具箱列表中"标定"模块的"N点标定"工具,将其添加至流程编辑窗口,如图13-2所示。

2)双击"N点标定"工具,在参数设定界面"通用"选项卡中,将输入图像更改为本地图像的输出图像,如图13-3所示。

3)在"参数"选项卡中,如图13-4所示,①中是输入N点标定图像坐标X和Y的订阅数据(从图像中获取特征点坐标);②是输入N点标定物理坐标X和Y的订阅数据(特征点在物理坐标系下的坐标);③是输入旋转中心标定物理坐标X和Y的订阅数据(特征点在物理坐标系下的坐标)。

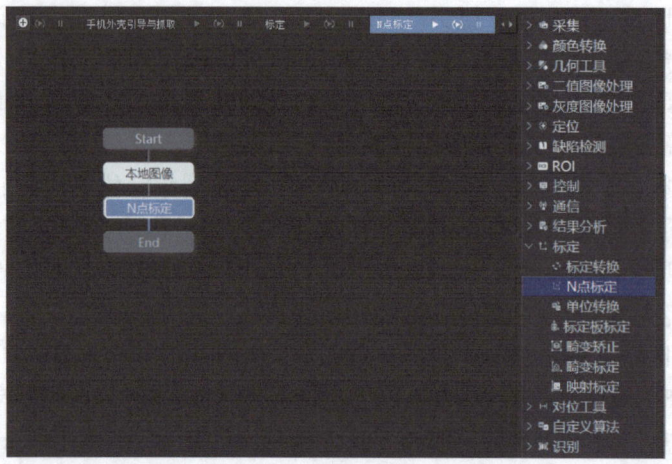

图 13-2 添加"N 点标定"工具

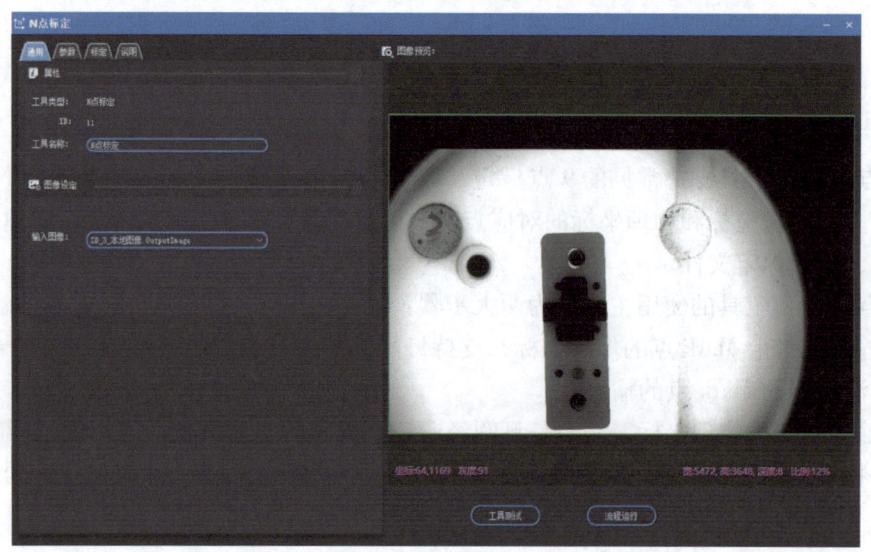

图 13-3 设置输入图像

注意：以上的参数若不订阅，可在标定窗口中直接输入。

4)"标定"选项卡下的计算步骤如图 13-5 所示。

① 根据需求添加或删除 N 点标定的个数。可以使用增减按钮来确定生成标定矩阵的点对数；每运行一次"N 点标定"工具，输入的数据就会自动填充到列表中。

② 根据需求选择是否计算旋转中心，本任务中选择计算旋转中心。

③ 单击"流程运行"按钮，N 点标定和旋转中心标定中的数据会自动填入，当 N 点标定的数据填满后，下一个数据将填入旋转中心标定中。

④ 若参数窗口中有未订阅的坐标值，则手动输入。

⑤ 单击"保存"按钮，保存标定的坐标数据。

⑥ 单击"生成标定文件"按钮，将标定文件保存在指定路径，图像上会显示旋转中心和旋转半径。

项目13　手机外壳引导、抓取与组装

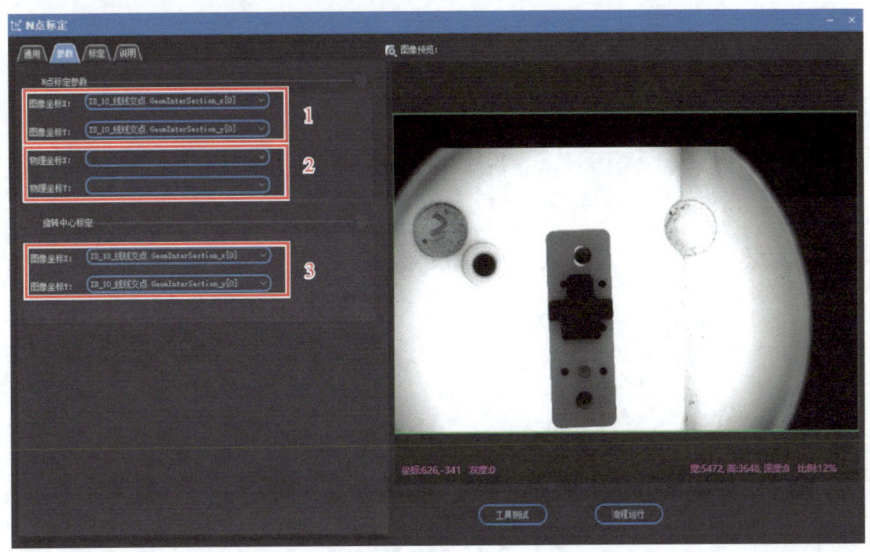

图13-4　"N点标定"参数设置界面

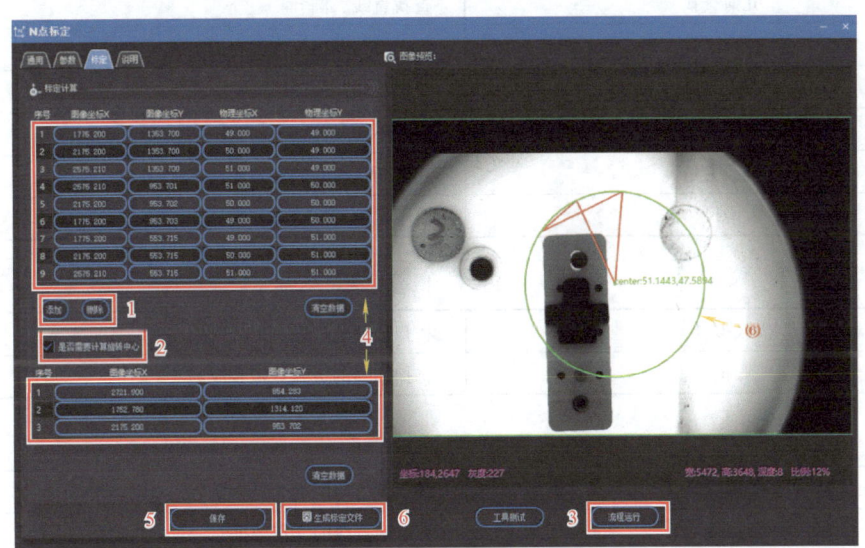

图13-5　"标定"选项卡下的计算步骤

5）使用标定文件。根据上述4个步骤，将已经计算出工位1中相机和机械手之间的映射关系，保存到标定文件中。同理，可以计算出工位2和工位3中相机和机械手之间的映射关系，并保存成标定文件。生成的标定文件在任务3中结合"标定转换"工具使用。

任务3　手机外壳引导、抓取与组装设备视觉功能程序设计

【知识要点】

1）引导组装形式如图13-6所示。

133

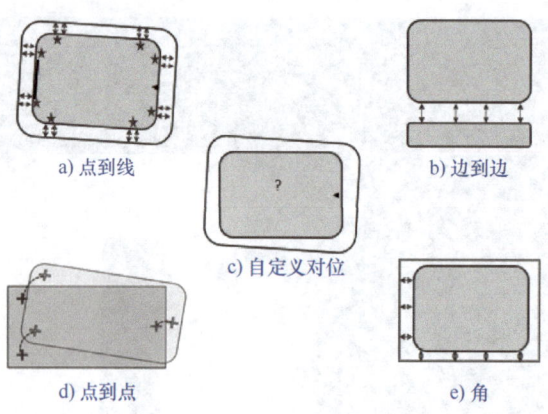

图 13-6　引导组装形式

2）GIVS 软件中使用的几何工具有 7 类，共 22 种，见表 13-2～表 13-5。

表 13-2　几何工具的种类

几何创建	创建点、直线、圆、线段
几何查找	查找直线、圆
拟合工具	将扫描到的边缘点拟合成线或圆
交点工具	获取不同几何图形间的交点
测量距离工具	获取不同几何图形间的距离
线线夹角	获取两直线间的夹角数据
卡尺	对图像进行边缘点扫描

表 13-3　拟合工具

线拟合	将扫描到的边缘点拟合成线
圆拟合	将扫描到的边缘点拟合成圆

表 13-4　交点工具

线圆交点	获取直线与圆的交点数据
线线交点	获取两直线的交点数据
圆圆交点	获取两个圆的交点数据
线段圆交点	获取线段与圆的交点数据
线段线交点	获取线段与直线的交点数据
线段线段交点	获取两线段的交点数据

表 13-5　测量距离工具

圆圆距离	获取两个圆的距离数据
线圆距离	获取直线和圆的距离数据
线段圆距离	获取线段和圆的距离数据
线线距离	获取两条直线的距离数据

(续)

线段线距离	获取线段和直线的距离数据
线段线段距离	获取两线段的距离数据
点圆距离	获取点和圆的距离数据
点线距离	获取点和直线的距离数据
点线段距离	获取点和线段的距离数据
点点距离	获取两点的距离数据

【任务要求】

本任务采用中心坐标的方式组装，计算工位 1、工位 2、工位 3 手机壳和手机中板在机械手坐标系下的坐标位置。

【任务实施】

1）打开 GIVS 软件，打开方案，新建流程，重命名为"手机外壳引导与抓取"，添加"本地图像"工具，加载本地图像数据。为了后续模板匹配，添加"形状匹配"工具，如图 13-7 所示。

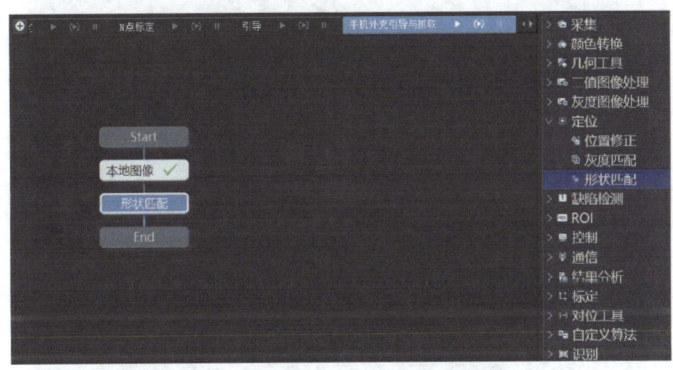

图 13-7　加载"本地图像"工具和"形状匹配"工具

2）如图 13-8 所示，形状匹配的"通用"选项卡中，以上一工具的输出作为该工具的输入，单击"抓取训练图像"按钮，图像会显示在图像预览窗口中。在"模板训练"选项卡中，绘制矩形 ROI 区域作为模板匹配区域，如图 13-9 所示，单击"设置模板"按钮，则模板设置成功。单击"工具测试"按钮后，在图像预览窗口显示设置的匹配模板。

3）为了修正图像中的目标位置，添加"位置修正"工具，如图 13-10 所示，在输入图像处加载图像数据源。"位置修正"工具用于计算基准位置和目标位置的仿射变换矩阵，这个矩阵可以将被修正的 ROI 变换到新的位置上。如图 13-11 所示，在"参数设置"选项卡中选择参考点，单击"设定参考值"按钮，则以当前值为参考值。

4）如图 13-12 所示，添加"几何查找"工具，获取手机壳的 4 条边，便于得到 4 条边的交点。在"通用"选项卡中加载输入图像数据源。选择"参数设置"选项卡，在查找属性选项中添加 4 个 ROI 区域；在查找参数选项中选择对应的 ROI 修改参数，用来拟合直线；随后，打开"位置补正"选项，添加位置修正数据，方便 ROI 跟随。单击"工具测试"按钮，如图 13-13 所示。最后，在图像预览窗口中显示 4 条直线的相关参数，如图 13-14 所示。

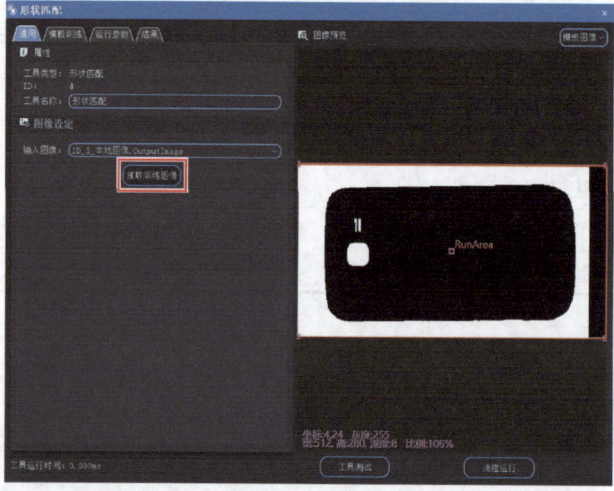

图 13-8　抓取训练图像界面

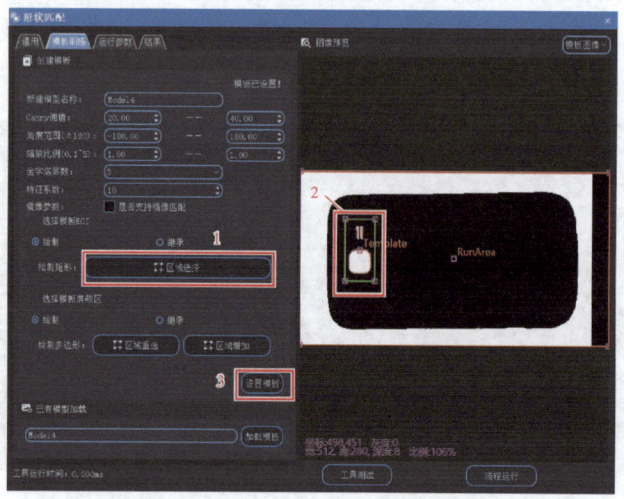

图 13-9　"模板训练"选项卡参数设置

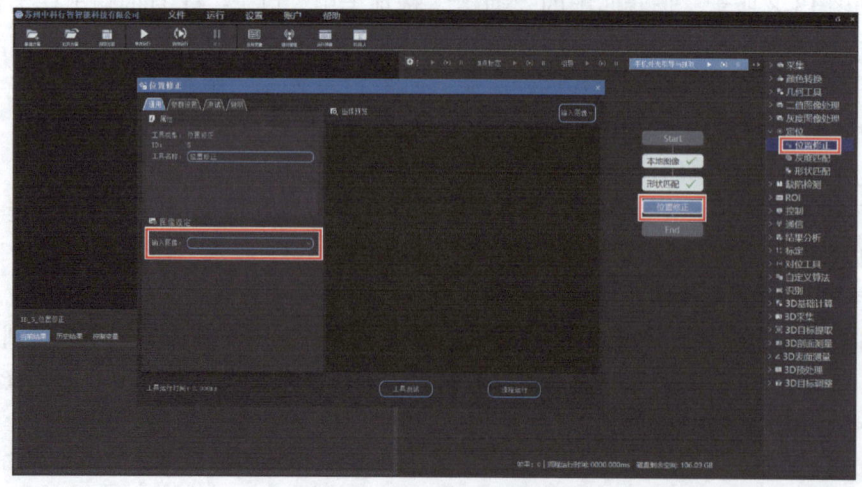

图 13-10　添加"位置修正"工具

项目13 手机外壳引导、抓取与组装

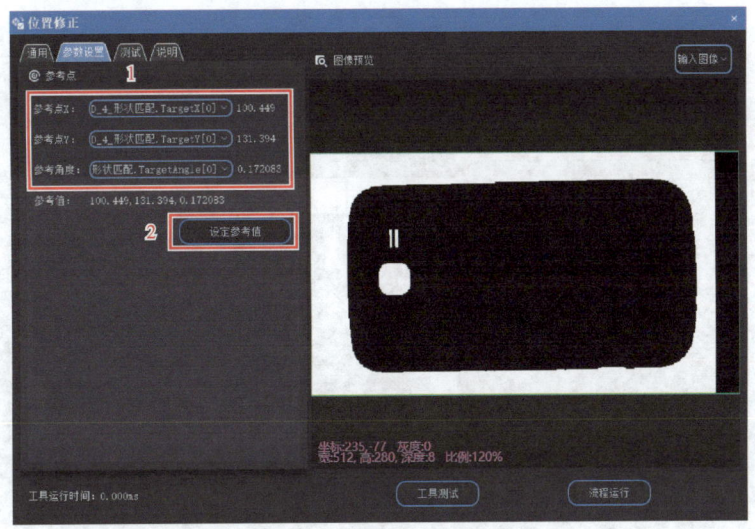

图 13-11 位置修正参数设置

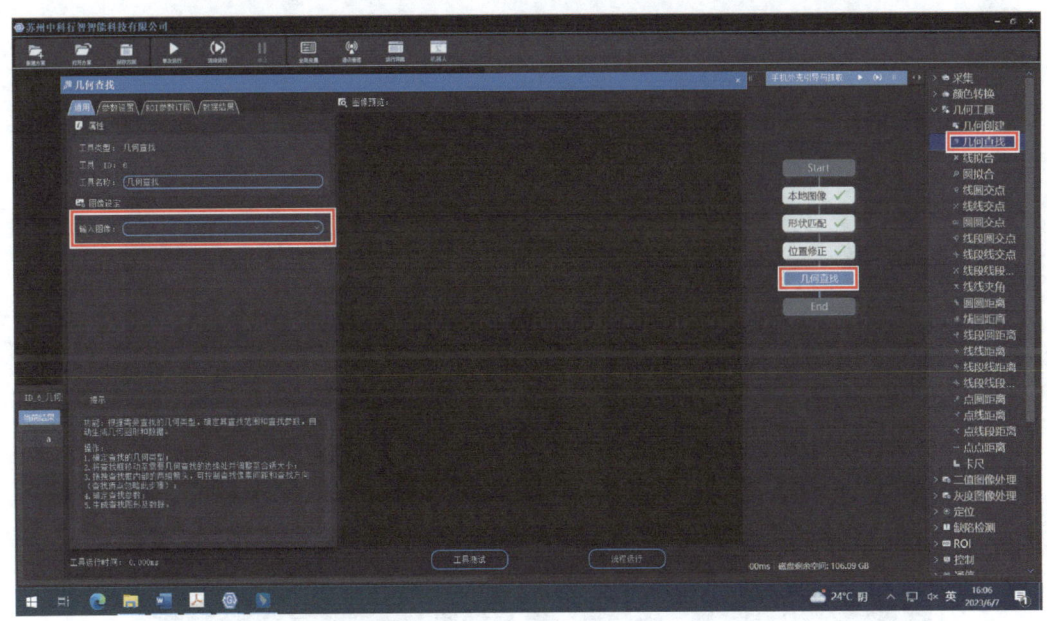

图 13-12 添加"几何查找"工具

5）为了便于计算手机壳的对角线，需要获取手机壳 4 条边的交点，添加分支结构，如图 13-15 所示，将分支结构的条件全部设定为 1，相当于 4 个交点的求取是并行结构。

6）在每一个分支下都添加"线线交点"工具，如图 13-16 所示，分别命名为"线线左上交点""线线左下交点""线线右上交点"和"线线右下交点"。

7）在线线交点的"参数设置"选项卡中，通过选择两条直线，确定左上角、左下角、右上角、右下角 4 个交点，如图 13-17 ~ 图 13-20 所示。交点的结果在图像预览窗口显示。

8）根据 4 个交点，建立两条对角线，添加"几何创建"工具，在"通用"选项卡中将工具名称更改为"对角线 1"和"对角线 2"，如图 13-21 所示。

137

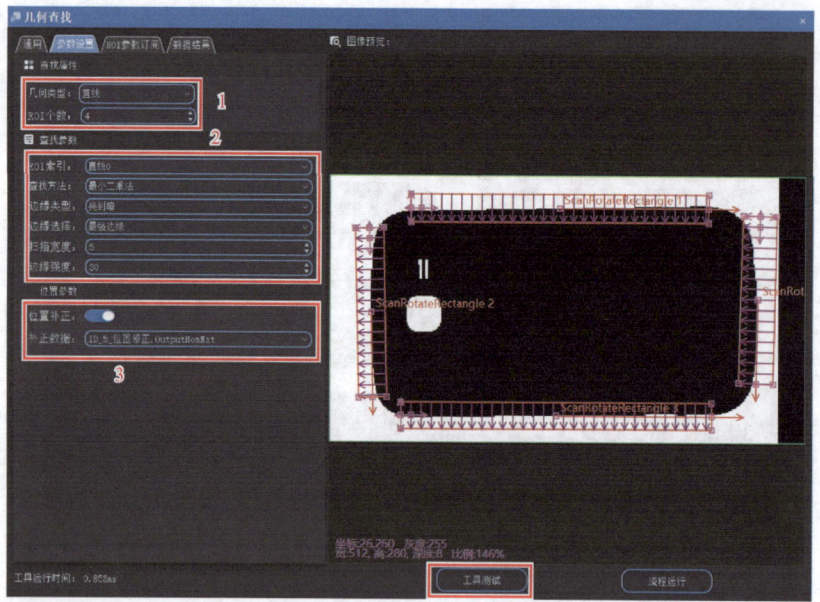

图 13-13 几何查找参数设置

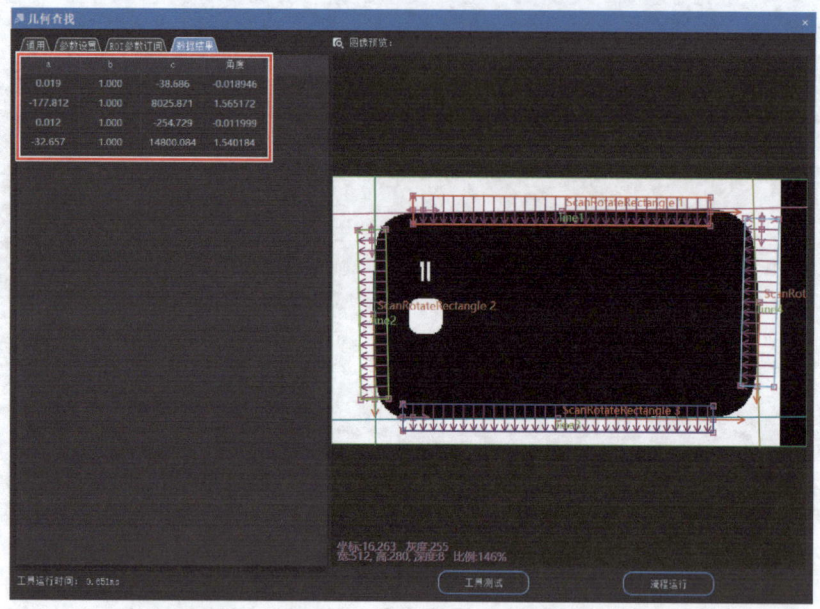

图 13-14 几何查找数据结果显示

9）在对角线 1 和 2 的"参数设置"选项卡中，选择所要创建的几何类型。已知平面上的两个点，可确定一条直线。在参数选项中选择步骤 7）的两个交点坐标，确定对角线，如图 13-22 和图 13-23 所示。

10）通过步骤 9）创建的两条对角线，添加"线段线段交点"工具，计算两条对角线的交点坐标，如图 13-24 所示，在"参数设置"选项卡中选择两条对角线数据，结果在图像预览窗口中显示，并得到交点的像素坐标。

项目13 手机外壳引导、抓取与组装

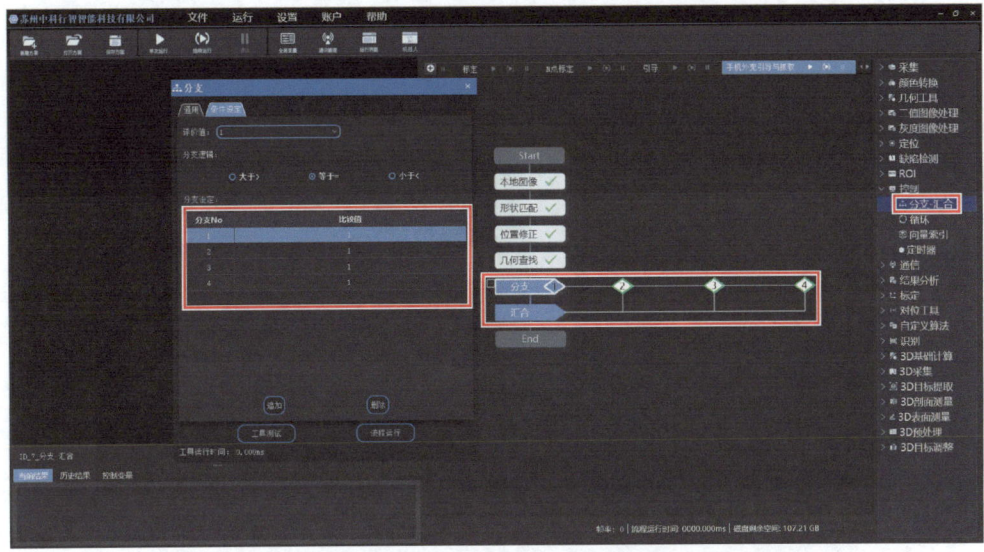

图 13-15 分支结构设置

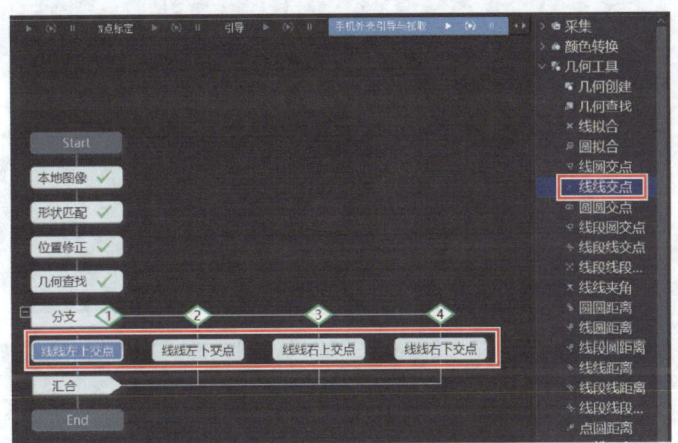

图 13-16 添加"线线交点"工具

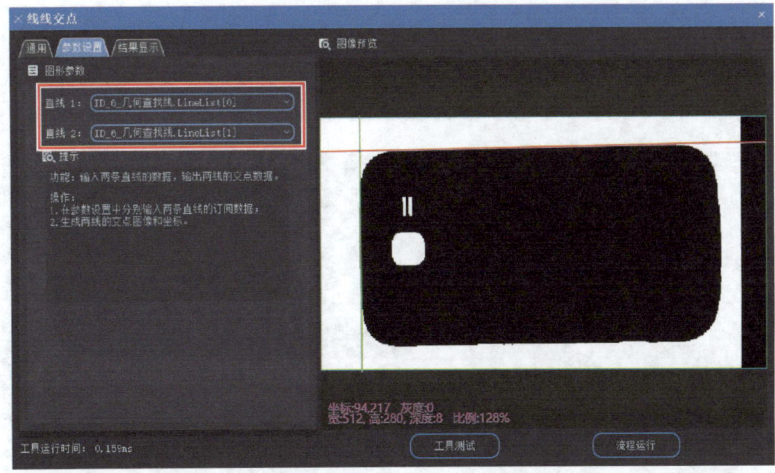

图 13-17 左上角交点设置

139

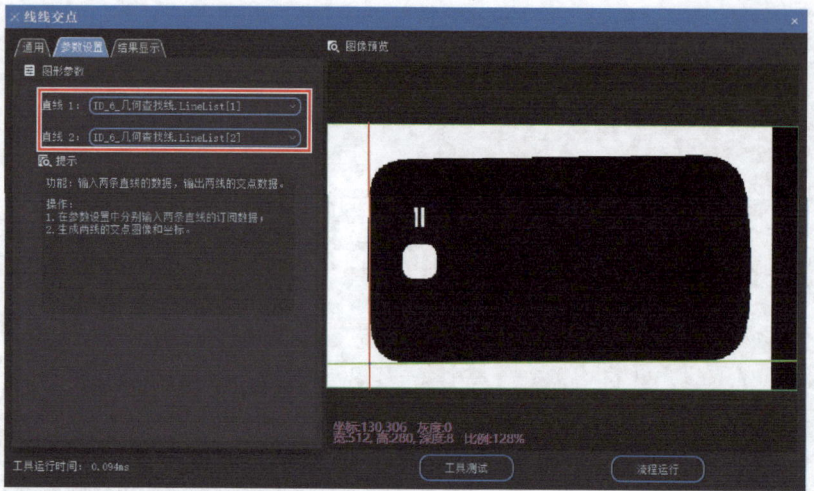

图 13-18　左下角交点设置

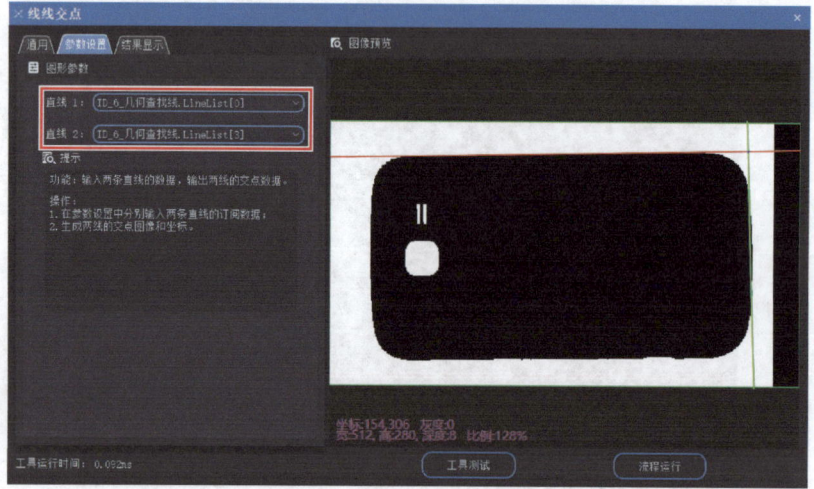

图 13-19　右上角交点设置

图 13-20　右下角交点设置

项目13 手机外壳引导、抓取与组装

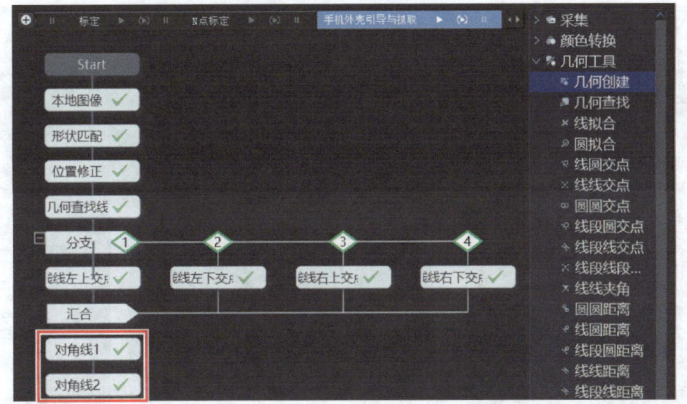

图 13-21 建立两条对角线

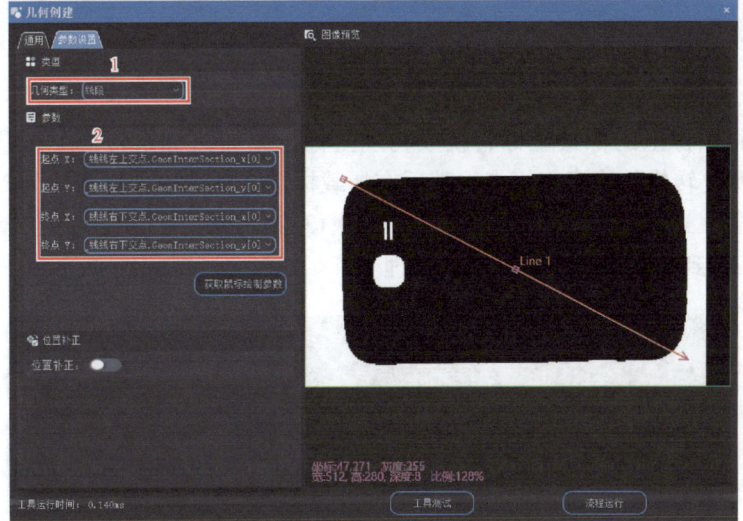

图 13-22 拟合第一条对角线

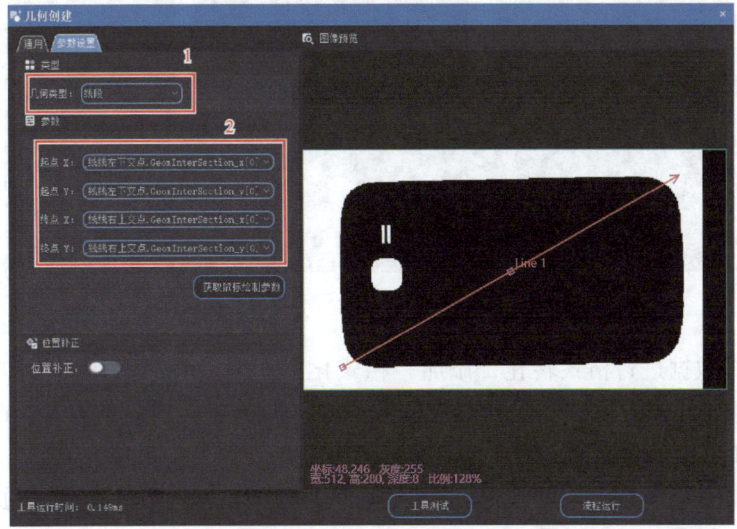

图 13-23 拟合第二条对角线

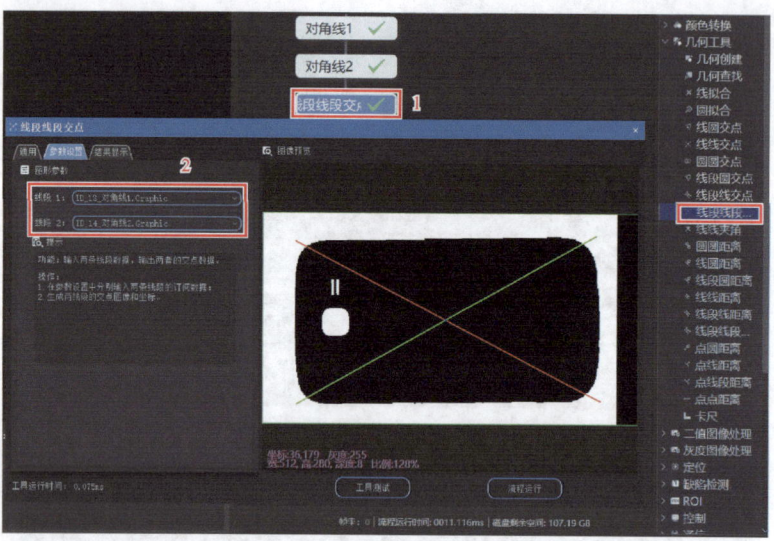

图 13-24 创建两条对角线交点

11）为了将图像上的像素坐标转换成物理坐标，添加"标定转换"工具。在"参数"选项卡中选择所要转换的像素坐标点，随后在加载标定文件选项中打开任务 2 中计算保存的标定文件，单击"运行"按钮，即可完成，如图 13-25 所示。标定转换的结果显示界面如图 13-26 所示，得到的结果为手机外壳的物理坐标。

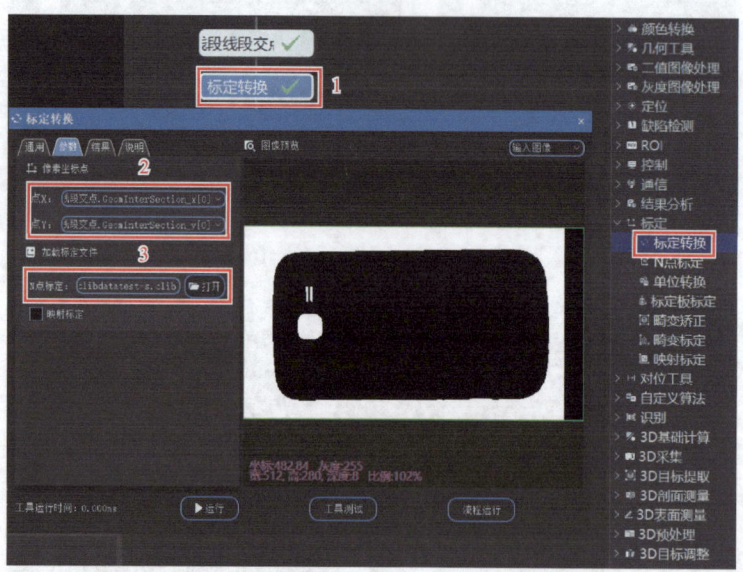

图 13-25 添加"标定转换"工具及其参数设置

12）为了将数据进行格式转化，添加"格式化"工具，在工具编辑窗口按照所要显示的数据格式，添加格式化文本，选择对应的数据源，即标定转换后的（X，Y）坐标和手机壳角度，如图 13-27 所示。

13）为了将计算的数据发送给机械手，添加"发送数据"工具，在"通用"选项卡中选择输出配置，如图 13-28 所示。

项目13　手机外壳引导、抓取与组装

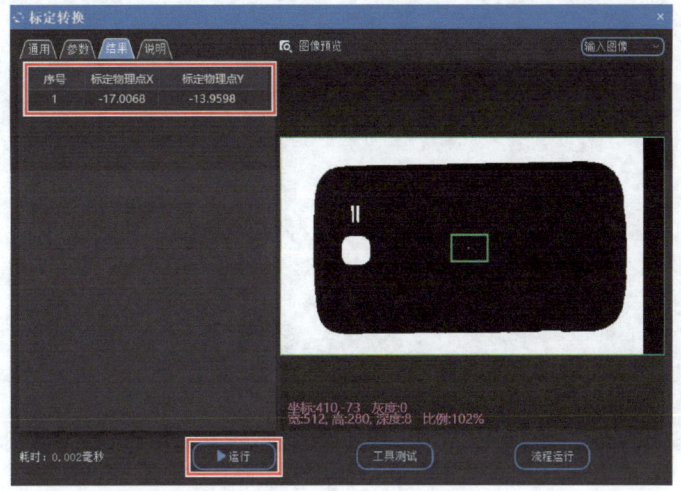

图 13-26　标定转换的结果显示界面

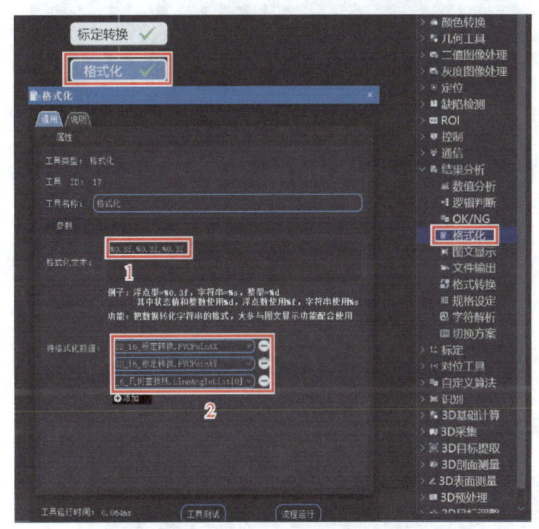

图 13-27　添加"格式化"工具及其参数设置

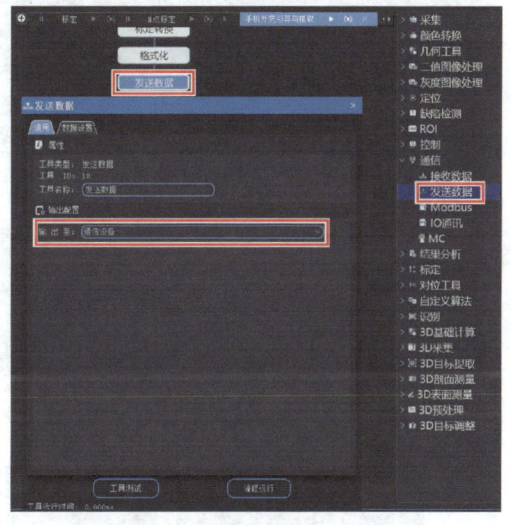

图 13-28　添加"发送数据"工具及其通用设置

14）在发送数据输出之前，需要建立通信管理。如图 13-29 所示，单击工具栏中"通信管理"图标，弹出"通信管理"对话框，单击左下角"添加"按钮，弹出"创建通信"对话框，在该对话框中设置相关的通信参数，设备名称命名为"Robot1"，同时检查本机的 IP 是否正确，添入本地端口数据，单击"创建"按钮，将 Robot1 添加至列表，如图 13-30 所示，选择 Robot1 并打开。

15）建立通信管理后，输出数据的数据源可选择为格式化的文本，输出对象选择为 Robot1，如图 13-31 所示。

16）添加"图文显示"工具，用来显示最终的抓取坐标，如图 13-32 所示。在"图文设置"选项卡中，添加两个链接源，第一个是用来显示抓取的点，第二个是显示抓取的坐标文本，如图 13-33 所示。

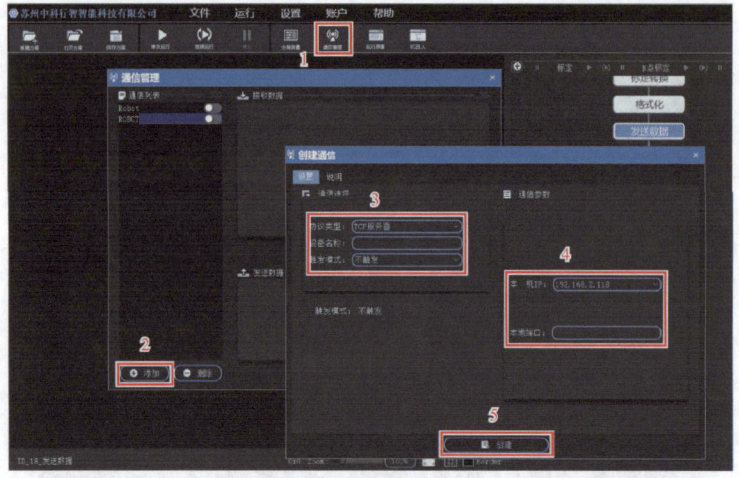

图 13-29 通信管理设置

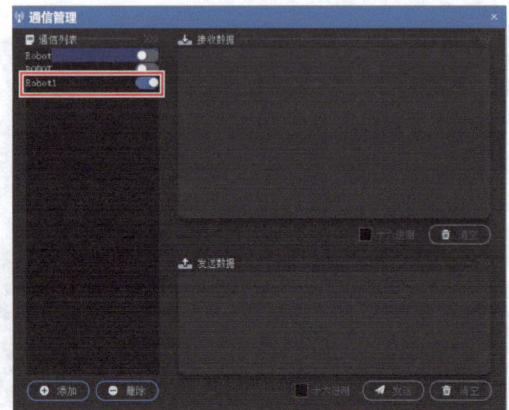

图 13-30 将 Robot1 添加至列表

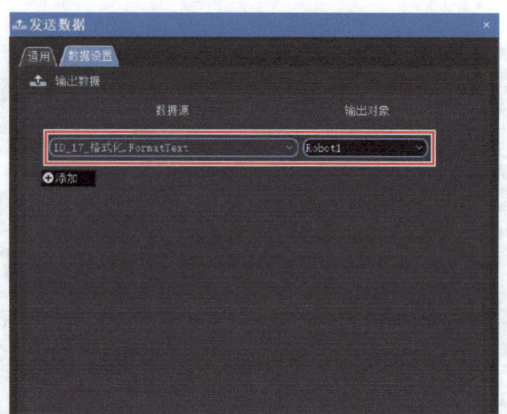

图 13-31 发送数据参数设置界面

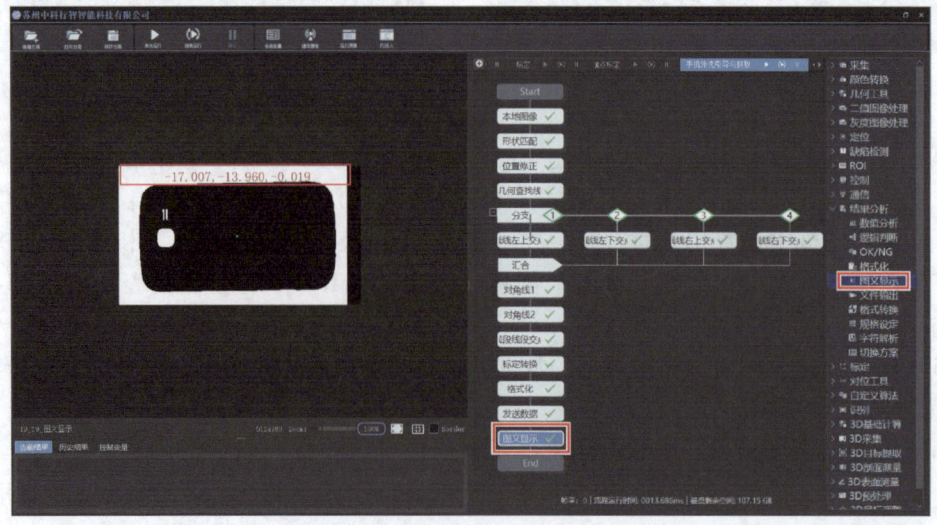

图 13-32 添加"图文显示"工具

项目13 手机外壳引导、抓取与组装

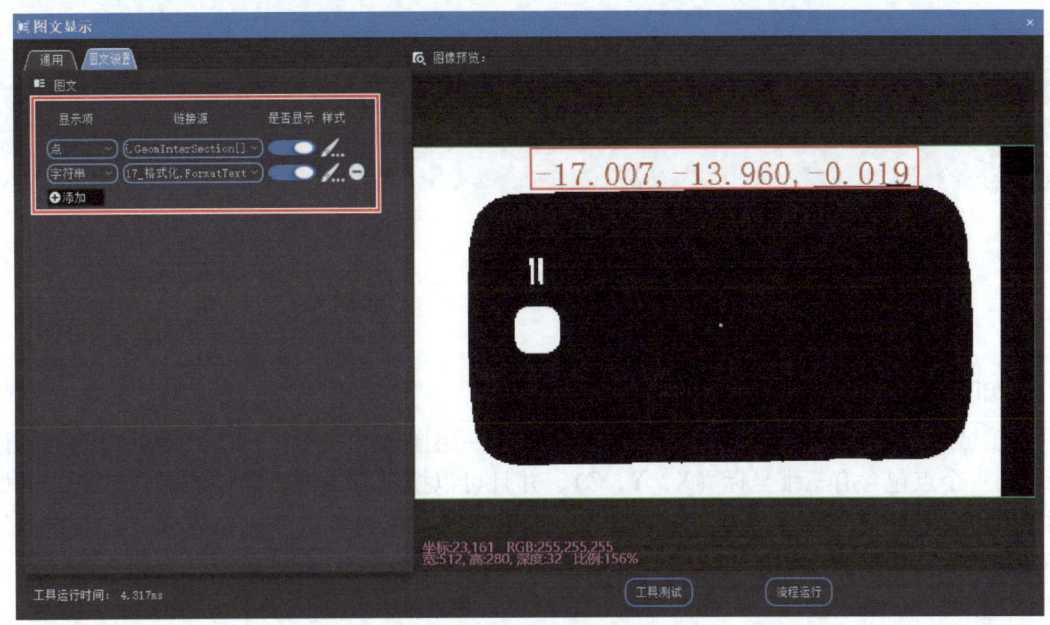

图 13-33 坐标结果显示界面

同理，可以获得工位 2 和工位 3 相关抓取坐标。

至此，便完成了手机外壳引导、抓取与组装设备的调试。运行机械手的对应程序，便可以实现机械手抓取手机外壳组装到手机中板的功能。

习　题

1. 在进行视觉对位引导项目中，需要通过（　　）来建立视觉坐标系与机械手坐标系之间的对应关系。

　　A. 检测　　　　　B. 标定　　　　　C. 定位　　　　　D. 曝光

2. GIVS 软件中发送数据流程可发送＿＿＿＿、＿＿＿＿和＿＿＿＿。

3. 总结机器视觉引导定位的常见方式。

4. 概述影响引导精度的因素。

5. 如图 13-34 所示，简述相机固定在机械手上该如何进行标定。

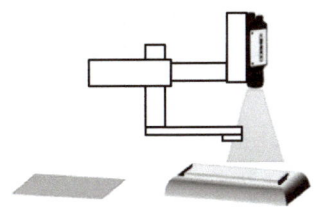

图 13-34 习题 5 图

项目 14

GIVS 3D基础功能应用

任务 1 获取 3D 点云数据

【知识要点】

1）点云。点云数据是指在一个三维坐标系中一组向量的集合，扫描数据以点的形式记录，每一个点包含有三维坐标（X，Y，Z），并且可以携带有关该点属性的其他信息，例如颜色 RGB、反射率、强度、表面法向量等。点云实时数据通常由激光扫描仪、三维扫描仪等设备获取，数据庞大的点如云团一般聚拢在一起，构成了 3D 模型的点云数据，该场景可用于三维建模、场景重建、机器人导航、虚拟现实和增强现实等应用中，如图 14-1 所示。

2）点云格式。三维扫描设备获取的实时点云可以保存到本地 PC 中，通过加载单个点云或加载点云所在的文件夹查看点云数据的属性信息，其文件格式有 ASCII 和二进制两种编码形式，前者可以通过记事本等文本方式打开并阅读里面的信息，后者的读写效率更佳。点云可以存储为多种格式，常见的文件扩展名有 PLY、PCD、STL、OBJ 等。以 PLY 格式为例，它属于非常简洁且经典的多边形格式，主要属性是顶点、三角面以及其他附带属性，如法向、颜色等。如图 14-2 所示，首行固定字符即表示 PLY 文件，format 用于约定 ASCII 或二进制，后面数字为版本号，Width、Height 代表有序点云的分辨率大小，element vertex 代表顶点数目，下行 property float 开头为 vertex 顶点属性，end_header 是文件头结尾的标识符，后面存储的是顶点（X，Y，Z）坐标值，一行代表一个顶点信息。

图 14-1 点云

```
ply
format ascii 1.0
obj_info WiSight PLY PointCloud ( Width = 4096; Height = 2464)
element vertex 10092544
property float x
property float y
property float z
end_header
0    0    0
0    0    0
0    0    0
0    0    0
0    0    0
0    0    0
0    0    0
0    0    0
0    0    0
0    0    0
```

图 14-2 PLY 格式

按照组成特点，点云可分为有序点云和无序点云，有序点云一般为深度图还原的点云，或图像逐点重建出来的点云，是按图像方阵一行一行、从左上角到右下角排列的，其中对于无效点，即没有重建出来的点也以坐标（0，0，0）保存在点云数据中，这种类型的点云是

项目14 GIVS 3D基础功能应用

按照顺序排列，一般按图像遍历索引方法，可迅速查找它的相邻点信息。无序点云是点的集合，点与点之间的排列没有任何顺序，即使交换点的索引顺序，点云的空间轮廓仍保持不变，依旧为同一个点云，且对后续处理一般没有影响，存储数据中没有无效点。用记事本格式分别打开有序点云和无序点云，查看文件头，有序点云如图14-3所示，无序点云如图14-4所示。

```
ply
format ascii 1.0
obj_info WiSight PLY PointCloud ( Width = 1920; Height = 2200)
element vertex 4224000
property float x
property float y
property float z
end_header
```

图14-3　有序点云

```
ply
format ascii 1.0
comment Author: CloudCompare (TELECOM PARISTECH/EDF R&D)
obj_info Generated by CloudCompare!
element vertex 406033
property float x
property float y
property float z
property uchar red
property uchar green
property uchar blue
end_header
```

图14-4　无序点云

3）获取实时点云。点云数据的获取主要有两种方式：一种是通过3D建模软件的模型，将其构建为点云的表征方式；另外一种是利用传感器采集真实空间中物体表面的点，将被采集对象构建为点云模型。基于3D模型构建出来的点云通常比较规则，不包含噪点；而传感器采集出来的点云，受光照、物体表面的影响自身会存在噪点，从而造成局部失真，因此3D机器视觉应用中涉及测量和检测精度的项目，需要做一下点云后处理算法操作。

4）硬件分类。按照光学测量方法分为主动测距法和被动测距法。主动测距法需要人造光照射物体，通过分析物体反射光路变化或者直接测量光的传播时间来确定距离；而被动测距法则不需要外界人造光。主动测距法作为3D机器视觉常用的一种方式，根据测量原理又分为激光三角测距法、结构光法和飞行时间法。激光三角测距法基本原理是利用主动光源、被测物体和检测器的几何成像关系来确定被测物体的空间坐标，该方法常用于工业级应用，如线激光相机（见图14-5）。结构光法的基本原理是由投影仪将结构光编码图案投影到被测物体的表面，然后相机在另外一个角度对结构光图像进行同步拍摄，将捕获的结构光图像输入计算机进行编码处理，根据系统标定结果来计算特征点的三维坐标，从而完成被测物体的表面三维重构。根据投用光束的形态，结构光法分为光点法、光条法和光面法，图14-6所示为光面法相机。飞行时间法常用于TOF相机，基本原理是通过连续发射光脉冲到被测物体上，然后接收从物体反射回去的光脉冲，通过探测光脉冲的往返时间来计算被测物体与相机之间的距离。

5）成像原理。本任务点云数据的获取采用三角测距法的3D线激光相机，该方式基于三角测量原理，激光发射器、图像传感器和目标物体构成一个几何三角关系，如图14-7所示，三维相机通过图像传感器捕获激光发生器投射在目标物体表面的激光线轮廓信息，重构物体表面轮廓信息，相机每次曝光捕获一个轮廓，激光线反射回相机的不同位置，取决于目标物体与传感器之间的距离。

图 14-5　线激光相机

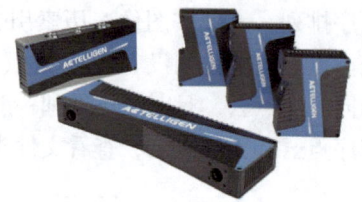

图 14-6　光面法相机

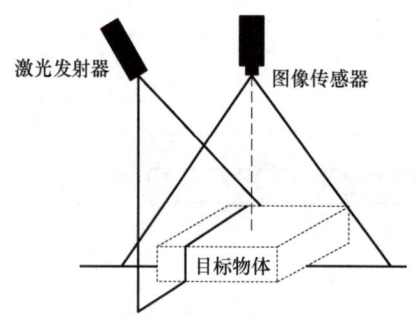

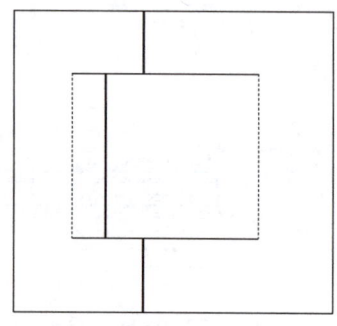

图 14-7　激光三角测距示意图

以中科行智 10mm 视野的 3D 线激光相机为例，如图 14-8 所示，本任务默认定义平行于激光线的方向为 X 轴方向，移动扫描的方向为 Y 轴方向，相机到被测产品的方向为 Z 轴方向，量程为 Z 轴方向可测量的实际距离，近端视场、远景视场分别为不同工作距离激光器 X 轴方向的最大视野。

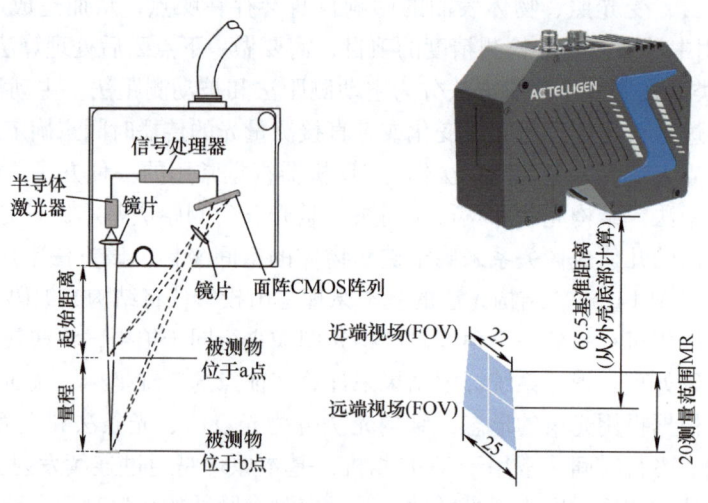

图 14-8　线激光相机实物图

【任务要求】

根据产品 X 轴视野选择合适型号的线激光相机，常用短边作为相机 X 轴方向，长边为线激光扫描方向，示例产品为 40mm×35mm，故选择 X 视野为 40mm 的线激光，该原则适用于不同工业品牌的 3D 相机选型。该任务的最终目的是能够使用 3D 相机获取图 14-9 所示的点云数据，并保存为 PLY 格式。

项目14　GIVS 3D基础功能应用

图14-9　点云效果图

【任务实施】

（1）设置IP地址　将线激光相机电源与网线连接，完成后确认点云和网口指示灯是否处于点亮的状态，指示灯亮起后设置网卡IP地址，连接相机之前需将与相机相连的网卡设置为同一网段，默认设置192.168.2.××网段，如图14-10所示。

（2）安装中科行智线激光相机采图软件Triplelaser

1）双击 TripleLaser_v1.3.5_Setup.exe，选择安装路径，如图14-11所示。

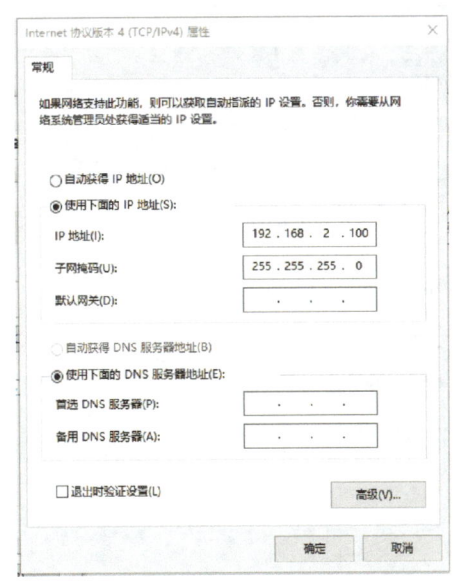

图14-10　IP地址设置

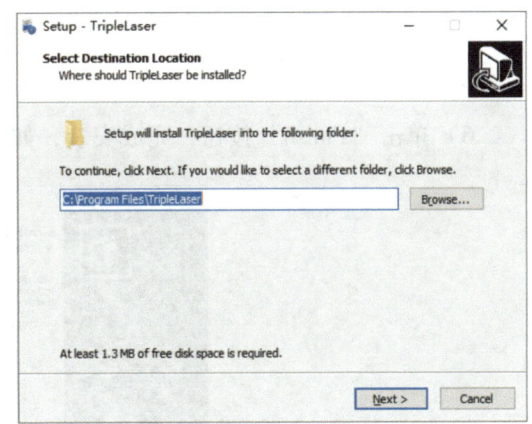

图14-11　选择安装路径

2）单击"Next"按钮，选择组件安装，如图14-12所示。

3）单击"Next"按钮，选择开始菜单文件，如图14-13所示。

149

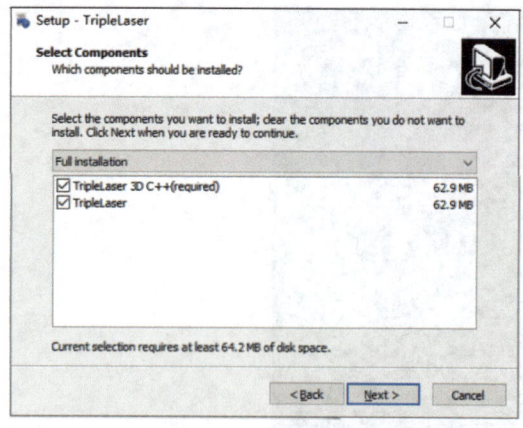

图 14-12　选择组件安装　　　　　　图 14-13　选择开始菜单文件

4）单击"Next"按钮，选择图标显示，如图 14-14 所示。

5）单击"Next"按钮，准备安装软件，如图 14-15 所示。

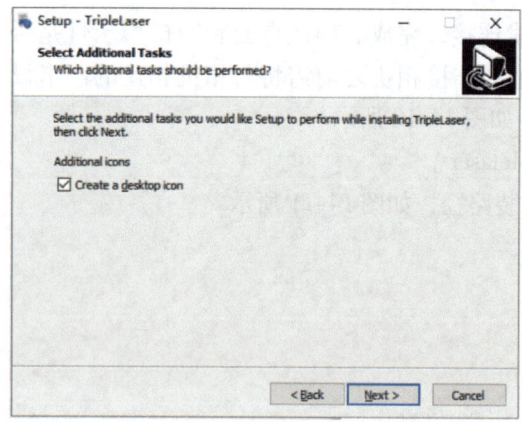

图 14-14　选择图标显示　　　　　　图 14-15　准备安装软件

6）单击"Finish"按钮，完成安装，如图 14-16 所示。

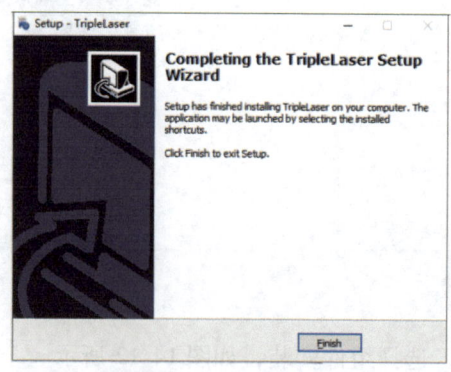

图 14-16　安装完成

项目14　GIVS 3D基础功能应用

线激光相机采图软件安装完成后，会自动生成一个快捷方式，双击图标，打开 Triplelaser 软件后，系统会弹出连接相机界面，如图 14-17 所示，Triplelaser 软件主界面包含工具栏、设备硬件信息、采集按钮、控制功能区、图像显示区、输出信息显示区。软件初始为未连接状态，连接成功后方可进行图像采集，主界面如图 14-18 所示，控制功能区说明见表 14-1。

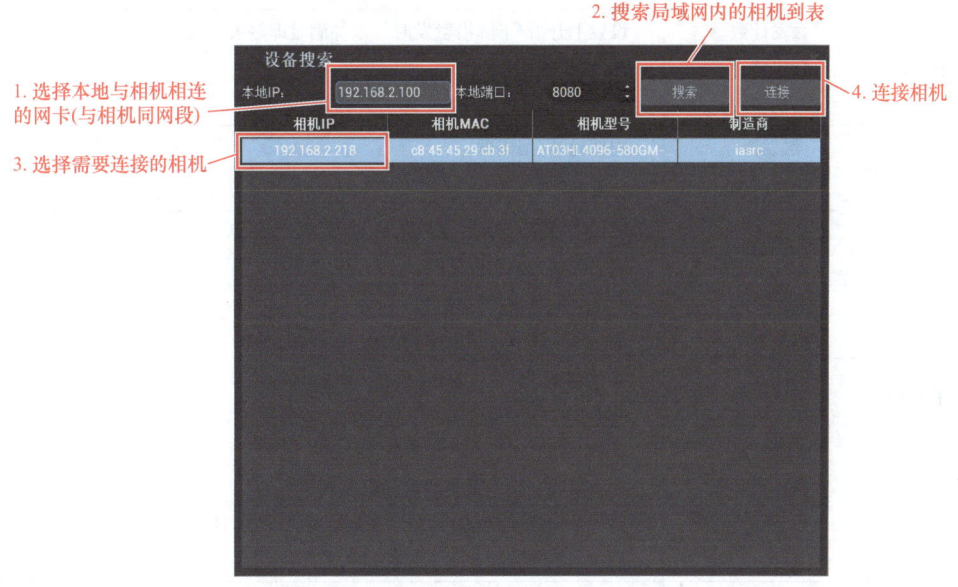

图 14-17　连接相机界面

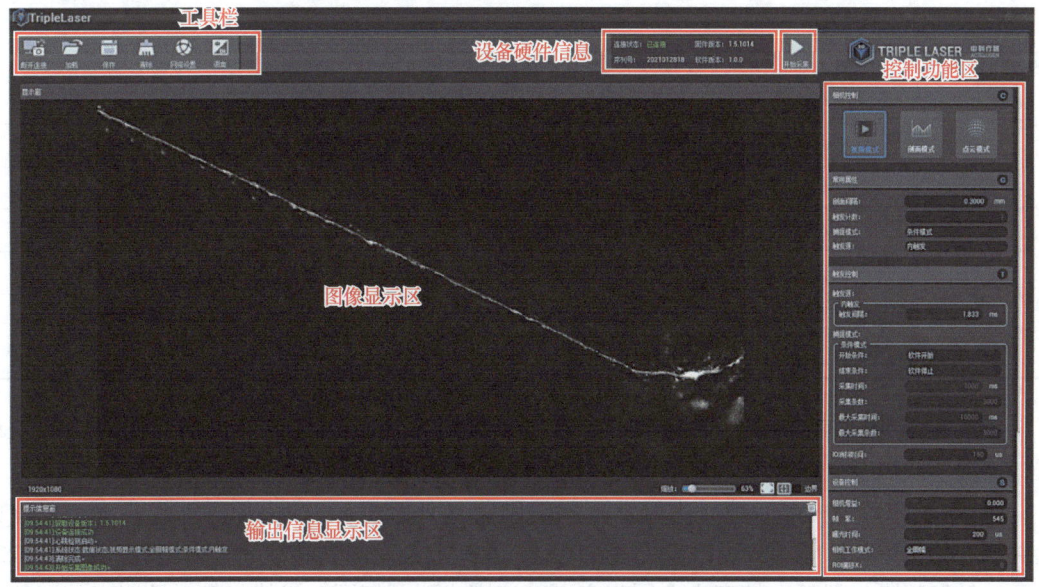

图 14-18　Triplelaser 软件主界面

151

表14-1 控制功能区说明

功能区	功能	说明
相机控制模块	视频模式	实时显示采集到的图像数据
	剖面模式	实时显示剖面
	点云模式	显示采集到的物体表面点云数据
常用属性模块	剖面间隔（mm）	设置剖面点云线间的拼接距离
	触发计数	设置上升沿/下降沿触发时，条件满足即触发一次采集
	捕捉模式（采集模式）	条件模式/电平模式
	触发源	内部时钟/编码器
触发控制模块	内部时钟	触发间隔（ms）
	编码器	触发类型：上升沿/下降沿 编码器信号消抖时间（μs）
	捕捉模式-电平模式	电平：高电平/低电平 最大采集条数：所能采集的最大点云剖面数
	捕捉模式-条件模式	开始条件：软件开始/上升沿/下降沿 结束条件：软件结束/固定条数/固定时间 采集时间（ms）：每次采集的时间 采集条数：指定采集的点云剖面数 最大采集时间（ms）：显示采集的最大采集时间 最大采集条数：显示采集的最大采集条数
	IO 消抖时间	外部触发使能信号的消抖时间
设备控制模块	相机增益	增益
	帧率	帧率
	曝光时间（μs）	拍照曝光的时间
	相机工作模式	全画幅模式/ROI 模式
	ROI 设置	通过设置偏移 X/偏移 Y/宽度/高度调整 ROI
	模拟电流输出	设置模拟电流输出，底层硬件线缆能接收到相应电信号
	条纹亮度阈值	设置激光线条纹亮度阈值
点云工具模块	点数	显示点云个数
	点云显示方式	可选择栅格框、栅格盒、无栅格、后栅格、左栅格、底栅格方式显示点云
	点云显示角度	可选择俯视图、仰视图、左视图、右视图、正视图、后视图角度显示点云
	点云范围	显示 X 范围、Y 范围、Z 范围

（3）设置采图参数　设置 Triplelaser 软件采集时常用的属性，包含剖面间隔、触发计数、捕捉模式以及触发源等，线激光常用采图方式如图 14-19 所示。

1）触发源分为内部时钟（内触发）和编码器（外触发），在内部时钟模式下，上位机软件触发相机采集，该模式可以设置触发间隔，实际上触发间隔和帧率互为倒数，如图 14-20 所示。触发间隔设置后，帧率也会同步变更，该模式下可打开激光线，针对被测产品调整相机的实际工作距离。

项目14 GIVS 3D基础功能应用

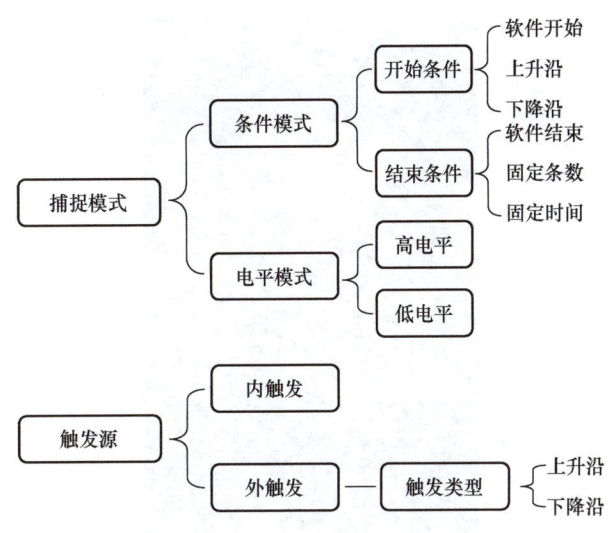

图14-19 线激光常用采图方式

编码器作为触发源时，相机可接收到外部触发信号并进行采集，且需要设置触发类型，包含上升沿和下降沿两种，如图14-21所示。对于编码器触发，平台的运动速度与编码器的触发频率是呈正比的，运动速度越快，则编码器频率越高，这样单幅图像能支持的最大曝光时间就越小。

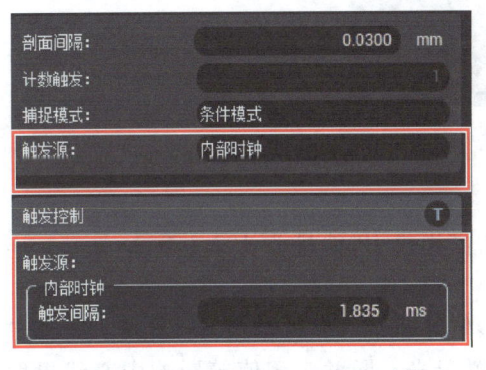

图14-20 相机触发源——内部时钟

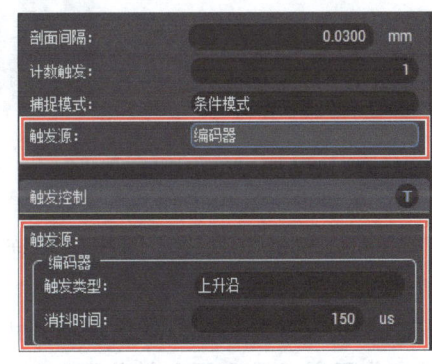

图14-21 相机触发源——外触发

2）亮度参数设置。曝光设置和增益设置类似2D相机原理，通过调节相机的曝光时间来调整拍摄图像的亮度值，曝光量的正确调节取决于目标材质的反光特性以及应用要求，一个比较好的曝光值通常在激光线中心会有2~3个饱和像素（灰度值255），亮度设置是否合理决定中心线提取的稳定性，最终影响点云重建效果。

3）帧率设置。图14-22所示为GIVS 3D线激光相机参数设置界面，相机的帧率范围和ROI设置中的高度有关系，ROI的高度越小，相机曝光的可调范围越大，帧率大，采集速度快，帧率小，采集速度慢。图像模式可选择全像素模式或ROI模式，调节ROI的最主要的目的是提高帧率，ROI的高度越小帧率会越高，ROI的宽度对帧率不会产生影响。关于ROI范围的数值设定，约定如下：偏移量X范围为0~1408，偏移量Y范围为0~1000，高度范围为80~1080，宽度范围为512~1920。

153

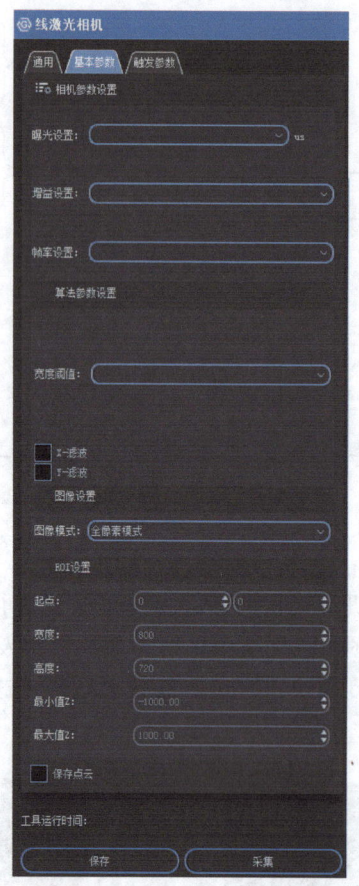

图 14-22 GIVS 3D 线激光相机参数设置界面

4）采集点云通用步骤如下：

① 确认相机电源线与网线已经连接好，设置相机 IP 地址为 192.168.2.×××，连接相机。

② 切换至视频模式，依次选择"内部时钟→软件开始→软件结束打开激光线，调整相机的工作距离以及采图起始位置，对应检测位置曝光、增益、阈值等影响中心线提取的参数。

③ 在工业设备环境支持编码器采集的前提下，优先选择编码器模式采图。

任务 2　手机模组平面度与断差检测

【知识要点】

1）平面度和断差。在几何公差的评定与测量中，平面度是指所有元素都在一个平面上的状态，而平面度公差指产品实际平面对其理想平面所允许的变动全量，其数值等于两个平行平面的距离，图 14-23 所示为公差值为 0.2mm 的平面度示意图，评定的测量位置必须处于同一个平面的点位，否则无法定义为平面度的测量。在几何公差中，断差即为高度差，是在同一个坐标系下的两个测量位置在同一方向上的坐标值差异。

2）深度图。深度图是表征场景中的物体与 3D 相机之间空间距离的图像，某一像素的值表示物体上对应的点相对于 3D 相机的距离，通常分为 16bit 图像和 8bit 图像，比普通 RGB 图像多了一维空间信息。在普通场景中看到的深度图多是以 8bit 灰度图形式表征，每个像素的值是一个［0，255］内的整数，是对场景中各点真实距离进行归一化处理后的结果，计算公式为

$$Z = Z_{\min} + pixel \frac{Z_{\max} - Z_{\min}}{255}$$

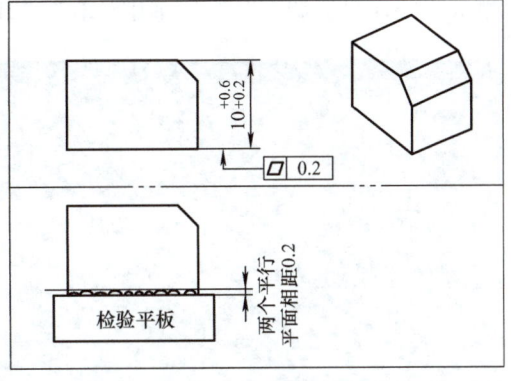

图 14-23　公差为 0.2mm 的平面度示意图

式中，Z 表示真实距离；$Z_{\max}$、$Z_{\min}$ 分别表示距离 3D 相机最远、最近的距离；$pixel$ 表示深度图中归一化后的像素值。由于人的视觉系统对图像微小灰度变化感观不明显，为改善视觉效果，会将其转换为伪彩色图，主要原理是把不同灰度级按照线性或者非线性的函数关系映射到不同的彩色空间中。

3）拟合平面。拟合平面作为计算机视觉和图形处理领域中常见的一种技术，用于从给定的三维点云数据中估计出一个最佳拟合平面，以便对点云进行分析、重建或者其他应用。拟合平面的目标是找到一个尽可能逼近给定点云数据的平面模型，最常见的为最小二乘法，即通过最小化点到拟合平面的距离之和来确定最佳平面参数。

设定平面模型的方程为 $Ax + By + Cz + D = 0$，其中 A、B、C 为平面的法向分量，D 为平面与原点的距离，最小二乘法的基本思想是通过最小化点集到平面距离的二次方和公式，得到最佳平面拟合参数，假设点云数据中的任一点 $p_i(x_i, y_i, z_i)$，该点到这个目标平面的距离 $d_i = |ax_i + by_i + cz_i + d|$，要使获得的拟合平面最佳，就需要添加约束条件求解方程组，找到点到目标平面距离二次方和最小的最优化参数，即满足 $\sum_{i=1}^{n} d_i^2 \to \min$。不同的拟合平面具有不同的约束条件，可通过各种数值优化算法得到最优平面的参数。

【任务要求】

图 14-24 所示为手机模组示意图，本次任务的目的是学会使用 GIVS 3D 完成最常见的平面度及断差检测，任务 1 是检测所有红色标识位置的平面度，任务 2 是将红色标识点位所在的平面作为基准面，测量圆形上四个蓝色标识点位相对于基准平面的断差。

【任务实施】

1）打开 GIVS 软件并加载自定义模块，如图 14-25 所示，加载默认安装目录下

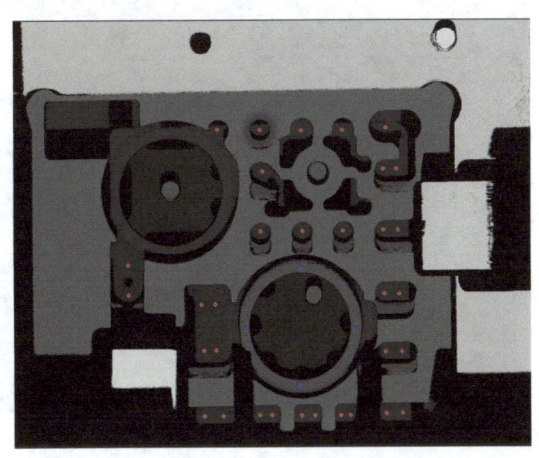

图 14-24　手机模组示意图

Gs3D 开头的 dll 文件后，主界面右侧工具箱列表中新增"3D 表面测量""3D 采集""3D 剖面测量""3D 目标调整""3D 基础计算""3D 目标提取"和"3D 预处理"模块。

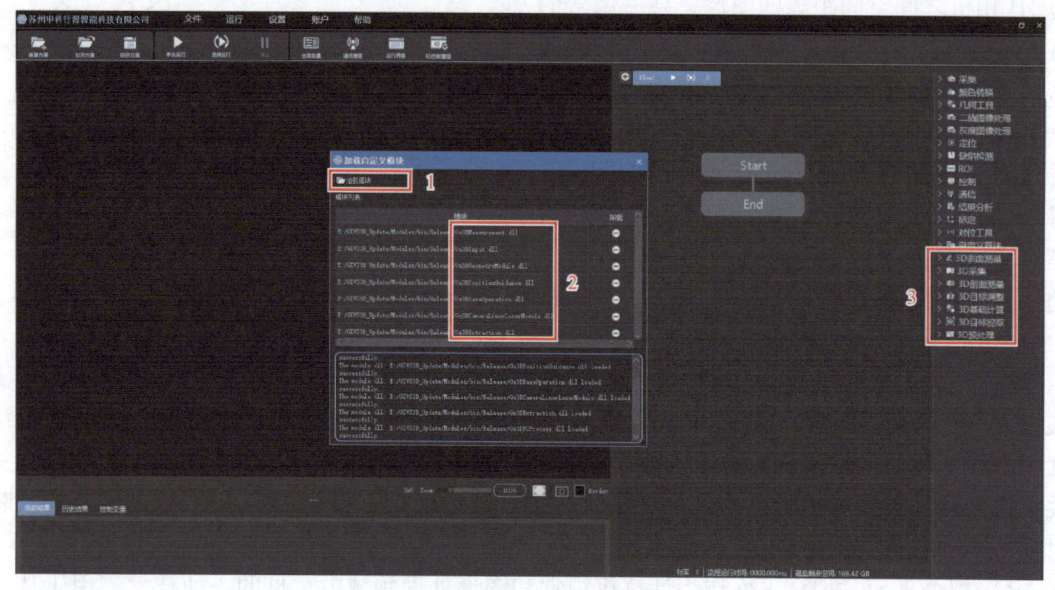

图 14-25　加载自定义模块

2）读取离线点云。选择工具箱列表"3D 采集"模块下的"本地点云"工具，将其拖拽至流程编辑窗口 Start 下面。如图 14-26 所示，双击"本地点云"工具，进入参数设置界面，单击"选择单个点云"右侧的文件夹图标，在弹出的对话框里找到本机上的点云所在位置，选中要打开的 PLY 格式点云，后单击"工具测试"按钮，可得到点云显示效果，最后关闭参数设置界面，返回方案编辑界面。

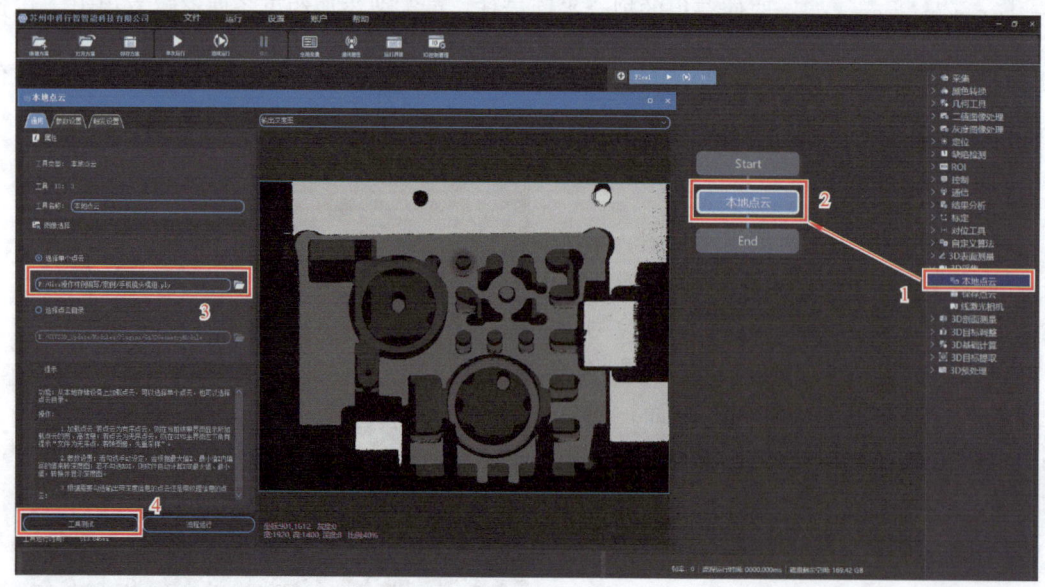

图 14-26　添加"本地点云"工具

3)流程重命名。选中 Flow1,选择右键菜单的"重命名"选项,弹出"流程重命名"对话框,如图 14-27 所示,将流程名修改为"手机模组检测",单击"确定"按钮关闭对话框,目的是区分被检测项。

4)修正检测区域。工业机器视觉应用中,检测设备或载具会存在一定的加工误差,导致产品成像位置的轻微差异,表征 ROI 检测位置的是像素坐标,若产品移动,会因检测区域不一致造成测量数据不准确,故需要在产品上找一刚性特征来实时修正检测区域。

如图 14-28 所示,选择工具箱列表"3D 预处理"模块中的"点云转深度图"工具,将其拖拽至流程编辑窗口后双击,进入参数设置界面,

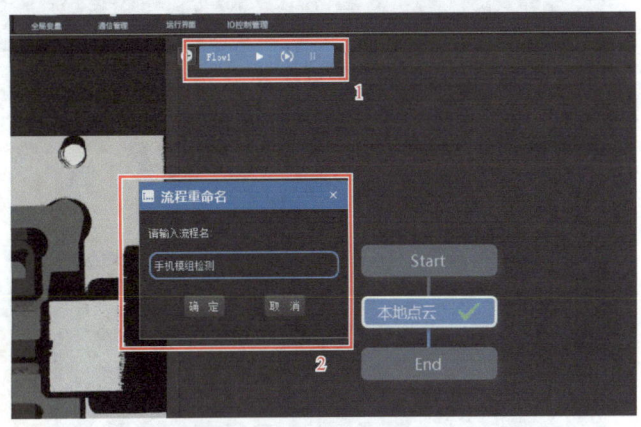

图 14-27 流程重命名

"通用"选项卡中,将选择点云设为本地点云,深度/彩色选择"伪彩色图",伪彩色图显示效果如图 14-29 所示。

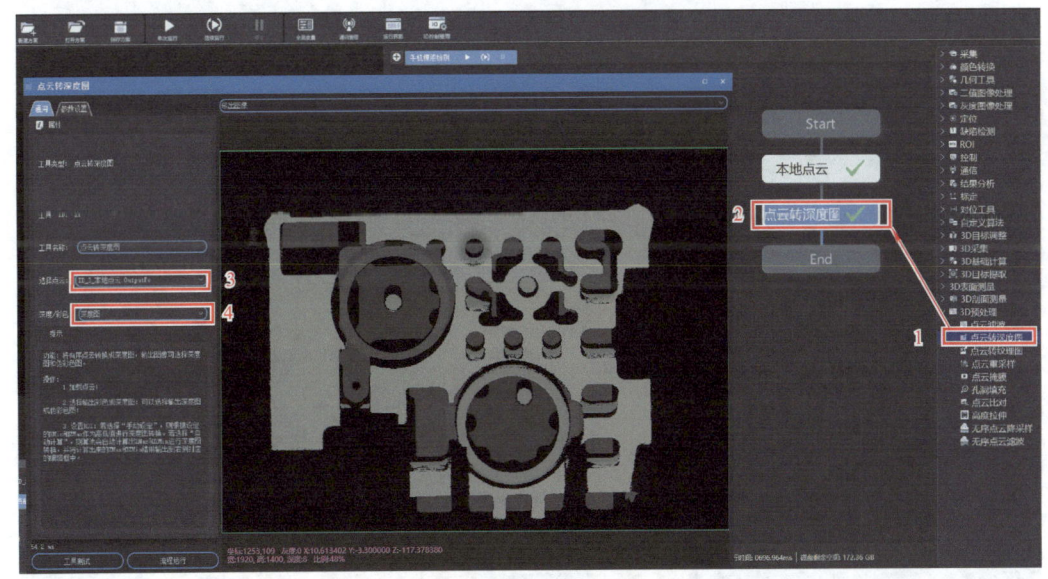

图 14-28 添加"点云转深度图"界面

"参数设置"选项卡中有"自动计算"和"手动设定"两种方式,选择"自动计算",单击"工具测试"按钮后 ZMax 和 ZMin 会自动显示输入点云的最大 Z 值和最小 Z 值,如图 14-30 所示;光标移动至图像显示窗口,运行状态栏会实时显示当前位置的像素坐标、RGB、XYZ 三维坐标,选择"手动设定"后,可根据需求设置不同范围的 Z 值,筛选出待测试的对象。如图 14-31 所示,可设置不同的 ZMax 值把产品背景过滤掉,从而获取到对比度更明显的边缘特征。

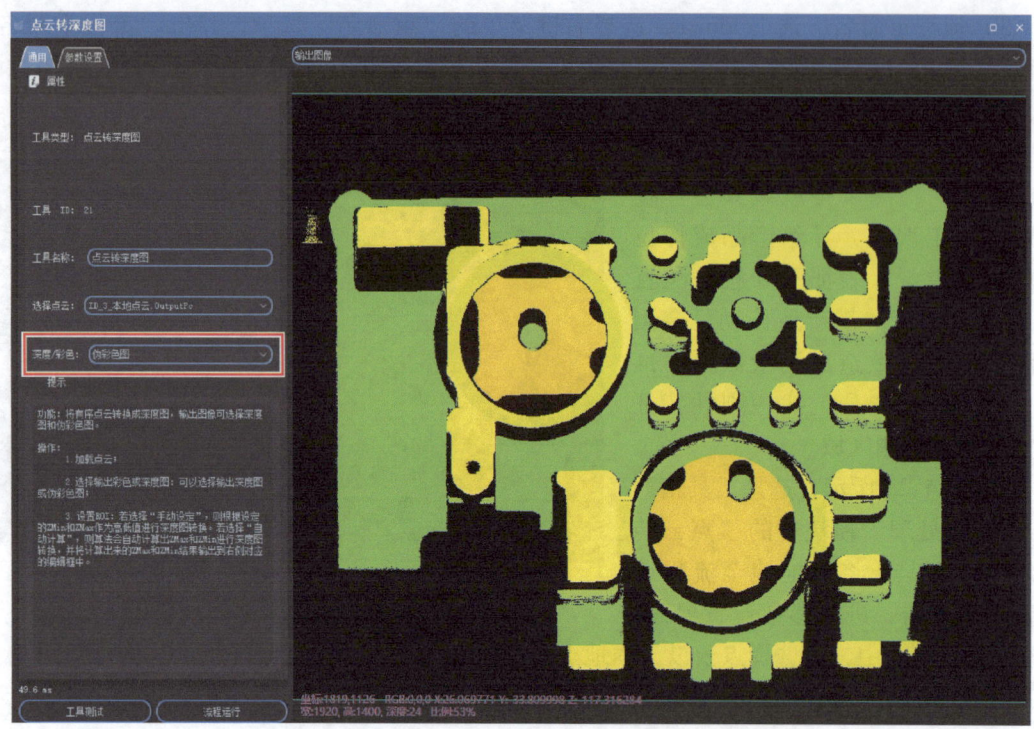

图 14-29 伪彩色图显示效果

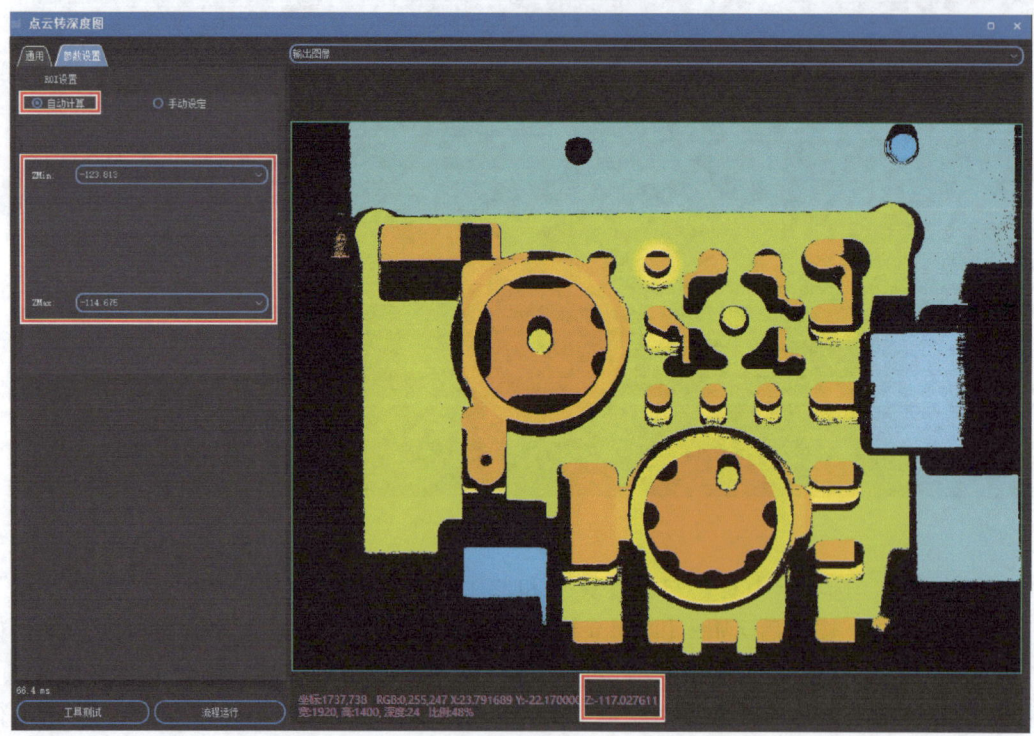

图 14-30 伪彩色图自动计算

项目14　GIVS 3D基础功能应用

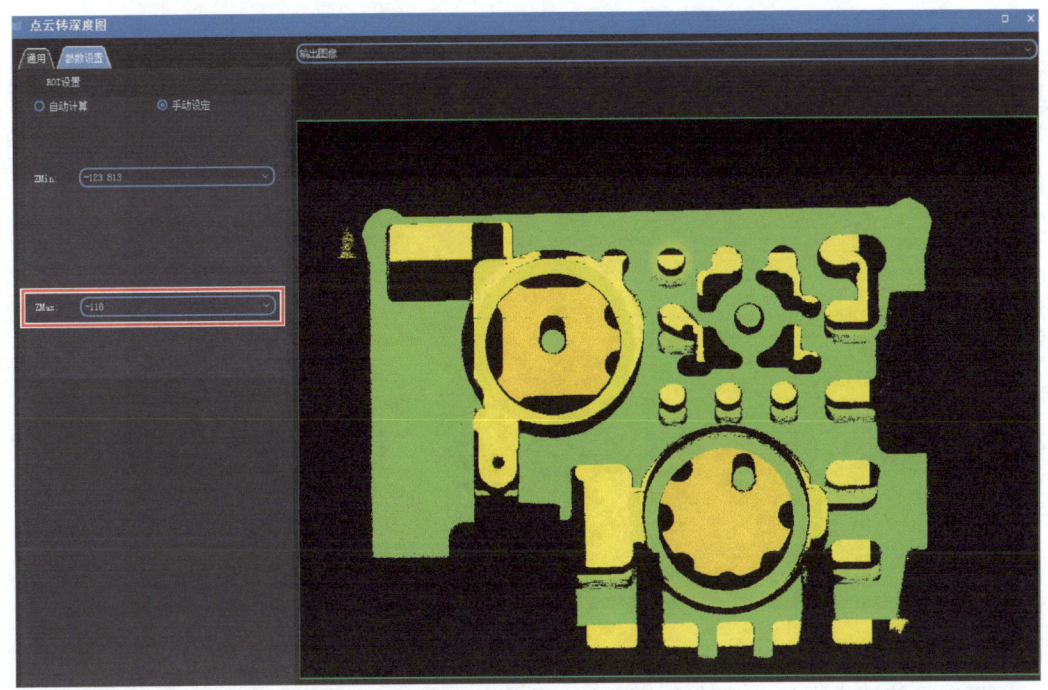

图14-31　伪彩色图手动设定

为了方便定位测量 ROI 区域，可通过产品的外边缘特征进行修正，"几何查找""线线交点""位置修正"使用方法同前述内容，不再详细赘述。图 14-32 所示为查找定位边，将卡尺放置在产品垂直的两条边缘位置，然后按照图 14-33 所示设置定位边参数，常用最小二乘法，因产品载具位置较稳定，故可以不用打开"位置补正"，单击"工具测试"按钮后即可显示产品边缘结果。

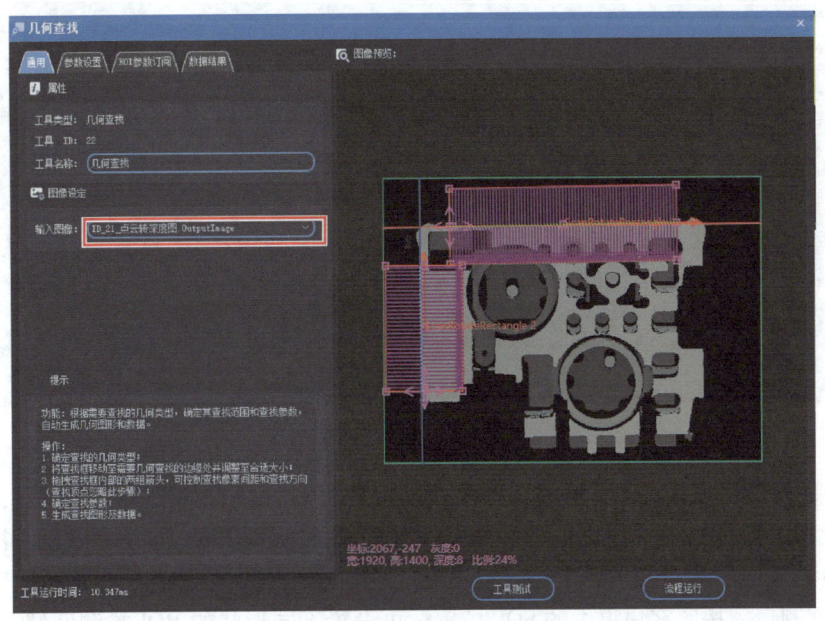

图14-32　查找定位边

159

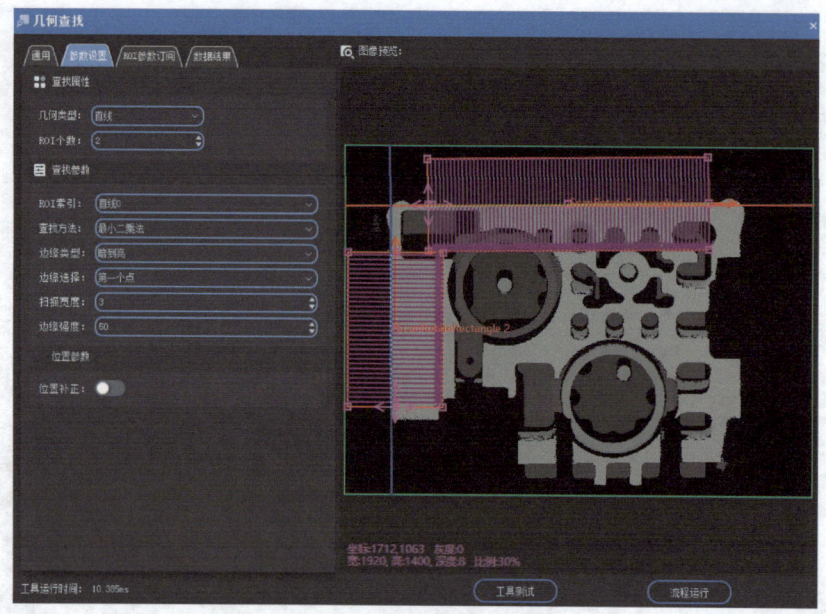

图 14-33 定位边参数设置

选择工具箱列表中的"线线交点"和"位置修正"工具，计算产品上两条垂直边缘的交点作为修正的参考点，如图 14-34 所示，设置"位置修正"工具的参数：参考点 X 和参考点 Y 选择垂直边缘的交点，考虑到产品在 XOY 平面的自转，参考角度选择其中一条边缘直线的角度，单击"设定参考值"按钮，弹出"信息"对话框，单击"确定"按钮。

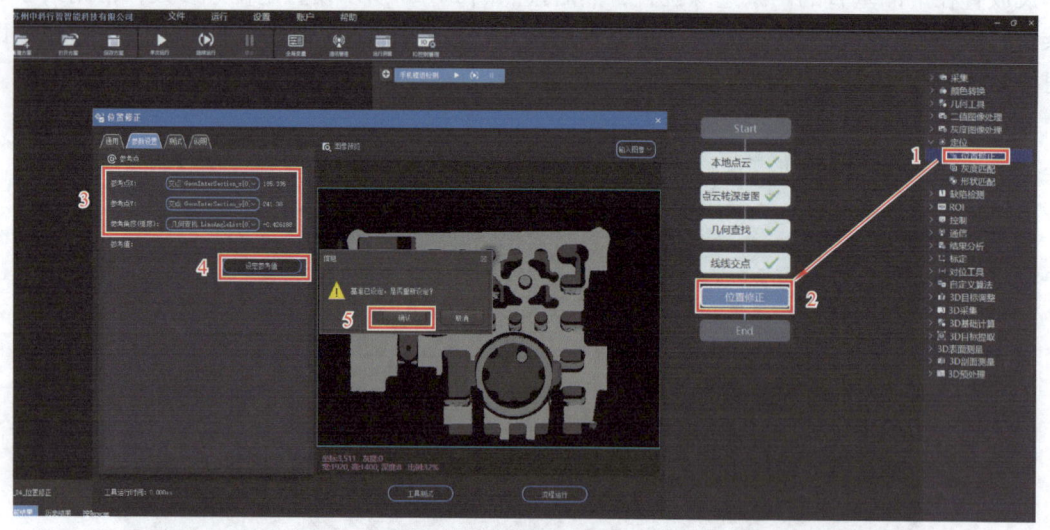

图 14-34 添加"位置修正"工具

GIVS 3D 检测区域定位常借助 2D 图像处理特征进行计算，如图 14-35 所示，利用线线交点和位置修正只是其中一种，也可参照 GIVS 2D 方式使用 Blob 质心等特征。被选择的参考特征与检测区域的相对位置不允许发生变化，否则会引起定位偏移，造成数据不准确。

5）高度测量。按照客户提供的 SOP 位置，可设置不同形状的 ROI 检测区域，如图 14-36

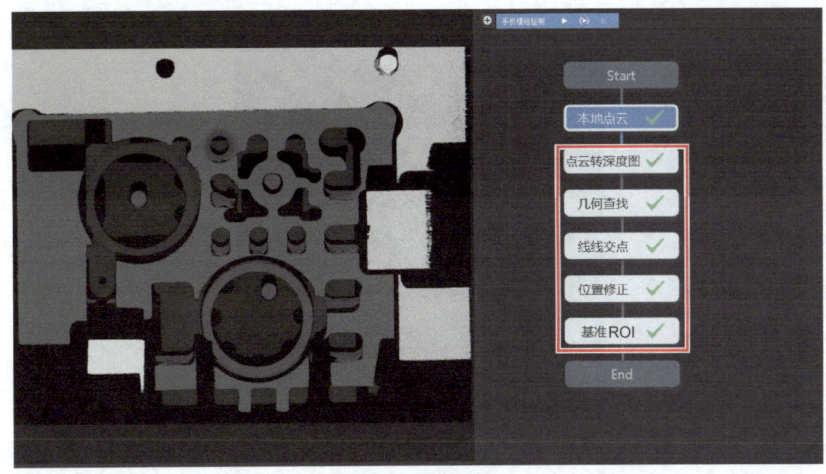

图 14-35 检测区域定位

所示,选择"圆形 ROI"工具,将其从工具箱列表拖拽至流程编辑窗口,双击,将工具名称设为"基准 ROI",此操作是为了区分相同功能工具的不同对象,便于后续订阅参数使用。然后按照图 14-37 所示选择多个等半径不同位置的基准 ROI 圆形区域,因产品存在移动或者转动,故需要加上产品垂直边缘的交点和边缘角度做参考的定位,如图 14-38 所示。

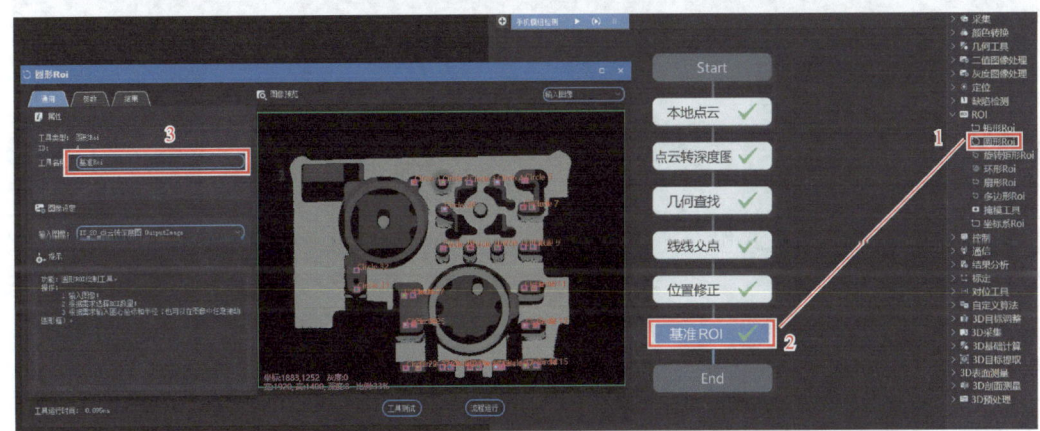

图 14-36 添加"圆形 ROI"工具

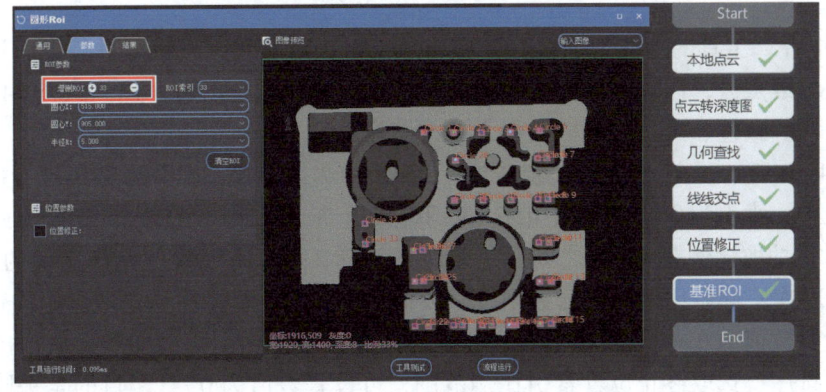

图 14-37 基准 ROI 圆形区域

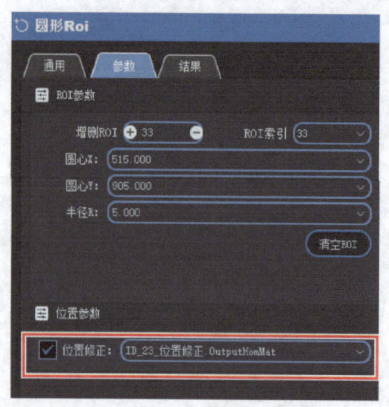

图 14-38 基准 ROI 修正

如图 14-39 所示，从工具箱列表中拖拽"平面拟合"工具至流程编辑窗口，选择点云设为待检测的产品点云，此处必须与高度测量的输入保持一致。

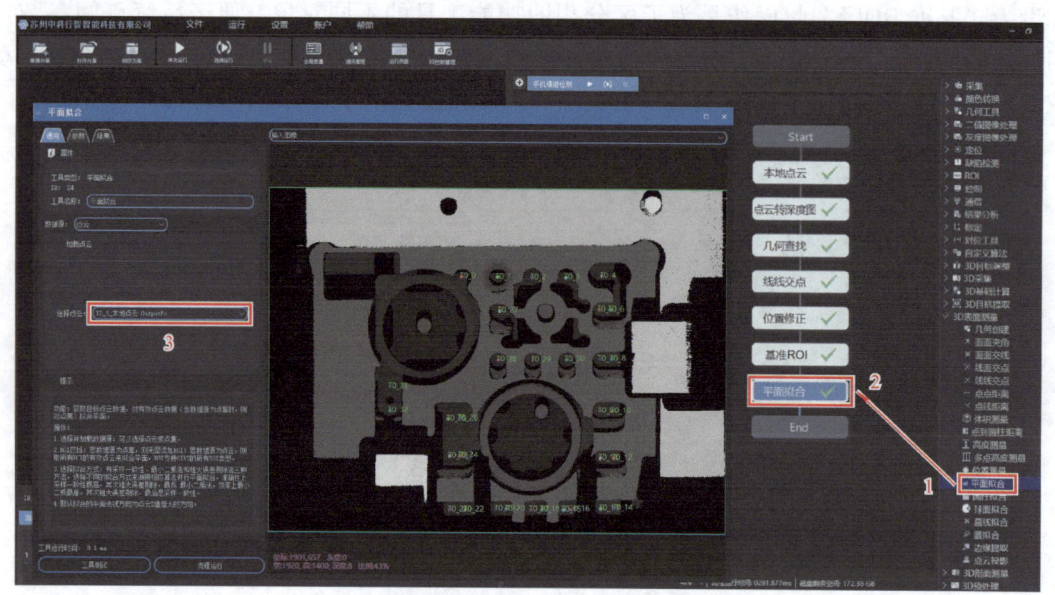

图 14-39 添加"平面拟合"工具

"平面拟合"工具的功能为抽取 ROI 中有效点云，对有效点云数据进行平面拟合，数据源可以是点集或点云，以输出平面方程的参数，点集操作此处不做详述。GIVS 3D 中拟合平面方式有采样一致性、最小二乘以及粗大误差剔除 3 种。

如图 14-40 所示，在"参数"选项卡中，ROI 为测量位置，即 ROI 数组可直接显示在图像显示窗口中，索引为 0 的 ROI 数组序号以 T0_id 开头，依次命名显示。拟合方式为"采样一致性"时，抽取比例在 0~1 之间，一般设置为 0.2；迭代次数是允许迭代的最大次数，建议设置 100 次；起始比例即点云数据按照 Z 值从小到大进行排序，选取起始位置索引比例范围，可设置数值为 0~1，目的是去除可能的低值噪点；终止比例即点云数据按照 Z 值从小到大进行排序，选取终止位置索引比例范围，可设置数值为 0~1，目的是去除可能的高

项目14 GIVS 3D基础功能应用

值噪点；置信度是指能够拟合成功的点数占据总点数的比例，可设置数值为 0～1，一般设置为 0.95；容忍偏离度即每个点到拟合平面的距离，大于设定值则剔除掉。

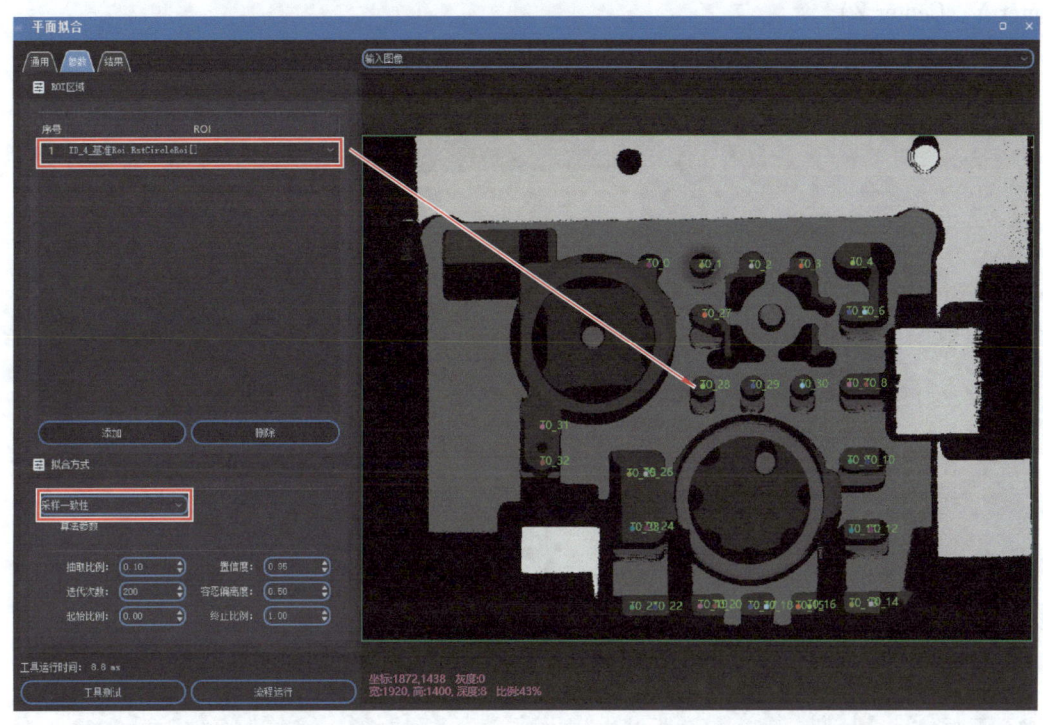

图 14-40 采样一致性

如图 14-41 所示，拟合方式为"最小二乘"时，起始比例和终止比例指点云数据按照 Z 值从小到大进行排序，选取起始位置和终止位置的索引比例范围，可设置数值为 0～1，目的是去除可能的低值和高值噪点，将起始比例设置为 0.1，终止比例设置为 0.9 时，参与拟合平面的点集中，Z 值最低的 10% 和最高的 10% 会被排除掉。

如图 14-42 所示，拟合方式为"粗大误差剔除"时，起始比例和终止比例指点云数据按照 Z 值从小到大进行排序，选取起始位置和终止位置的索引比例范围，可设置数值为 0～1，目的是去除可能的低值和高值噪点，将起始比例设置为 0.1，终止比例设置为 0.9 时，参与拟合平面的点集中，Z 值最低的 10% 和最高的 10% 会被排除掉；迭代次数是允许迭代的最大次数，建议设置 100 次；置信度是指能够拟合成功的点数占据总点数的比例，可设置数值为 0～1，一般设置为 0.95；容忍偏离度即每个点到拟合平面的距离，大于设定值则剔除掉。

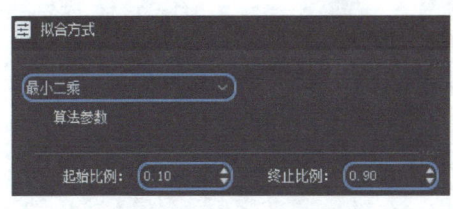

图 14-41 最小二乘

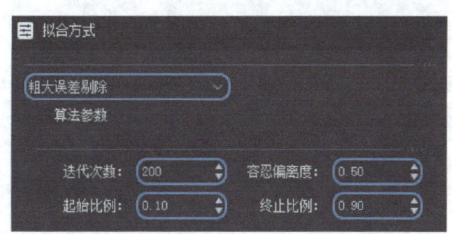

图 14-42 粗大误差剔除

163

单击"平面拟合"界面的"工具测试"按钮,"结果"选项卡显示界面如图 14-43 所示,输出拟合平面的一般方式参数(A、B、C、D 参数)以及中心点的坐标值(Center X、Center Y、Center Z)。

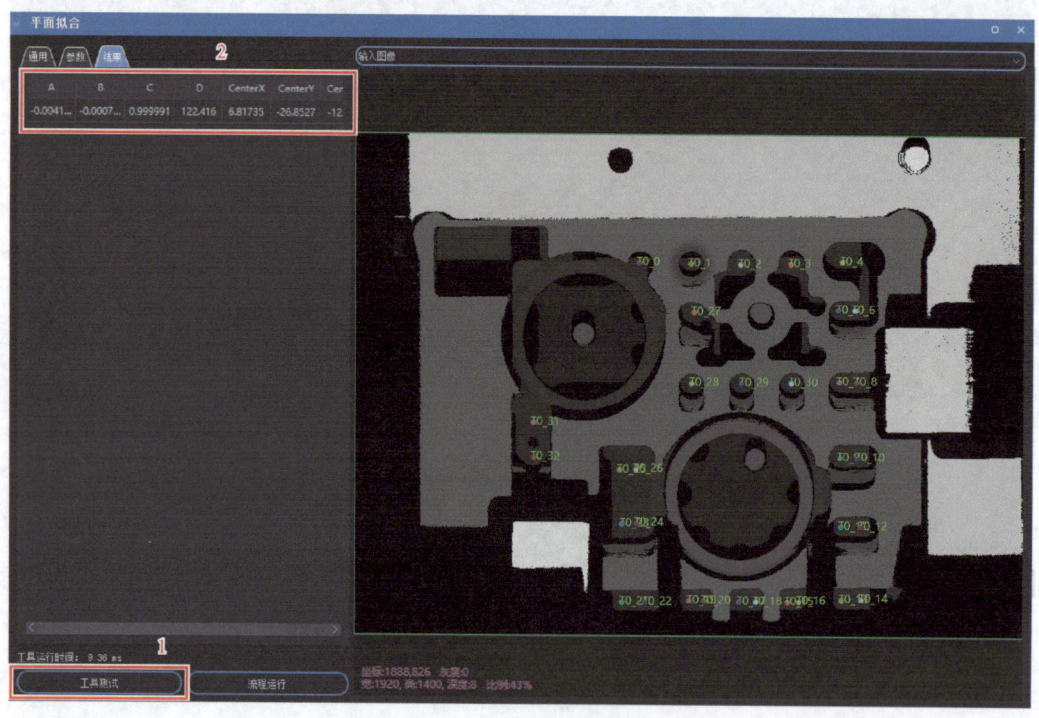

图 14-43 "结果"选项卡显示界面

如图 14-44 所示,从工具箱列表中拖拽"多点高度测量"工具至流程编辑窗口并双击,选择点云设为待检测的本地点云。此处选项必须与"平面拟合"工具的"选择点云"保持一致。

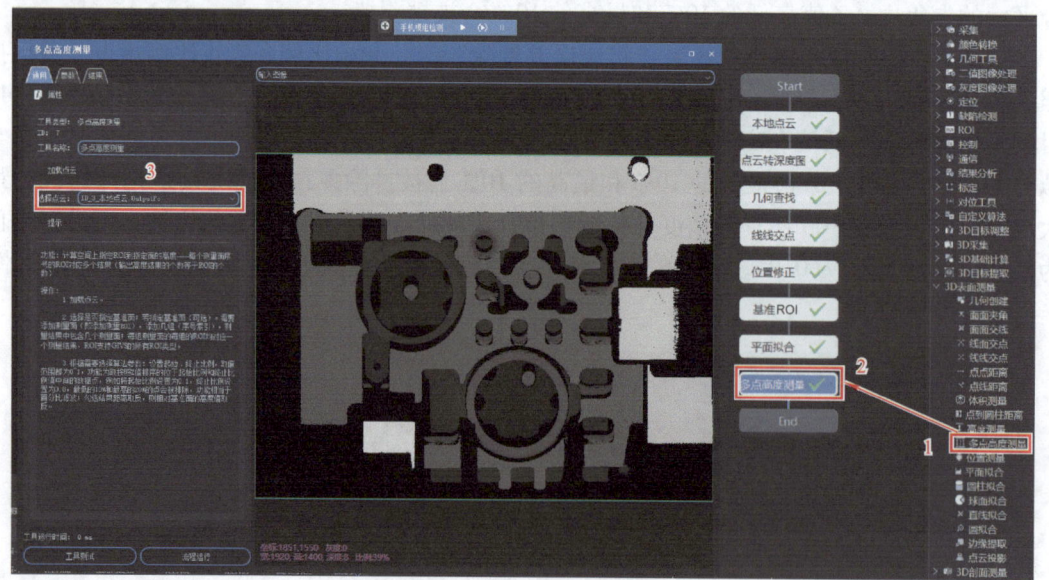

图 14-44 添加"多点高度测量"工具

如图 14-45 所示，在"参数"选项卡中，勾选"指定参考面"，订阅基准平面，单击"添加"按钮，在边界列表中选择测量 ROI 区域，图示为平面度效果示意图，故此处测量区域与基准选择的是同一 ROI 区域数组，起始比例、终止比例与拟合参数含义相同，过滤掉检测区域内低值或者高值点集后参与计算。

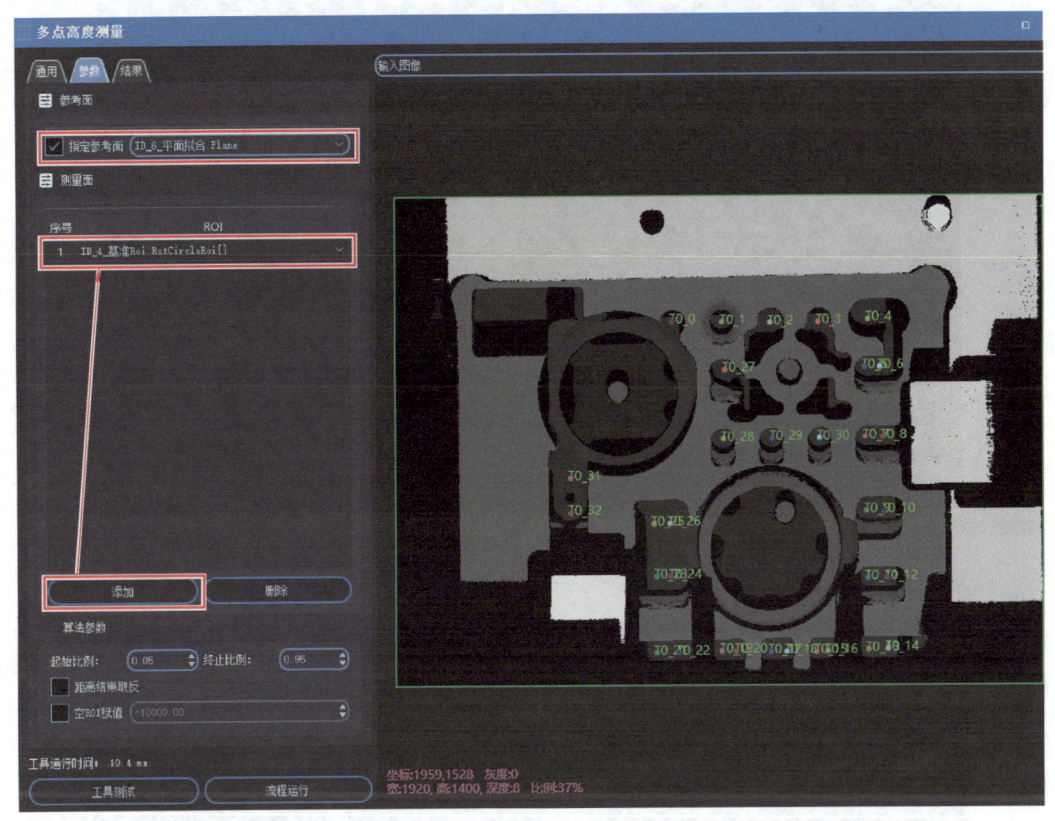

图 14-45 "多点高度测量"参数设置

单击"工具测试"按钮，"结果"选项卡中可显示所有参与计算的点集到基准平面的距离，按照索引分别输出 ROI 数组内高度以及 Z 坐标的最大值、最小值以及平均值，图 14-46 显示检测区域所有参与计算点的单个及数组结果。如果测量位置的 Z 值低于基准平面，则计算出的高度值为负数，勾选"距离结果取反"，即在原有的高度结果数值上乘以 –1 作为最终的结果输出；测量区域的 ROI 会因定位平移或者区域内的点数过少而被完全过滤掉，造成区域内没有可参与计算的有效点集，勾选"空 ROI 赋值"，即可为无效点计算的输出结果赋指定的数值来作为输出结果。

在 3D 机器视觉项目应用中，基础原理与思路是相通的，图 14-47 所示为平面度检测的一般流程，按照 SOP 选择检测区域并做辅助定位，然后计算结果输出。与基准 ROI 选取的操作类似，在圆形边缘位置添加检测区域，用来测量四个检测位置到基准平面的高度差，即断差值，勾选"位置修正"，修正断差测量区域，如图 14-48 所示。

如图 14-49 所示，切换至"参数"选项卡，勾选"指定参考面"，订阅基准平面，单击"添加"按钮后，在边界列表中选择测量 ROI 区域，图示为断差效果示意图，故此处测量区域选择断差测量的四个区域。

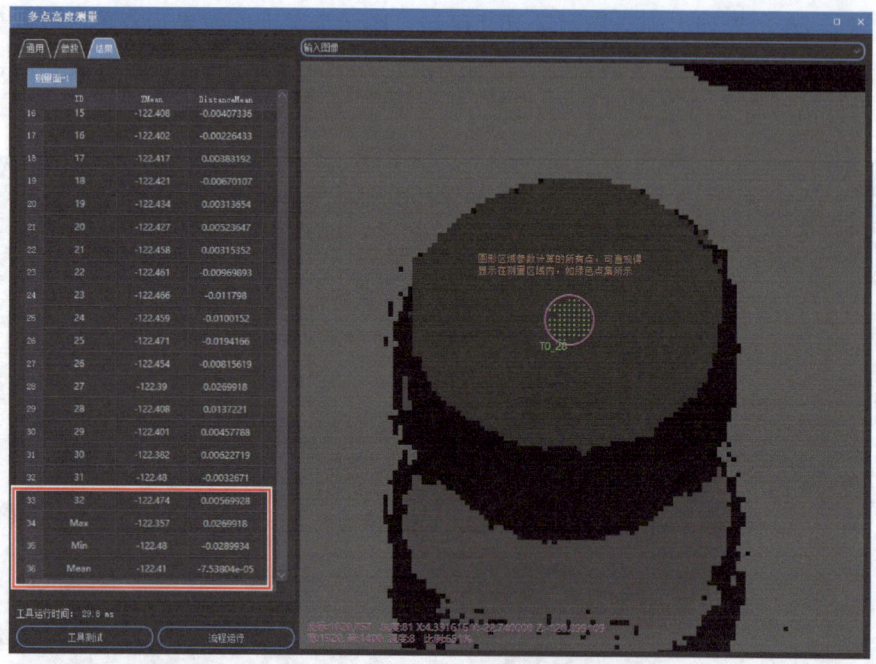

图 14-46 显示结果

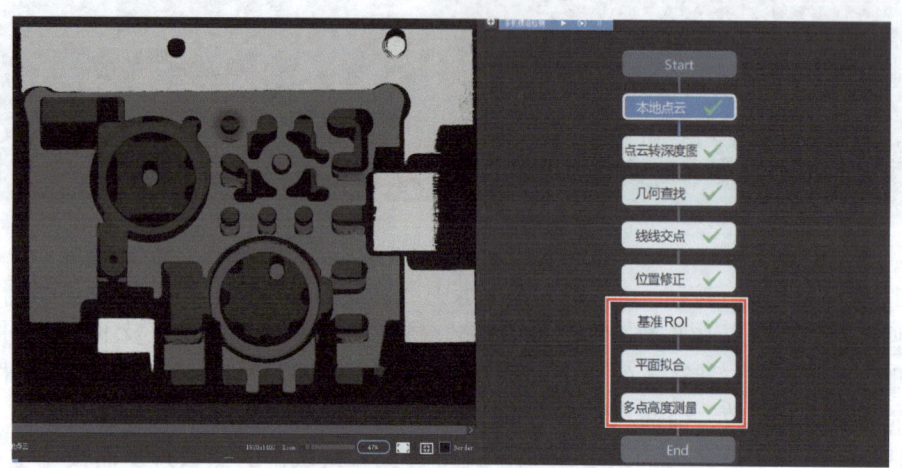

图 14-47 平面度检测的一般流程

单击"工具测试"按钮可计算出四个检测区域的断差值，如图 14-50 所示，"结果"选项卡显示输出最大值、最小值以及平均值，输出结果的数组长度与检测区域数组长度相同，其他参数含义同平面度参数，此处不做赘述。

6）显示与输出。图 14-51 所示为"数值分析"工具的变量计算，依据平面度的定义，拟合平面本身参与计算的点集到该平面最大值与最小值之差作为实际产品平面的波动范围，因为结果输出存在正负，故用其最大值减去最小值做平面度标量的指标数值；断差数值可直接按照数组索引输出对应测量位置的高度差，分别对应四个断差值。

项目14　GIVS 3D基础功能应用

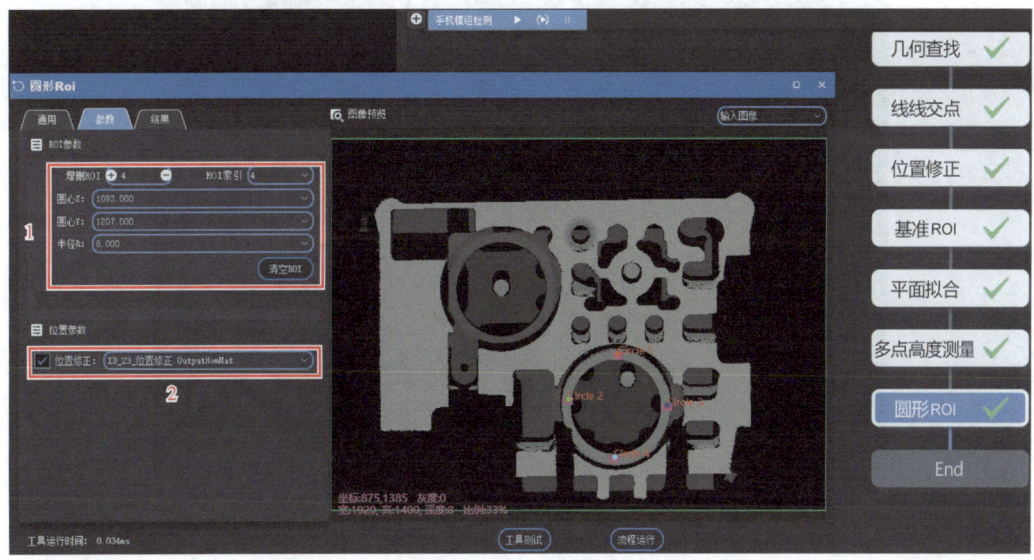

图 14-48　添加"圆形 ROI"工具

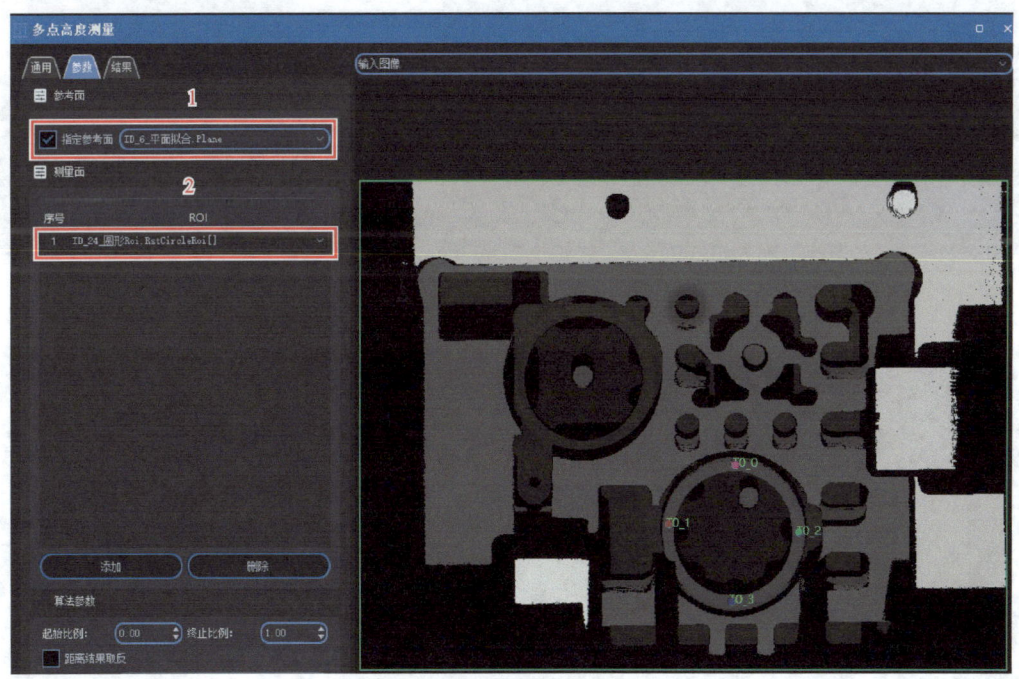

图 14-49　"参数"选项卡

结果输出与图文显示同前述 GIVS 2D 操作，利用"格式化"和"图文显示"工具辅助显示检测结果，GIVS 3D 检测结果显示如图 14-52 所示。

167

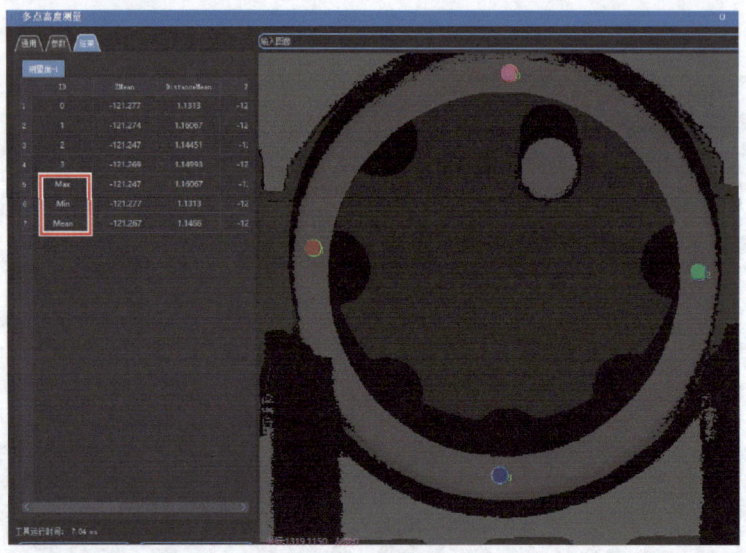

图 14-50 结果显示界面

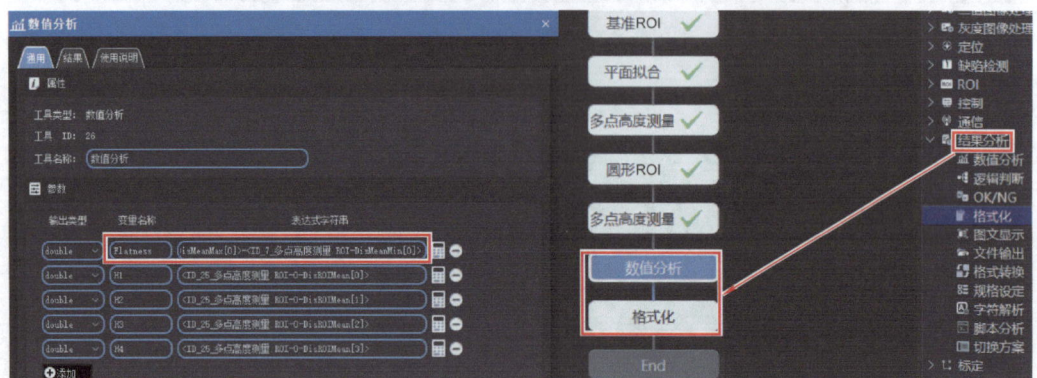

图 14-51 "数值分析"工具的变量计算

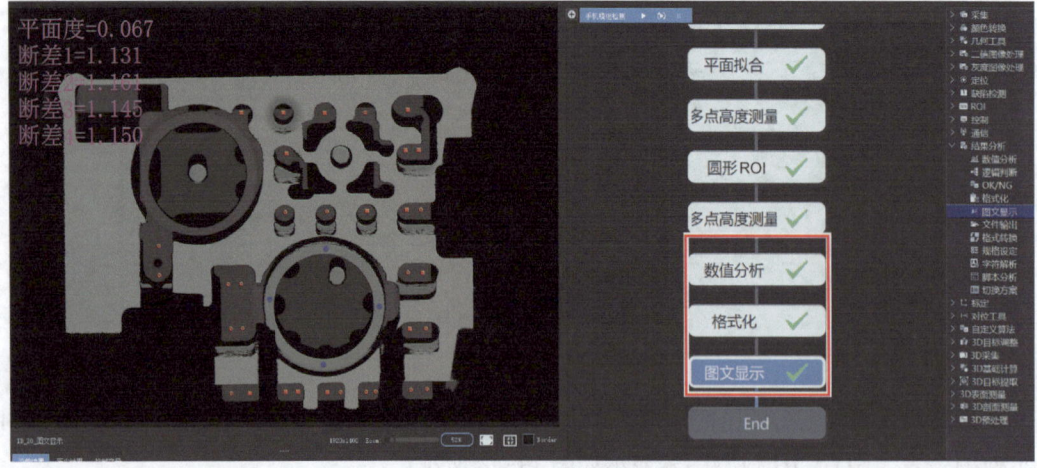

图 14-52 GIVS 3D 检测结果显示

习 题

1. 点云按照其组成特点分为两种，分别是_____和_____。
2. Triplelaser 触发源有两种，实际项目应用中优先选择_____方式采图。
3. 相机控制模块分为哪三种？
4. 简述 ROI 区域曝光和增益设置的影响。
5. GIVS 3D 点云转深度图有两种显示输出图像的方式，分别是_____和_____。
6. "平面拟合"工具有哪三种拟合平面的方式？其中，起始比例和终止比例的含义是什么？
7. "多点高度测量"工具输出结果的数组长度与什么有关？勾选"空 ROI 赋值"的意义是什么？
8. 平面度是怎么定义的？数值分析工具如何计算？

参 考 文 献

［1］余文勇，石绘. 机器视觉自动检测技术［M］. 2版. 北京：化学工业出版社，2023.
［2］杨高科. 图像处理、分析与机器视觉［M］. 北京：清华大学出版社，2018.
［3］韩九强. 机器视觉智能组态软件XAVIS及应用［M］. 西安：西安交通大学出版社，2018.
［4］郑睿，邰新凯，杨国胜. 机器视觉系统原理与应用［M］. 北京：中国水利水电出版社，2014.
［5］刘秀平，景军锋，张凯兵. 工业机器视觉技术及应用［M］. 西安：西安电子科技大学出版社，2019.
［6］孙学宏，张文聪，唐冬冬. 机器视觉技术及应用［M］. 北京：机械工业出版社，2021.